高等院校信息安全专业系列教材

现代密码学概论

潘森杉 仲红 潘恒 王良民 编著

清华大学出版社

北京

内 容 简 介

本书旨在向从事网络空间安全的入门者介绍什么是现代密码学,它从哪里来;现代密码学包含哪些基本内容,在网络空间里有哪些应用。作为入门书籍,面向的主要读者对象是准备从事网络空间安全的研究者和计算类专业中对信息安全有兴趣的本科生,为他们建立较为全面的密码知识体系视野、增加对密码学应用领域的了解。

本书从古代军事上的密码传递信息应用开始,分析密码的行程和密码技术的变迁;结合密码的发展与应用历史,穿插以历史故事,较为系统地介绍了 DES、AES、RSA 等经典密码算法,讨论了数字签名、密钥管理、秘密分享等经典密码协议,还介绍了椭圆曲线、量子密码等新兴密码技术,以及密码技术在电子货币与物联网中的应用等热点技术话题。

图书在版编目(CIP)数据

现代密码学概论/潘森杉等编著.—北京:清华大学出版社,2017(2023.9 重印)
(高等院校信息安全专业系列教材)
ISBN 978-7-302-46147-0

Ⅰ.①现…　Ⅱ.①潘…　Ⅲ.①密码学-高等学校-教材　Ⅳ.①TN918.1

中国版本图书馆 CIP 数据核字(2017)第 013695 号

责任编辑:袁勤勇　李　晔
封面设计:常雪影
责任校对:白　蕾
责任印制:刘海龙

出版发行:清华大学出版社
　　　网　　　址:http://www.tup.com.cn,http://www.wqbook.com
　　　地　　　址:北京清华大学学研大厦 A 座　　　　　邮　　编:100084
　　　社　总　机:010-83470000　　　　　　　　　　　邮　　购:010-62786544
　　　投稿与读者服务:010-62776969,c-service@tup.tsinghua.edu.cn
　　　质量反馈:010-62772015,zhiliang@tup.tsinghua.edu.cn
　　　课件下载:http://www.tup.com.cn,010-83470236
印　装　者:涿州市般润文化传播有限公司
经　　销:全国新华书店
开　　本:185mm×260mm　　　印　张:14.25　　　字　数:325 千字
版　　次:2017 年 5 月第 1 版　　　　　　　　　　　印　次:2023 年 9 月第 6 次印刷
定　　价:39.00 元

产品编号:061265-02

高等院校信息安全专业系列教材

编审委员会

出版说明

21世纪是信息时代,信息已成为社会发展的重要战略资源,社会的信息化已成为当今世界发展的潮流和核心,而信息安全在信息社会中将扮演极为重要的角色,它会直接关系到国家安全、企业经营和人们的日常生活。随着信息安全产业的快速发展,全球对信息安全人才的需求量不断增加,但我国目前信息安全人才极度匮乏,远远不能满足金融、商业、公安、军事和政府等部门的需求。要解决供需矛盾,必须加快信息安全人才的培养,以满足社会对信息安全人才的需求。为此,教育部继2001年批准在武汉大学开设信息安全本科专业之后,又批准了多所高等院校设立信息安全本科专业,而且许多高校和科研院所已设立了信息安全方向的具有硕士和博士学位授予权的学科点。

信息安全是计算机、通信、物理、数学等领域的交叉学科,对于这一新兴学科的培养模式和课程设置,各高校普遍缺乏经验,因此中国计算机学会教育专业委员会和清华大学出版社联合主办了"信息安全专业教育教学研讨会"等一系列研讨活动,并成立了"高等院校信息安全专业系列教材"编审委员会,由我国信息安全领域著名专家肖国镇教授担任编委会主任,指导"高等院校信息安全专业系列教材"的编写工作。编委会本着研究先行的指导原则,认真研讨国内外高等院校信息安全专业的教学体系和课程设置,进行了大量前瞻性的研究工作,而且这种研究工作将随着我国信息安全专业的发展不断深入。经过编委会全体委员及相关专家的推荐和审定,确定了本丛书首批教材的作者,这些作者绝大多数都是既在本专业领域有深厚的学术造诣、又在教学第一线有丰富的教学经验的学者、专家。

本系列教材是我国第一套专门针对信息安全专业的教材,其特点是:

① 体系完整、结构合理、内容先进。

② 适应面广:能够满足信息安全、计算机、通信工程等相关专业对信息安全领域课程的教材要求。

③ 立体配套:除主教材外,还配有多媒体电子教案、习题与实验指导等。

④ 版本更新及时,紧跟科学技术的新发展。

为了保证出版质量,我们坚持宁缺毋滥的原则,成熟一本,出版一本,并保持不断更新,力求将我国信息安全领域教育、科研的最新成果和成熟经验反映到教材中来。在全力做好本版教材,满足学生用书的基础上,还经由专家的推荐和审定,遴选了一批国外信息安全领域优秀的教材加入到本系列教材中,以进一步满足大家对外版书的需求。热切期望广大教师和科研工作者加入我们的队伍,同时也欢迎广大读者对本系列教材提出宝贵意见,以便我们对本系列教材的组织、编写与出版工作不断改进,为我国信息安全专业的教材建设与人才培养做出更大的贡献。

"高等院校信息安全专业系列教材"已于 2006 年年初正式列入普通高等教育"十一五"国家级教材规划(见教高[2006]9 号文件《教育部关于印发普通高等教育"十一五"国家级教材规划选题的通知》)。我们会严把出版环节,保证规划教材的编校和印刷质量,按时完成出版任务。

2007 年 6 月,教育部高等学校信息安全类专业教学指导委员会成立大会暨第一次会议在北京胜利召开。本次会议由教育部高等学校信息安全类专业教学指导委员会主任单位北京工业大学和北京电子科技学院主办,清华大学出版社协办。教育部高等学校信息安全类专业教学指导委员会的成立对我国信息安全专业的发展起到重要的指导和推动作用。2006 年教育部给武汉大学下达了"信息安全专业指导性专业规范研制"的教学科研项目。2007 年起该项目由教育部高等学校信息安全类专业教学指导委员会组织实施。在高教司和教指委的指导下,项目组团结一致,努力工作,克服困难,历时 5 年,制定出我国第一个信息安全专业指导性专业规范,于 2012 年年底通过经教育部高等教育司理工科教育处授权组织的专家组评审,并且已经得到武汉大学等许多高校的实际使用。2013 年,新一届"教育部高等学校信息安全专业教学指导委员会"成立。经组织审查和研究决定,2014 年以"教育部高等学校信息安全专业教学指导委员会"的名义正式发布《高等学校信息安全专业指导性专业规范》(由清华大学出版社正式出版)。"高等院校信息安全专业系列教材"在教育部高等学校信息安全专业教学指导委员会的指导下,根据《高等学校信息安全专业指导性专业规范》组织编写和修订,进一步体现科学性、系统性和新颖性,及时反映教学改革和课程建设的新成果,并随着我国信息安全学科的发展不断完善。

我们的 E-mail 地址:zhangm@tup.tsinghua.edu.cn;联系人:张民。

"高等院校信息安全专业系列教材"编审委员会

通常来说，大多数人都知道信息技术，甚至知晓一点信息安全和网络安全的新闻，但是并不知道密码学。信息技术的迅猛发展变革着人们的生活和工作方式，例如，相隔两地的亲人朋友更喜欢用手机视频聊天而不是打电话，快节奏的上班族更喜欢用手机软件订外卖而不是去餐馆，年轻人出门买东西更喜欢用手机支付而不是带钱或银行卡。信息技术的这些变化在使人们的生活更加便捷的同时，也面临着信息安全和网络安全问题，著名的新闻就有"棱镜门"事件，FBI与苹果公司的诉讼事件等。然而，我们并不知道，这些事情和我们有什么关系，也不知道这些信息安全秘密的保护是通过一种密码技术实现的，更不知道那个密码是什么，是不是上网账号的那个"密码"？难道设置一个密码还需要通过一门课、一本书来"学"吗？

虽然我们都停留在"不知道"的阶段，但是密码技术和以密码技术为基础的信息与网络安全问题已经延伸到社会大众的广泛需求上来。更为重要的是，这些和我们生活融为一体的信息与网络，组成了一个完全新型的"网络空间"，这是一个和海、陆、空并列的第四空间，我们生活在这个新型的空间里，无可避免地依赖这个空间，并被它制约。我们从一系列事件来看看网络空间的重要性：2005 年 4 月，美国政府公布了总统 IT 咨询委员会向总统提交的《网络空间安全：迫在眉睫的危机》紧急报告；2009 年 5 月 29 日，奥巴马公布了名为《网络空间政策评估——保障可信和强健的信息和通信基础设施》的报告，并在其讲话中强调网络空间安全威胁是"美国面临的最严重的国家经济和国家安全挑战之一"；2009 年 6 月 23 日，美国宣布成立了网络空间司令部，并于 2010 年 5 月 21 日正式启动工作，同时公布了《网络空间国际战略》；2014 年 2 月，美国国家标准与技术研究所（NIST）提出了《美国增强关键基础设施网络安全框架》，指出目前世界上有 100 多个国家具有一定的网络作战能力，有 56 家公开发布了网络空间的安全战略。这说明，网络空间作为人类的行动空间，已经成为国家安全考虑的作战空间——一方面，可以通过网络行为，摧毁一个国家的政权；另一方面，网络空间的安全和领土、领空安全一样，成为国家安全的重要组成部分。所以，国家主席习近平同志亲自担任信息化与网络安全领导小组组长，确立了网络空间安全学科，这体现了我国对第四空间安全与自由的重视。

这些信息的枚举，让我们知道了网络空间安全原来这么重要。可是，我们依然不知道这一切和本书有什么关系，我们为什么要学习密码学。这是因为网络空间的信息安全往往需要用到密码技术来保护，而密码却不是记在我们大脑中的一串口令。什么是密码，密码背后的设计者是什么样的人，密码技术从哪里来，用到哪里去，它们是否和我们的日常生活有紧密关联，它们有什么样的技术瓶颈，它们会在多大程度上影响我们的生活？我们将在本书讲授密码技术的同时，穿插一些历史上的趣闻轶事，在提高可读性的同时介绍密码学的历史，引发读者对密码技术的思考，从而提高学习的兴趣。其实，关于密码学的教科书已经有很多了，这些"教材"往往以其专业的密码技术和严密的数学基础让人望而却步，甚至于信息安全专业的本科生看了都嫌枯燥，如果一本教材只提供给那些对数学和密码技术本身有浓厚兴趣和天分的人，那么这个教材还是不是教材呢？编者认为，一本入门级别的好的密码学教材，尤其是《现代密码学概论》这样的书，不仅要系统地介绍密码学的框架和应用，给读者以概貌；还要引导读者去认识生活中的密码问题和密码技术，譬如：

- 密码是什么，和我关系很大吗？是不是我们网上购物时，用到的用户名和登录口令，我们常常称呼这个口令为密码，而且当这个口令被他人截获时，我们就认为"我的密码丢了"。在本书中，我们将告诉大家口令（password）并非密码，也不是密钥，但是我们登录网络账户的时候，密码技术的确在幕后默默地保护着我们的隐私。除此之外，本书在介绍密码技术无处不在的同时，也将教会你如何让网易邮箱查看不了你所收发的邮件，以及如何验证你在网上下载的 Windows 10 系统安装文件是否完整有效，把高深的密码学和日常的生活关联起来。让读者认识到，密码技术提供的安全无处不在，在介绍复杂枯燥的数学方法时，给出一些日常生活的应用场景，这是本书的一个特点。

- 一些我们未曾关注到的安全问题，例如网上流传的照片上，脸书（Facebook）的CEO Mark Zuckerberg 用胶带封住了摄像头和麦克风，他为什么要这么做？如果我们说这是基于信息安全的考虑，您会不会觉得奇怪？现代的信息技术已经能够让我们"刷脸"签名、声音签名了，简单的例子是，你一定在纸质合同或协议上署过名吧，签名能不能被复制和模仿呢？在电子世界里也是如此，本书将教你如何防范自己的签名被他人利用，以致造成权益损失。本书以这些签名技术所使用的密码技术为背景，诠释了 QQ 登录口令、支付宝口令等，如何设置才安全，以及这样设置的理由。甚至，我们还讨论了如何安全地从银行或 ATM 上大额取款。我们不能说读完本书，读者将披上一身安全的铠甲，让骗子无法得逞；但是我们能让读者在读完本书之后，对安全问题有初步的理性认识。

- 新型计算技术、网络安全事件，譬如量子计算机和量子密码离我们还有多远，据说加拿大 D-Wave 公司研发出了量子计算机，在这样超强的计算能力面前，传统的密码技术还能保护我们的安全吗？又如，美国 560 万指纹被盗、微软操作系统的"心脏出血"、孟加拉国银行打印机被黑客控制导致 1 亿美元被窃⋯⋯这些事件是怎么回事？为什么神奇的密码学没有防住？如何才能将无孔不入的黑客拒之门外？

当我们在前言部分如此叙述的时候，可能会误导读者对本书定位的思考，然而，编者需要声明的是：本书并不是一本安全技术的实用手册，我们仅仅是在介绍密码技术的时候,顺便提到它有这些应用;本书也不是密码学历史和应用的科普论文,我们介绍了详细的算法、具体的推演甚至还有一部分严格的证明;这是一本适用于计算类专业(包含计算机科学与技术、软件工程、网络工程、物联网工程和一些以工程应用人才为培养目标的信息安全专业)学生了解信息安全知识的密码学入门教材。密码学与信息安全密不可分,其方向涉及数学、计算机、通信、物理和生物等领域。交叉学科和专业课——这个双重性决定了想要精通这门课程是较困难的。所以,我们面向的读者群体是那些对信息安全有兴趣却不痴迷于数论和算法,他们希望获得一本通俗易懂的教材让他知道密码学是什么,可以用在哪里,并且如果这些基本的知识能够激发他的学习兴趣,还可以在这本书里进行一些初步推导和演算。在以后的工程应用或者理论中,如果需要更深的密码技术和更专门的理论体系,本书则无法提供,只能引导读者去寻找更为专业的著作。作为一本入门级别的教材,本书有以下三个特点:

(1)知识全面,体系合理。书中涵盖了密码学的基本概念、算法和协议,并加入了必要的数学知识,也就是当您读到某一部分需要数学基础的时候,不用去图书馆借阅,也不用翻阅某个特定的"数学基础"书,您马上就能看到相关的基础知识。

(2)技术深入,介绍浅显。作者用浅显的图形、例子和故事,甚至并不严密的对比分析等来描述部分知识,尽可能给读者建立形象的技术概貌。对于有兴趣的读者愿意深入钻研的基础问题,例如 DES、AES 算法,作者列出了详细的加解密过程。

(3)话题模式、内容趣味性强。在知识点的学习过程中穿插了相关人物故事的介绍,并给出了实用的例子,在讲解枯燥的专业知识的同时,提供一些趣味的话题,可以用来向自己的家人、甚至文科的朋友讲解,去展示自己专业的神奇,并从中获得学习的乐趣。

全书是按照密码的演化史来展开的,共分 10 章,涉及密码算法、安全协议、安全应用等内容。在本书的撰写过程中,潘森杉博士负责了全书的统稿与编辑,使得写法风格一致,并完成了第 7~10 章的编写;潘恒博士参与了第 1、2、5、6 章的编写;王良民教授和笔者共同讨论,确定了文章的框架,审阅了全书,并组织安徽大学的研究生杨树雪、张庆阳、吴海云、刘亚伟、谢晴晴、徐文龙、李从东等搜集了材料、提供了教材编写的基本素材,完成了第 1~6 章的编写工作。本书各章节的内容安排如下:

第 1 章介绍了密码学的基本模型和概念,用实际的例子来说明密码是日常生活不可或缺的组成部分。

第 2 章讲述了古代人是如何凭借着其聪明才智进行保密通信和密码破译的,其间往往还伴有惊心动魄的故事。这部分内容涵盖单表替换、多表替换、分组密码、一次一密以及伪随机数的生成。

第 3 章详细描述了 DES 这个经典密码方案,虽然其安全强度已不能满足要求,但它的设计思想是值得学习的。

第 4 章介绍了 DES 的继任者——AES,这是密码学研究者的必学方案。

第 5 章解释了最著名的公钥密码方案——RSA 公钥密码方案,同时解释了公钥方案是如何解决古典密码与对称密码所遇到的密钥分配难题的。

第 6 章介绍了公钥密码的另一个作用是实现数字签名,并且除了基于大整数分解的 RSA 方案,还介绍了基于离散对数问题的公钥密码方案——ElGamal。

　　第7章从密码学的角度讲述如何生成密钥并进行密钥维护,内容可能和现实生活中我们可能要记住多个口令(例如各种银行卡、网络账户、手机账户等)这个头疼的问题关联。

　　第8章告诉我们如何把"鸡蛋"(秘密)放在不同的"篮子"里,如何能够让强盗相信你有保险柜的密码并能保住你性命等问题,从而引出密码协议中的一些重要话题。

　　第9章把读者领入这些密码学"新"技术的大门,介绍了椭圆曲线、双线性对、群签名、量子密码等名词概念,读者或许是第一次看到它们,但它们其实已经发展了相当一段时间并且其中一些已经是成熟的技术。

　　第10章讲述密码具有丰富的应用:电子商务、比特币和物联网等。

　　需要特别感谢的是"安徽省高等教育振兴计划-信息安全新专业建设"项目(编号2013zytz008)、"江苏省推荐国家级综合改革试点项目"和江苏大学教学改革重点项目(编号2011JGZD012)的资助,是这些教学建设和研究类项目,让我们有动力和耐力完成了全书长达四年的编撰工作。此外,作为编写的教材,本书除整体安排和语言组织之外,所包含技术内容,都非编者原创,均来自书本材料和网络搜集。我们尽力标注出所引用的出处,但是一方面由于文献的交叉引用,我们很难找到原始发布者;另一方面为了教材的可读性,我们不能做到类似科技论文和专业著作那样对每一句的来源都严格论证引用。如果未能对所借鉴的资料标注出处,敬请原作者和读者谅解并不吝指教。编者将在后续版本中更正并给出相应的说明。

仲　红

2016 年 12 月

目 录

第1章
密码学基础模型与概念

1.1　密码学基本概念

1.1.1　Scytale 密码棒

美国情报专家戴维·卡恩（David Kahn）的著作《破译者》中有一句广为流传的话："人类使用密码的历史几乎和使用文字的时间一样长。"当人类开始研究通信技术的时候就开始研究如何能确保通信信息的保密。本书第一个引例讲述的是公元前的古希腊人，他们使用一种名为 Scytale 的密码棒对信息进行加密，把加密了的信息，写在羊皮带子上，通过危险的区，传达军事情报。

如下图所示，Scytale 密码棒将用来书写信息的羊皮条螺旋状裹在密码棒上，然后将

想传送的**消息**（**message**）写好之后取下羊皮条卷，通过其他公开的非保密的渠道将信送给收信人。对任何一个拿到羊皮卷的人，若不知道密码棒的直径，就很难将羊皮条上的内容解读出来。在远古时代，这种使用密码棒的方法和密码棒的直径都称为加密方法有效性的原则。

缠绕在棒子上书写的有意义的消息称为**明文**（**plaintext**）或原文，明文是信息传送过程中需要保密的信息；而从棒子上揭下来一条羊皮带子上所写的没有明确意义的乱码的称为**密文**（**ciphertext**）。这种通过密码棒将明文变成密文的过程，称为**加密**（**encryption**）；而收信人通过密码棒将密文乱码变成有意义的明文，这个过程称为**解密**（**decryption**）。在这个过程中，密码棒或者说密码棒的直径是问题的关键所在，称为**密钥**（**key**）。

> 📖 **揭暗**
>
> 　　明末清初著名军事理论家，他在《兵经百言》中用一百个字条系统阐述了古代军事理论，其中"传"字诀是古代军队通信方法的总结。
>
> 　　原文：军行无通法，则分者不能合，远者不能应。彼此莫相喻，败道也。然通而不密，反为敌算。故自金、旌、炮、马、令箭、起火、烽烟，报警急外；两军相遇，当诘暗号；千里而遥，宜用素书，为不成字、无形文、非纸简。传者不知，获者无迹，神乎神乎！

1.1.2 保密通信模型

以上述例子为背景,我们继续假想,在远古的希腊时代,一个部族 A 要穿越几个敌方管理的区域,把自己发动攻击的时间和对象送达给他的盟友 B。于是,他通过民间的商道传送信息,这个商道是通信的**公开信道**,公开信道大家都可以使用,而且敌方甚至可以控制这个信道。现在问题的关键是,A 不仅要将密文送达给 B,还要把密码棒送给 B,否则 B仅仅拿到了一堆乱码。我们不管 A 和 B 是如何事先约定使用密码棒的方法和密码棒的直径,而是统一地将其称为**秘密信道**。这样,在这个公元前的例子中,就已经有了图 1-1所示的保密通信模型。

在图 1-1 所示的保密通信模型中,出现了密码学中常见的二个人物:Alice,协议的发起者;Bob,协议的应答者;Eve,窃听者和可能的攻击者。密文 c 在公开的信道上传送,而密钥 k 在一个秘密的安全信道传送。Eve 是公开信道上的一个不可信的第三方,根据 Eve 的恶意程度,在密码学书籍中,往往用不同的称呼来代表,例如,Oscar,被动的观察者,仅仅根据从公开信道获得的资料进行破译;Malice 或者 Mallory,主动的攻击者,可能会拦截数据、篡改信息、冒充合法的通信者。

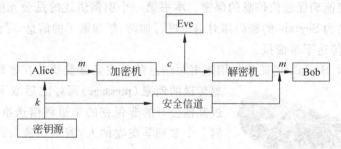

图 1-1 保密通信模型

通过图 1-1 的保密通信模型,可以很清楚地表明密码学的作用:就是保证 Alice 和Bob 能在公开的信道上通信,而窃听者、攻击者 Eve 不能理解他们通信的内容。

1.1.3 攻击者的能力

在图 1-1 所示的保密通信模型中,存在一个攻击者 Eve,Eve 通常可以采取如下几种攻击手段:

A. 搭线窃听,读取 Alice 发送 Bob 的消息;

B. 被动破译,试图寻找密钥并读取用该密钥加密的消息;

C. 中断通信,从公开信道阻拦从 Alice 发送给 Bob 的消息;

D. 篡改消息,拦截 Alice 发送给 Bob 的消息 m,并用一个伪造的消息 m′ 替代 m;

E. 伪造通信,伪装成 Alice 发送消息 m 给 Bob,让 Bob 误以为是在和 Alice 通信。

图 1-2 给出了上述五种攻击的图示描述,其中 A、B 两种攻击属于被动攻击,通常用Oscar 表示,而 C、D 和 E 属于主动攻击,通常用 Malice 表示。一般来说,被动攻击难以被

检测到,但是可以用密码学方式来防范;主动攻击常常是对数据流的篡改,可以被检测到,但是难以防范。一个显然的事实是,无论哪种攻击方式,攻击目的的达到都建立在对加密方法、解密方法以及密钥这三个核心资源的获取上。

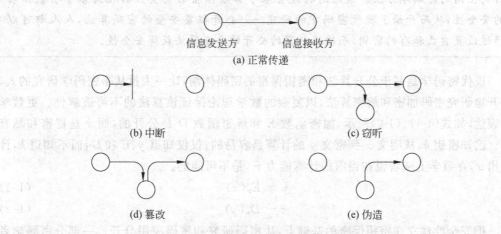

图 1-2　基于公开信道的攻击手段

更为重要的是,在现代密码学中,或者说在我们设计密码系统时,往往不能寄托于攻击者能力的不足。著名的 Dolev-Yao 威胁模型,更是明确地给出了 Malice 所具备的特征和攻击能力:

- 他能获得经过网络的任何消息;
- 他是网络的一个合法使用者,因而能够发起与任何其他用户的对话;
- 他有机会成为任何主体发出信息的接收者;
- 他能冒充任何别的主体给任意主体发消息。

1.1.4　现代密码学的基本原则

1883 年,Auguste Kerckhoffs 在其著作 *La Cryptographie Militaire* 中提出在评定一个密码体制的安全性时,必须假定攻击者知道所使用的密码学方法。其实,这是一个非常理性的安全假设,如 Scytale 密码棒方法,如果敌方在合理的范围内,反复试验,即可发现密码棒的直径。这种通过简单几次尝试就能获得密钥的密码系统,在今天看来,已经不具有任何意义上的安全性,在公元前发挥作用,最关键的原因应该是算法的安全性——当时大多数人并不知道该密码的加密方法。

然而,建立在算法上的保密是脆弱和不科学的:一方面,攻击者可以通过很多方法获得加密的设备,使用密码的人也可能被策反或者被逮捕;另一方面,一个未经众多测试的算法,其安全性可能很强也可能非常脆弱,而一个人、一个部门并不能及时发现所有漏洞,所以存在非常大的隐患;此外,先前使用一个算法,被攻破受损之后,又换一个新的同样没有安全保障的算法,无法将密码学提升为一门科学,无法让众多人研究,无法随着时间、事件的积累,不断提高安全性。

> 📖 **Kerckhoffs 原则**
>
> Kerckhoffs 原则是指在评定一个密码体制的安全性时,必须假定攻击者知道所有目前使用的密码学方法。该原则将过去基于算法保密的安全性转化为基于密钥保密的安全性,从而开始了现代密码学的研究——公开征集安全的密码算法,人人都可以通过设置自己私有的密钥,而使用相同的公开的安全算法获得安全性。

现代密码学是基于公开算法和密钥保密的密码体制,让一大批从事密码学研究的人,公开地研究密码加密和解密算法,以复杂的数学理论保证该算法的不可破解性。更数学的表达,如式(1-1)、(1-2)所示,加密函数 E 和解密函数 D 是公开的,而 k 是秘密和私有的。已知密钥 k,从明文 x 到密文 y 的计算是容易的;仅仅知道 y、E 和 D,而不知道 k,计算出 x,在数学上或者说在当前的计算能力下,是不可能的。

$$y = E_k(x) \tag{1-1}$$

$$x = D_k(y) \tag{1-2}$$

把安全性建立在密钥保密的基础上,让密码研究和密码应用分开。一部分密码学者可以去研究密码算法,而多数人并不用知道这些高深的理论,只要知道哪个算法可以用,并在设计安全系统的时候,使用这些算法就可以了。

基于 Kerckhoffs 原则的安全假设是现代密码学之所以成立的基础假设。现代密码学业界流行的说法是:如果你的新密码系统的安全强度依赖于攻击者不知道算法的内部机理,你注定会失败;如果你相信保持算法的内部秘密比让研究团体公开分析它更能改进密码系统内部的安全性,那你就错了;如果你认为别人不能反汇编你的代码和逆向设计你的算法,那你就太天真了。最好的算法是那些已经公开的,并经过世界上最好的密码分析家们多年的攻击,但是还不能破译的算法。

当然,一个国家的安全部门对外保持他们算法的秘密,那是因为他们有最好的密码分析家在内部工作,他们相互讨论算法,代表着一个国家的最高水平。在算法本身的安全性已经得到论证和保证的情况下,隐藏算法的运算细节,自然也能进一步提升算法的安全性。但是,一般来说,如果一个算法用于公开的商业安全程序,那么拆开这个程序,把算法恢复出来只是时间和金钱的问题,因为从理论上说,购买到或者窃取加密设备,然后用逆向工程恢复算法,是可行的。为此,对绝大多数的民用、商用领域来说,公开算法并公开验证其安全性,让众多密码分析学家参与是最好的方式,并成为现代研究机构评判密码系统的基本环节。

1.1.5 密码分析的攻击方式

密码学研究者,一部分研究加密解密函数,设计出 E 和 D,使得"已知密钥 k,从明文 x 到密文 y 的计算是容易的;仅仅知道 y、E 和 D,而不知道 k,计算出 x,在数学上或者说在当前的计算能力下,是不可能的";另一部分专门研究密码系统的破解方法——即"在不知道密钥的情况下,如何从 y 推导出 x",在多数情况下,我们称这类研究者为密码分析学家,所从事的工作是密码分析学(Cryptanalysis)。

📖 **密码学范畴的三个术语**

常用密码学（Cryptology）、密码编码学（Cryptography）和密码分析学（Cryptanalysis）这三个词语均属密码学的范畴，密码学是研究在不安全通道上传递信息及相关问题的总称，包含密码编码学和密码分析学；密码编码学是使消息保密的技术和科学，通常指设计密码系统及完成相关功能的算法与机制，包括密码算法和安全通信协议；密码分析学主要指破译密文的科学和技术，即揭穿伪装，破坏加密体制。

根据攻击所能获得的信息资源，可将其攻击方式分为 6 类。

（1）唯密文攻击（ ciphertext-only attack）：攻击者有一些消息的密文，这些消息都是用同一加密算法加密。攻击者的目的是恢复尽可能多的明文，当然最好是获得消息的加密密钥。

（2）已知明文攻击（known-plaintext attack）：攻击者在得到密文的同时，还知道这些消息的明文。攻击的目标就是根据加密信息推导出用来加密的密钥，或者等价的，即使没有找到密钥，但是能找出一种方法，能对同一密钥加密的密文获得其明文。

（3）选择明文攻击（chosen-plaintext attack）：攻击者不仅可以获得一些密文-明文消息对，而且能选择被加密的明文。这比已知明文攻击更有效，因为攻击者可以选择能加密的特定明文块去获得密文，那些块可能产生更多的密钥信息。

（4）自适应选择明文攻击（adaptive-chosen-plaintext attack）：这是比选择明文攻击具有更多权限的攻击方式，攻击者不仅可以选择一大块明文用来加密获得密文，还可以基于以前的结果修正这个选择，选择另一与第一块明文相关的明文块。

（5）选择密文攻击（chosen-ciphertext attack）：攻击者能选择不同的被加密的密文，并可能得到对应的解密的明文。譬如，攻击者获得了某个解密机；或者攻击者是渗透在保密系统内部的员工，可以有一定的权限获得某些密文的原文；而在公开密钥密码系统中，一些安全协议需要通过"加密-解密"的方式来验证身份，此时，密钥的所有者往往扮演了预言机的（Oracle machine）角色。

（6）选择密钥攻击（chosen-key attack）：指密码分析者具有不同密钥间关系的有关知识，在类似于差分密码分析的相关密钥密码分析（related-key cryptanalysis）中有所应用，1994 年 E. Biham 撰写的论文 *New Types of Cryptanalytic Attacks Using Related Keys* 中就详细论述了一类这样的分析方法。

还有一种常用的攻击方式，是软磨硬泡攻击（Rubber-hose cryptanalysis），密码分析者威胁、勒索或者折磨密钥的所有者；另外还有购买密钥攻击（purchase-key attack）。就目前的情况而言，密码系统的破解，通常不会是理论上的唯密文攻击，密钥和密文的管理中出现的漏洞，往往会给密码系统的攻击者更多的机会，已知明文攻击和选择明文攻击比理论上更常见，密码分析者得到加密消息的明文或者贿赂某人去加密消息，甚至，利用现有的规则通过正常渠道获取"明文-密文对"都是可能的。譬如，你给某大使一条消息，该消息会被加密并送回国内分析。在第二次世界大战期间，已知明文攻击就被用来成功地破译了德国和日本的密码。D. Kahn 的著作 *The Code-breakers：The Story of Secret*

Writing 中，给出了相关的历史例子。

📖 **黑客是如何获取他人隐私的？**

　　在网络上，黑客的攻击手段多种多样，他们往往通过系统漏洞、欺骗钓鱼、网络监听等方法获得用户的信息。12306 火车票预订网站就曾遭到黑客的"撞库"攻击，被泄露的数据达 131 653 条，包括用户账号、明文密码、身份证和邮箱等多种信息。所谓"撞库"就是黑客通过收集网络上已泄露的用户名及密码信息，生成对应的"字典表"，到其他有价值的网站上尝试批量登录。因为很多用户在

不同网站上使用的是相同的账号密码，所以黑客能得到一批可以登录的用户账号及密码。

1.2　基于密钥的算法

　　加密和解密算法，根据所使用密钥的性质，通常分为两类：对称算法和公开密钥算法。在实际使用中，加密和解密的密钥可能有所区分，式(1-1)和式(1-2)更精确的描述应该为：

$$y = E_{k_1}(x) \tag{1-3}$$

$$x = D_{k_2}(y) \tag{1-4}$$

　　在式(1-3)和式(1-4)中，如果加密密钥 k_1 和解密密钥 k_2 相同，或者相关（k_1、k_2 可以相互推导，如知道 k_1 可以推导出 k_2），则称为对称密钥密码算法；如果加密密钥 k_1 和解密密钥 k_2 之间没有任何关联，是否知道 k_1 对获得解密密钥 k_2 没有任何帮助，同样，知道 k_2 对获得解密密钥 k_1 也没有任何帮助，则称为非对称密钥算法。由于非对称密钥密码算法在使用中，通常将加密密钥公开，所有人都可以用这个密钥加密，而只有解密密钥的持有者才可以解密，所以，也常被称为公开密钥算法。

1.2.1　对称密钥密码系统

　　对称算法(symmetric algorithm) 有时又叫传统密码算法，就是加密密钥能从解密密钥中推算出来，反之也成立。在大多数对称算法中，加密/解密密钥是相同的，这些算法也叫秘密密钥算法或单密钥算法。古典加密体制以及著名的数据加密标准(DES)和高级加密标准(AES)都是基于对称密钥的。

　　对称算法可分为两类：一类是序列算法(stream algorithm)，一次只对明文中的单个比特(有时对字节)运算；另一类是分组算法(block algorithm)，对明文中的一组比特进行运算，现代计算机密码算法中典型的分组长度是 64 比特——这个长度大到足以防止分析破译，但又小到足以方便使用。

📖 **对称密钥密码系统**

　　使用对称密钥密码进行保密通信,可以浅显的理解为现代常用的密码箱——A 把明文的文件放进密码箱,设定一个口令(密钥),然后公开托运,只有知道这个密钥的人才能打开它(一般来说,只有信息的发送者 A 和目标的收信人 B),否则即使截获了密码箱,也不能获得文件的信息。

1.2.2 非对称密钥密码系统

　　公开密钥算法(public-key algorithm)是在 20 世纪 70 年代才开始出现,其基本思想是用作加密的密钥不同于用作解密的密钥,而且解密密钥不能根据加密密钥计算出来。之所以称为公开密钥算法,是因为加密密钥能够公开,即陌生者都能用加密密钥来加密,然而只有相应的解密密钥才能解密信息。在这个系统中,加密密钥也叫公开密钥(public key),解密密钥也叫私钥(private key)。

📖 **公开密钥密码系统**

　　公开密钥密码系统,假想一把锁对应一把钥匙的结构,然后复制很多锁,用于那种盖上盖子就落锁的盒子。这样,所有者 Bob 可以把复制出来的带锁的盒子,可以开口放在各个地方,使其成为公钥;然而他保护好自己的钥匙,使其成为私钥。任何想给他发信的人,如 Alice 可以拿一个这样的盒子,把信放进去,盖上盒子落锁,然后放在公开的信道传送,虽然很多人都可以截获这个盒子,但是最终只有私钥的拥有者 Bob 才能读取这个信息,甚至连 Alice 也不能打开这个盒子。

　　公开密钥密码系统对传统的对称密码系统提出了根本性的改变。在图 1-1 所示的传统的保密通信模型中,Alice 想和千里之外的 Bob 安全地通信,他们很难就使用一个相同的密钥达成一致,常见的两种方法都有其局限性:第一,他们之间有一个安全的信道,显然这个信道的代价是非常巨大的;第二,他们事先约定密钥,这种有预见性的约定是非常困难而且需要两人预先知道通信的要求以及信息的大致长度,还要求两个人在长时间不见面的情况保持彼此的信任。如果 Alice 和 Bob 本来并不认识,仅仅是因为一些新的任务需要彼此通信,则图 1-1 的保密通信模型更难发挥作用。

　　公钥密码系统轻松地解决了这个问题:Alice 只要发现 Bob 的公钥,将自己的信息加密送过去就可以了——因为公钥算法保证只有 Bob 才能解密这个文件。

1.3 　密码协议

　　密码学的用途是解决应用中的种种难题。最初纯粹用于军事通信保密的密码学,如今因为信息系统的普及,已经越来越多地应用在商用系统中。密码协议(cryptographic protocol)是应用密码学,解决实际信息系统中信息安全问题的方式。协议是一系列步

骤,它包含两方或者多方,设计它的目的是要完成一项任务。协议不同于算法和任务,它具有如下特点:

(1) 协议中的参与方都必须了解协议,并且预先知道所要完成的所有步骤;

(2) 协议中的每个参与方都必须同意并遵守它;

(3) 协议必须是清楚的,每一步必须明确定义,如进行通信,或完成一方或者多方运算,并且不会引起误解;

(4) 协议必须是完整的,对每种可能的情况必须规定具体的动作。

> 📖 **协议的概念辨析**
>
> 协议中"一系列步骤"意味着协议是从开始到结束的一个序列,每一步必须依次执行,在前一步完成之前,后面的步骤不能执行;"包含两方或者多方"意味着完成这个协议至少需要两个人,单独的一个人不能构成协议;最后,"设计它的目的是要完成一项任务"意味着协议必须做一些事情。

在密码协议中,参与方可能是认识的人或者完全信任的人,也可能是敌人、陌生人等互相完全不能信任的人,通常密码协议会用到密码算法,但是,在商用系统中,密码协议所要完成的任务,可能不仅仅是简单的保密性。

1.3.1 引例: 加密的银行转账

客户 C(Client)要银行 B(Bank)把￥1M(一百万元人民币)转到商家 D 的账上,假定 C 与 B 之间使用加密算法足够安全,共享密钥 K_{CB},而且只有 B 和 C 双方知道 K_{CB}。和正常的商务活动一样,客户 C 只能选择绝对地信任 B,我们也假设 B 值得信任。转账过程如协议 1-1 所示。

协议 1-1　最简单的银行转账协议

C → B: K_{CB} (Hi,我是 C)

B → C: K_{CB} (Hi,我是银行)

C → B: K_{CB} (我要转账到 D)

B → C: K_{CB} (OK,转多少?)

C → B: K_{CB} (￥1M)

B → C: K_{CB} (OK,已经转账完毕)

协议 1-1 中,$K_{CB}(m)$ 表示对消息 m 用密钥 K_{CB} 进行加密之后的密文。由于假设加密算法足够安全,而且 B 绝对可信,所以从表面看来,上述协议非常理想地完成了 C 的业务要求,而且实现了通信保密,其他人无法知晓 C 和 B 进行的商业内容;同样,由于只有 B 和 C 双方知道 K_{CB},任何人(除了 B,因为选择了让 B 绝对可信)无法冒充 C 进行上述活动伤害 C 的利益。

然而,真的是这样吗?上述方案是否有漏洞?如果在一个商业系统中,真正地使用了如此"惊心"(不是精心)设计的协议,会带来什么问题?

1.3.2　一个攻击

因为在密码系统的设计中,基于 Dolev-Yao 攻击者能力模型,D 完全可能是一个内部的攻击者。他只要在商业行为中让 C 有一次给他转账行为,即使不解密,从客户与银行交互的规则,其实他完全可以猜测到协议 1-1 中所有加密语句,因此,他只要从公开的信道上截获这些语句,然后每天重放一次即可。

协议 1-2　受益者 D 毫不费力的攻击

D→B: K_{CB}(Hi,我是 C)　　// D 冒充 C 找银行,而 K_{CB}(Hi,我是 C)是从公开信道获得的上次转账消息

B→C: K_{CB}(Hi,我是银行)　// B 出于对 K_{CB} 秘密性和算法安全性的信任,认为是在和 C 通信

　　　　　　　　　　　　　// D 拦截获这条消息,并丢弃,阻挠 C 收到这条消息

D→B: K_{CB}(我要转账到 D)　// D 继续冒充 C 并向 D 发送历史消息

B→C: K_{CB}(OK,转多少?)　// B 出于对 K_{CB} 秘密性和算法安全性的信任,认为是在和 C 通信

　　　　　　　　　　　　　// D 继续拦截获这条消息,并丢弃,阻挠 C 收到这条消息

D→B: K_{CB}(￥1M)　　　　// D 继续冒充 C 并向 D 发送历史消息

B→C: K_{CB}(OK,已经转账完毕)

好了,有了协议 1-1,D 可以每天坐在家里,重放一次这个协议,就可以一天收入一百万人民币。而可怜的 C,仅仅是做了一次银行转账,然后每天都要转 100 万,直到把他的透支额度用完为止——他甚至不能否认(抵赖或者洗清)这个行为——因为银行 B 可以大声地叫嚣:"我绝对安全,只有你我知道 K_{CB},所有这些通信过程都在,一系列加密的消息 K_{CB}(m)即使不是你 C 干的,也是你泄密造成了损失,所以你承担后果吧。"

1.3.3　增加认证

当越来越多的人投诉银行,他们的钱每天都因为一次转账行为而悄悄流逝的时候,银行发现这的确是一个问题——历史消息可以被重放啊!那么原因在哪里呢?原因在于没有确认和他通信的是 C,还是别人持有历史信息冒充 C。为此,就要认证(Authentication)一下 C 的身份。增加了一个双向认证的握手协议。

协议 1-3　一个简单的双向认证过程

C→B: {C, R_C}

B→C: {R_B, K_{CB}(R_C)}

C→B: {K_{CB}(R_B)}

在协议 1-3 中,C 每次向 B 提出新的业务需求,都选择一个随机数 R_C,由于这个数字是随机选择的,所以从数学上我们认为不可能有历史消息,因此 K_{CB}(R_C)是第一次出现,只有 B 和 C 两个人才能产生,只要对方回复了 K_{CB}(R_C),就表明 B 参与了运算,至少知晓了此时 C 又一次找过他。这也同样适用于 B,可以确信当前的确是 C 在和他通信。这样,我们有了改进的协议。

协议 1-4　带简单认证的银行转账协议

C →B: Hi,我是 C, R_C

B →C: Hi,我是银行, R_B, $K_{CB}(R_C)$

C →B: 我要转账到 D, $K_{CB}(R_B)$

B →C: OK,转多少?

C →B: K_{CB}(￥1M)

B →C: OK,已经转账完毕

好了,有了协议 1-4,作为银行 B,通过一个新的随机数 R_B,获得了 C 的活现性 (freshness)证明——因为只有 C 在当前能提供新鲜的 $K_{CB}(R_B)$。但是,这个协议真的能保证客户 C 与银行 B 所需要的那些性质吗? 就像他们要求的那样?

1.3.4　对认证的攻击

现在来看一下狡猾的 D 能不能获得新鲜的加密数字 $K_{CB}(R_B)$,继续欺骗 B,每天从 C 的账户里拿钱呢? 不妨看一下协议 1-5。

协议 1-5　对认证协议的攻击

D →B: {C, R_D}　　　　// D 冒充 C 给 B 发送请求

B →D: {R_B, $K_{CB}(R_D)$}　// B 冒误认为 D 是 C,返回 $K_{CB}(R_D)$,并提供了随机数 R_B

D →B: {$K_{CB}(R_B)$}　　　// 这个时候 D 必须发送 $K_{CB}(R_B)$ 才能通过认证

D →B: {C, R_B}　　　　// D 第二次发起协议,冒充 C 给 B 发送请求,将 R_B 作为随机数发送

B →D: {R_{B_2}, $K_{CB}(R_B)$}　// B 按照协议诚实地提供 $K_{CB}(R_B)$,并产生第二个随机数 R_{B_2}

D →B: {$K_{CB}(R_B)$}　　　// D 终于获得了 $K_{CB}(R_B)$,通过了第一次会话的认证

在协议 1-5 所示的攻击中,B 作为一个诚实的参与方,被 D 用来进行了 $K_{CB}(R_B)$ 的加密运算。D 使用了协议的规则,让 D 自己提供了一个自己需求的加密结果。这样的过程在复杂的安全系统中是常见的。合理地利用协议,在不知道密钥的情况下,让其他参与方实时地提供新鲜的加密结果,在密码学上,称为 D 提供了一次预言机(Oracle)服务。

1.3.5　安全协议类型与特点

从密码协议的设计过程可以看出,密码协议的研究者,总是假设密码算法是足够安全的,而在实际的协议执行过程中,有很多非常有效的攻击方法,可以不必破译密码算法便可达到攻击者期望的结果。

这种基于密码学的协议在设计的过程中,与通常的协议设计具有更多的难点和不同点:通常的协议和系统,在设计的时候,主要考虑正确性,就是正常的用户按照正常的程序去做,能够完成既定的任务;而密码协议和安全系统则不同,它要求协议不仅按照正常的过程执行,能够完成既定任务,还要求任何精心的、内部的、恶意的设计都不会在任务执行中实现其他任务之外的利益——也就是说,通常的网络协议,假定参与者是遵循协议要求、忠诚于协议的目标的;而密码协议则假定参与者以及第三方都是恶意的,希望在表面

上对协议遵守规则去执行,而实际上却破坏协议的任务,希望在这个任务执行的过程中,达到自己不可告人的目的。

通常来说,密码协议在设计和执行的过程中,会预设一个场景,然后每个协议的参与者有一些特定的角色去扮演。我们对协议中常见的参与者(扮演角色),有一些约定俗成的人物名,表 1-1 给出了人名和其通常扮演角色的对应关系。

表 1-1　协议中常见人名及其扮演角色

人　　名	角　　色
Alice	所有协议中的第一个参加者
Bob	所有协议中的第二个参加者
Carol	三、四方协议中的参加者
Dave	四方协议中的参加者
Eve	窃听者,协议参与者之外的不可信第三方
Mallory/Malice	恶意的主动攻击者
Oscar	窃听者和被动观察者
Trent	值得信赖的仲裁者
Walter	监察人,在某些协议中保护 Alice 和 Bob
Peggy	证明人
Victor	验证者

密码协议在安全系统中,其关键性目的并不是保证密码算法的不可破译,而是假设密码算法本身是安全的,借助这种安全的密码算法,达到以下 4 个主要目标:

(1) 机密性(confidentiality)。搭线窃听者 Eve 不能读取信道上传输的信息的明文,主要的手段是先加密后传输,由接收者解密;

(2) 完整性(integrity)。接收者 Bob 需要确认 Alice 的消息没有被更改过。有可能是传送错误,也可能是 Mallory 截获并修改了这个信息。密码学中的散列函数,就提供了检测方法来检测数据是否被攻击者有意无意地修改过;

(3) 认证性(authentication)。接收者 Bob 需要确认消息确实是 Alice 发送的,而不是冒名顶替的行为,通常这种认证包括两类:实体认证(entity authentication)和数据源认证(data-origin authentication)。对消息中所涉及参与方的鉴别,也常用身份鉴别(identification)来表示。身份认证主要是确认主体是否合法的参与者,数据源认证主要是确认消息是由他所声称的主体发送和生成的。

(4) 抗抵赖性(non-repudiation)。也称为不可否认性,对于一个已经进行的行为,参与的主体不能否认,即发送者事后不能虚假地否认他发送的消息。如在协议 1-1 中,C 若能事后否认其发送过转账请求,则整个系统设计就毫无用处——当然,银行转账的过程需要具有抗抵赖性,但是协议 1-1 不具有抗抵赖性。

1.4　小结

通过本章学习，我们知道现代密码学是建立在 Kerckhoffs 原则的基础上，即密码算法的安全性是依赖于密钥的保密性而不是算法，虽然在军方或者安全机构保持算法的秘密，也会增加系统的安全强度，但是只有把算法拿出来公开讨论研究，密码及相关研究才真正成为一门科学。

密码学作为解决实际应用问题的科学，包含算法和协议两个部分。密码算法是在密钥保密的基础上，提供一个从明文到密文的单向函数，即已知明文和密钥求解密文是容易的，而未知密钥，从密文求解明文是困难的。密码协议是一系列步骤，它包含两方或者多方，设计它的目的是要完成一项任务，在完成任务的过程中，应用密码学的算法保证其安全性质。协议安全和算法的不可破译属于不同范畴，算法的安全性往往作为协议安全的前提和基本假设。协议要保障的性质不仅有保密性，还有认证、完整性和抗抵赖性。

密码算法应用于协议，密码协议除了保障通信信息的保密性之外，往往还需要提供诸如数字签名（digital signature）、身份识别（identification）、密钥建立（key establishment）、秘密共享（secret sharing）、电子商务（E-commerce）、电子货币（electronic cash）、博弈（game）等多种功能。本书后续章节将介绍上述内容。

第 2 章　古典密码的演化

2.1　引子

传说中密码和人类的文字一样,拥有古老的历史。古典密码多起源于军事,相同立场的人常用来寄送秘密信息。人类第一次有史料记载的加密信息是公元前 44 年朱利叶斯·凯撒(Julius Caesar)用于战胜高卢人所使用的密码,也就是人们常说的凯撒密码。正如文字的发展一样,密码学也经历了从古典密码到现代密码的转变,许多古典密码已经经受不住现代破解技术的挑战。但是古典密码的思想却依然对现代密码产生着深远的影响。现代密码多是用计算机或是其他数码科技,基于比特和字节对需要加密的信息进行操作。而古典密码的大部分加密方式都是利用替换式密码或移位式密码,有时则是两者的混合。我们可以在研究古典密码体制的发展中发现,加密方法的安全性其实是基于加密方法的数学难度的提高而提高的。

在进一步学习古典密码前,我们需对密码学的基础假设有所了解。首先,我们应知道一些密码学表达上的习惯,人们习惯用小写字母来表示明文,而用大写字母来表示被加密后的密文。在密码学中常常将字母与数字对应起来以便加密中的计算,具体的对应关系如下:

a	b	c	d	e	f	g	h	i	j	k	l	m
0	1	2	3	4	5	6	7	8	9	10	11	12

n	o	p	q	r	s	t	u	v	w	x	y	z
13	14	15	16	17	18	19	20	21	22	23	24	25

此外还应注意,为了使密码更加安全,通常会忽略明文信息中的空格和标点符号。因为若保留这些标点并将其加密,密文中可能会频繁出现很多相同的信息,这会使密文的解密过程变得简单。若将这些标点原样保留在密文中,则会使密文信息结构显而易见,易于破解。

2.2　单表替换密码

2.2.1　最简单的替换密码——移位密码

1. 凯撒密码

移位密码中最著名的是凯撒密码。例如,将凯撒的名言"Veni, vidi, vici."进行加

密,则明文信息应为:

venividivici

凯撒将每个字母后移三位,即用 a 后面第三个字母 d 来替换,b 用 e 替换,c 用 f 替换等。而字母表最后三个字母 x、y、z 则分别用 a、b、c 来代替,如表 2-1 所示。

表 2-1 凯撒密码字母替换表

明文字母	a b c d e f g h i j k l m n o p q r s t u v w x y z
密文字母	x y z a b c d e f g h i j k l m n o p q r s t u v w

按照上述移位替换规则对明文进行加密后,上述明文就变成了如下密文:

yhqlylglylfl

这样,即使高卢人得到了加密后的信息,只要他们不知道加密的过程就无法知道信息的真实意义。以上就是凯撒密码的加密过程,而解密的过程只需将上述密文中的所有字母左移三位再还原标点即可。凯撒加密的原理非常简单,通过移位,使得每个字母有了一个唯一的加密字母。算法 2-1 给出了移位密码的一般形式。

算法 2-1 移位密码

首先将字母表用整数 0～25 来标识,选取密钥为一个整数 $k(0 \leqslant k \leqslant 25)$,则移位密码的加密和解密过程可分别表示为:

加密过程: $x \mapsto x + k \pmod{26}$;

解密过程: $x \mapsto x - k \pmod{26}$。

---

2. 模运算初步

为了更好地理解移位密码的原理,学习一些基础的数论知识是很有必要的。首先要了解的是同余(也即模运算)的概念。

定义 2.1 同余(模运算),设整数 $a,b,n(n \neq 0)$,如果 $a - b$ 是 n 的整数倍(正的或负的),我们就说 $a \equiv b \pmod{n}$,读作:a 同余于 b 模 n。

下面定义模 n 上的算术运算:令 Z_n 表示集合 $\{0,1,\cdots,n-1\}$,在其上定义加法和乘法运算,类似于普通的实数域上的加法和乘法,所不同的只是所得的值是取模以后的余数。

例 2.1 在 Z_{16} 上计算 11×13,因为 $11 \times 13 = 143 = 8 \times 16 + 15$,故在 Z_{16} 上 $11 \times 13 = 15$。

以上定义的 Z_n 上的加法和乘法满足我们熟知的运算法则,在此不加证明地列出这些法则:

(1) 对加法运算封闭,即对任意的 $a,b \in Z_n$,有 $a + b \in Z_n$。

(2) 加法运算满足交换律,即对任意的 $a,b \in Z_n$,有 $a + b \equiv b + a$。

(3) 加法运算满足结合律,即对任意的 $a,b \in Z_n$,有 $(a+b)+c \equiv a+(b+c)$。

(4) 0 是加法单位元,即对任意的 $a \in Z_n$,有 $a + 0 \equiv 0 + a \equiv a$。

(5) 任意 $a \in Z_n$ 的加法逆元为 $n-a$,即 $a + (n-a) \equiv (n-a) + a \equiv 0$。

（6）对乘法运算封闭，即对任意的 $a,b\in Z_n$，有 $ab\in Z_n$。

（7）乘法运算满足交换律，即对任意的 $a,b\in Z_n$，有 $ab\equiv ba$。

（8）乘法运算满足结合律，即对任意的 $a,b,c\in Z_n$，有 $(ab)c\equiv a(bc)$。

（9）1 是乘法的单位元，即对任意的 $a\in Z_n$，有 $a\times 1\equiv 1\times a\equiv a$。

（10）乘法对加法满足分配律，即对任意的 $a,b,c\in Z_n$，有 $(a+b)c\equiv (ac)+(bc)$，$a(b+c)\equiv (ab)+(ac)$。

法则（1），（3）～（5），说明 Z_n 关于其上定义的加法运算构成一个群，若再加上法则（2），则构成一个交换群（阿贝尔群）。

法则（1）～（10），说明 Z_n 是一个环。本书后面将碰到许多其他的群和环，一些熟知的环有全体整数 Z，全体实数 R，全体复数 C 等，这些环均是无限环。但本书中我们关心的环都是有限环。

习题 1，证明全体整数 Z 是一个交换环。

由于在 Z_n 中存在加法逆元，可以在 Z_n 中减去一个元素。我们定义在 Z_n 中，$a-b$ 为 $a-b(\bmod n)$。相应地，可以计算整数 $a-b$，然后对它进行模 n 约化。例如，为了在 Z_{31} 中计算 $11-18$，首先用 11 减去 18，得到 -7，然后计算 $-7(\bmod 31)\equiv 24$。

例 2.2　根据同余的概念，求解 $43(\bmod 26)$。

解：

已知

$$43=26\times 1+17 \tag{2-1}$$

亦即

$$43-17=26\times 1 \tag{2-2}$$

可得

$$43\equiv 17(\bmod 26) \tag{2-3}$$

则说 43 同余于 17 模 26。

下面将凯撒密码中的加密过程改为用数字对应，通过数学角度代替。则凯撒的名言字母对应的数字明文变成了：

$$\begin{array}{cccccccccccc} v & e & n & i & v & i & d & i & v & i & c & i \\ 21 & 4 & 13 & 8 & 21 & 8 & 3 & 8 & 21 & 8 & 2 & 8 \end{array}$$

根据移位密码的概念，凯撒密码中的密钥 $k=3$，则对于明文的每一位做模运算的加法。得出加密后的密文数字和密文字母为：

$$\begin{array}{cccccccccccc} 24 & 7 & 16 & 11 & 24 & 11 & 6 & 11 & 24 & 11 & 5 & 11 \\ y & h & q & l & y & l & g & l & y & l & f & l \end{array}$$

移位密码又是替换密码中的一种，属于单表替换加密。在单表替换密码中，任何密文都可以看成是对相应明文的各组信息单元使用同一个代替表进行替换而得到。这种替换并不会改变字母的属性，如它们在文本中的出现频率等。后面将介绍另一种加密方法称为分组加密，它会改变字母的频率属性。

凯撒密码是最简单的替换密码，它在线性几何中类似于一种最简单的直线平移变换。可以发现，当知道了移位密码的基本原理后，这种加密算法就变得非常脆弱。由模运算的特点,移位密码的密钥只有 25 种取值,只要逐一尝试,最多 13 次就可以找到正确的密钥。因此,需要进一步提高加密算法的难度。

3. 移位密码的几何表示

移位密码在线性几何中类似于一种最简单的直线平移变换。用函数 $y=f(x)$ 表示加密过程,则上述过程可视为密文字符是明文字符按照函数 $y=x+k$ 进行的线性映射。这种线性映射在几何平面上可以用平移变化来表示,如图 2-1 所示。图中,圆圈标记的线是原明文字母与数字的对应值,而雪花标记的两条线段是原直线的平移,也是移位密码中的曲线,注意这种平移是在 $[0,25]$ 之间循环移动的。

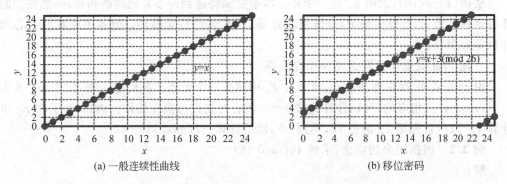

(a) 一般连续性曲线 (b) 移位密码

图 2-1 $y=x$ 和 $y=x+3$ 几何意义的比较

由移位密码对应的线性几何的直线平移特性,很容易就想到可以用直线的旋转变换来设计加密算法,这就是要介绍的仿射密码。

2.2.2 带斜率的变换——仿射密码

1. 仿射密码的几何解释

凯撒密码中的密钥非常简单,安全性也较低。下面介绍一种安全性较移位密码较高一点的仿射密码。仿射密码是移位密码的自然想象。若将替换加密的过程转化为代数形式,即密文 y 为明文 x 的函数 $y=f(x)$,形如:$y=kx+b$,则移位密码是:

$$y = x + b \tag{2-4}$$

而仿射密码则是在移位密码的基础上,直线斜率发生了变化:

$$y = kx + b \tag{2-5}$$

这都是对原文 x 进行一个变换,或者使用某一相对复杂的规则,把字母表的 26 个字母替换为其他字符。设有 $y=x+3$ 的移位函数和 $y=3x+3$ 的仿射函数,我们将其画在同一张函数图像中并与连续函数图像进行比较,几何图形如图 2-2 所示。其中,图 2-2(a)表示的是我们通常学习的连续函数的情形,而图 2-2(b)表示的是仿射函数表现出的非连续函数的情形。

该图中离散点的标记与图 2-1 相同。由图 2-2 可以看出,模运算的离散函数和连续函数,在几何图形的显示上出现了很大的不同。譬如:仿射函数是移位函数的线性变换上为自变量增加了一个旋转角度的变化,在连续函数中,很容易看到这种变化,而在模运算时,变成了几段。原因是这时 $0\sim25$ 之间整数的模运算呈现出分段函数的特性:

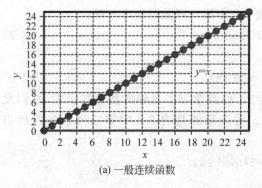
(a) 一般连续函数

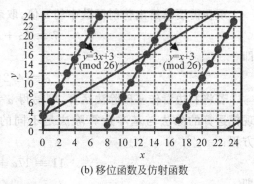
(b) 移位函数及仿射函数

图 2-2 仿射密码几何意义

$$y = \begin{cases} 3x+3, & x < 8 \\ 3x+3-26, & 8 \leqslant x < 16 \\ 3x+3-52, & 16 \leqslant x < 25 \end{cases} \tag{2-6}$$

这样的替换自然较移位密码的变换更为复杂,但是解密依然不是很困难。

2. 仿射密码的例子

如图 2-2 所示,首先给出仿射函数(affine function)加密的一般形式,设两个整数 α 和 β,及 $\gcd(\alpha,26)=1$,有:$x \mapsto \alpha x + \beta(\text{mod } 26)$。下面通过例 2.3 来了解仿射密码的具体加密过程。

例 2.3 已知,$\alpha=3,\beta=4$,求解将"I love you."按照仿射密码加密后的密文字符串。

解:"I love you."对应的解密过程可见表 2-2。

表 2-2 加密过程表

明文字母	i	l	o	v	e	y	o	u
数字 x	8	11	14	21	4	24	14	20
加密计算:$3x+4(\text{mod } 26)$	2	11	20	15	16	24	20	12
密文字母	c	l	u	p	q	y	u	m

原文经过设定的仿射密码加密后得到的密文字符为 clupqyum。

例 2.4 已知明文字符串"cryptography"及其通过 $\beta=3$ 的仿射密码加密得来的密文字符串"hlzhpfpldhrz",请根据已知条件求出参数 α。

解:由已知条件可知,题中的仿射函数为 $\alpha x+3$,则将明密文及其对应的数字列在表 2-3 中。

表 2-3 解密过程表

明文字母	c	r	y	p	t	o	g	r	a	P	h	y
数字串	2	17	24	15	19	14	6	17	0	15	7	24
数字串	7	11	25	7	15	5	15	11	3	7	17	25
密文字母	h	l	z	h	p	f	p	l	d	h	r	z

现在需要求解出仿射函数中的 a 值，取表 2-3 中第一列数据列出方程：

$$7 \equiv 2a + 3 (\mathrm{mod}\ 26) \qquad (2\text{-}7)$$

即

$$a \equiv 4/2 (\mathrm{mod}\ 26) \qquad (2\text{-}8)$$

若将右边看作基础除法运算，则易得 $a = 2$。但是学习了足够的数论知识后，我们发现模运算的除法与基本运算除法是不同的。若选取的是表 2-3 中第二列数据并列出方程：

$$11 \equiv 17a + 3 (\mathrm{mod}\ 26) \qquad (2\text{-}9)$$

即

$$a \equiv 8/17 (\mathrm{mod}\ 26) \qquad (2\text{-}10)$$

利用乘法逆元的概念易解方程式(2-10)，得 $a = 2$。但是请注意，虽然这与选取第一列数据时得出的猜想相同，但还是要区分模运算除法和基础运算除法的区别。

3. 模数乘法及其逆元

解方程式(2-10)需要用到模运算的除法概念，并且我们早就知道基本运算的难易程度由难到易分别是：加法＞减法＞乘法＞除法。因此我们在不熟悉模运算的除法的情况下，引入了乘法逆元的概念来解上述方程。

定义 1.2　乘法逆元素：

假设 $\gcd(a,n) = 1$，则存在整数 s、t，使得 $as + nt = 1$（该式可由扩展的欧几里得算法得出），则有 $as \equiv 1 (\mathrm{mod}\ n)$，则称 s 是 $a (\mathrm{mod}\ n)$ 的乘法逆元素，表示为 $a^{-1} = s$。

在引入了乘法逆元素的概念后，下面给出求解模运算除法方程式的一般性算法。若已知 $\gcd(a,n) = 1$，则解 $ax \equiv c (\mathrm{mod}\ n)$ 的步骤如下：

用扩展的欧几里得算法求出满足条件 $as + nt = 1$ 的整数 s 和 t；

求解 $ax \equiv c (\mathrm{mod}\ n)$ 方程等价于求解 $x \equiv cs (\mathrm{mod}\ n)$，此处相当于用 $cs (\mathrm{mod}\ n)$ 代替了 $c/a (\mathrm{mod}\ n)$。

在解答的过程中，求得式(2-10)的解，其中求解式(2-10)的计算过程参见一下例题。

例 2.5　根据上述算法，求解 $a \equiv 8/17 (\mathrm{mod}\ 26)$。

首先易由扩展的欧几里得算法得出

$$17 \times (-3) + 26 \times 2 = 1 \qquad (2\text{-}11)$$

由此，得出 -3 就是 $17 (\mathrm{mod}\ 26)$ 的乘法逆元素，又 $23 \equiv -3 (\mathrm{mod}\ 26)$，故可知下式与要解的方程等价：

$$a \equiv 8 \times 23 \equiv 184 \equiv 2 (\mathrm{mod}\ 26) \qquad (2\text{-}12)$$

由此，得出 $a = 2$。

2.2.3　替换密码的一般形式与特点

移位密码和仿射密码均属于替换密码，我们将其区别和共同点总结在表 2-4 中。

替换密码的基本原理就是对字母表中的每一个字母用其他的唯一的不同的（也可能是相同的）一个密文字母代替，更准确地说，就是用置换字母表（单替换表）来代替明文中的字母。而在代数上看就是在明文 x 与密文 y 之间建立简单的一对一的映射 $f(i)$，而该映射函数一般为简单的一次函数。移位密码和仿射密码是替换密码的两个特例。

表 2-4 移位密码与仿射密码的异同

加密算法	相 同 点	不 同 点
移位密码	加密转换前后,字母在文本中的出现频率属性不变;	密钥值仅有一个参数,很易被破解;线性几何的意义类似于直线的平移
仿射密码	每个字母仅对应一个唯一的密文字母;操作简单,穷尽搜索很易破解;加密操作均为一位一位地进行	密钥值有两个参数,较移位密码难破解;线性几何的意义类似于直线的平移并旋转

替换密码的实质即是实现对明文字母的替换,其一般形式见图 2-3。根据替换密码中置换字母表的多少可将替换密码分为单表替换密码和多表替换密码。在单表替换密码中,对于每一个字母单元均采用同一种置换,因此一个明文字母映射到密文中仅有一种可能。而多表替换密码则可在一个单元使用不同的置换方式,明文单元映射到密文上可以有好几种可能性。此处所说的替换密码则特指较为简单的单表替换密码。

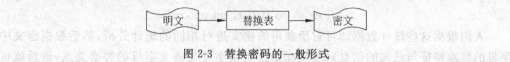

图 2-3 替换密码的一般形式

2.2.4 替换密码的杀手——频率攻击

替换密码的加解密过程比较简便,但具有易被攻击的弱点。首先可以用蛮力攻击的方法穷尽搜索各种可能的密钥值,如对于移位密码来说密钥值仅可能有 13 个,很容易用穷尽搜索的方式得到密钥值。知道密钥值之后,替换密码的解密就会变得很简单。而仿射密码若选用已知明文攻击也是较易成功的,如例 2-4。或者用一种更普遍的方法,称为频率分析。

频率分析的依据在绝大多数英文文本中,字母的出现频率是不相等的,而且语言的每个字母都有自身的特性,若仅采用字母替换,字母特性并不会改变。为获得字母的频率特征必须分析大量有代表性的文本才可得出准确的字母平均频率,但借由现代计算机和庞大的文本语料库,很容易完成这样的统计工作。Herbert Zim 在他那部经典的密码学入门著作 *Codes and Secret Writing* 里给出的英文字母频率由高到低的排列顺序是:

e t a o n r i s h d l f c m u g y p w b v k j x q z

我们将 26 个英文字母的出现频率列在表 2-5 中。

表 2-5 英文字母频率表

字母	a	b	c	d	e	f	g	h	i	j	k	l	m
出现频率	0.082	0.015	0.028	0.043	0.127	0.022	0.020	0.061	0.070	0.002	0.008	0.040	0.024
字母	n	o	p	q	r	s	t	u	v	w	x	y	z
出现频率	0.067	0.075	0.019	0.001	0.060	0.063	0.091	0.028	0.010	0.023	0.001	0.020	0.001

此外，人们也对最常见的字母对频率进行了统计，见图 2-4，其字母组排序是：

th he an re er in on at nd st es en of te ed or ti hi as to

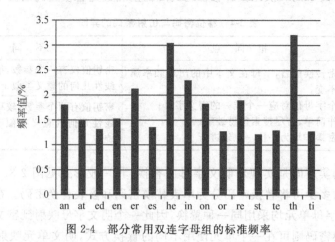

图 2-4　部分常用双连字母组的标准频率

此外，最常见的连写字母对是：

ll ee ss oo tt ff rr nn pp cc

人们根据这些统计数据即可对所获得的密文进行相同的统计分析，然后根据密文中字母的频率特征与已知的信息对照从而确定明文字母与密文字母的替换关系，最后就可以轻松地逐一确认推断确定替换密码的密钥值。

例如，在大量统计中我们发现，字母 e 是英文文本中出现频率最高的字母。若采用移位值为 4 的移位密码加密明文，则 e 由 h 代替。可通过对密文选取适量的样本进行统计，一般会发现 h 成为密文文本中出现频率最大的字母。则解密的过程即为通过对密文进行选样统计，并分析每个字母出现的频率，来帮助我们更快地接近真相。当然以上结论需在样本很大时正确率才可能得到保证，但是这种分析方法对于简单的替换密码来说还是很有效的破解方法。

大多数古典密码在频率攻击面前都是十分脆弱的，更不用说现代的破解技术。当人们知道了替换密码的加密原理之后，只要样本足够，采用频率分析的唯密文攻击就很容易成功。为提高密码的安全性，人们自然地想到，应从破坏密文字母与明文字母对应的频率属性之间的联系入手。多表替换密码就是这种可以破坏频率属性的加密方法中的一种。

2.3　多表替换密码

1. Vigenère 密码

当发现单表替换密码不再安全时，人们开始希望用多个替换表来对明文字母进行替换又或者是将不同的明文按照某种规律与同一个密文字母对应。从这个角度出发，人们就设计出了一种 Vigenère 密码，它是 16 世纪的法国人 Blaise De Vigenère 发明的。

📖 Vigenère 密码小链接

> 虽然在 15 世纪 Leon Battista Alberti 首次提出用两个或两个以上的密码表来加密信息,但直到 19 世纪,法国外交官 Blaise De Vigenère 研究了前人的思想,编写了系统的新密码——Vigenère 密码。Vigenère 密码由于使用时的复杂性,导致其在接下来的两个世纪里很少被人们所使用。

Vigenère 密码是一种典型的多表替换密码,我们可以将其与用等于密钥长度个数的移位密码的组合。其密钥为一个长度为 k(实指向量的元素项个数)的加密向量,我们根据密钥长度从 0~25 个整数中选择元素项填入这个加密向量。例如设一个长度为 7 的密钥为 $K=(10,4,24,22,14,17,3)$,则将该向量对应的单词"keywords"作为密钥,当然我们选取的加密向量也可以是没有实际意义的字符串。

若要用上述密钥加密字符串"here is how it works",则会得到密文字符串"ripawjkyagdkfuw"。加密过程详见表 2-6。

表 2-6　Vigenère 密码加密实例

明文字符	h	e	r	e	I	s	h	o	w	i	t	w	o	r	k	s
数字串	7	4	17	4	8	18	7	14	22	8	19	22	14	17	10	18
密钥	k	e	y	w	o	r	d	k	e	y	w	o	r	d	k	e
数字串	10	4	24	22	14	17	3	10	4	24	22	14	17	3	10	4
加密后	17	8	15	0	22	9	10	24	0	6	15	10	5	20	20	22
密文字符	r	i	p	a	w	j	k	y	a	g	d	k	f	u	u	w

观察表 2-6 可以发现,明文其实是被分成了长度与加密向量长度相同的组,之后再分别用与组内的每一位对应的加密向量项的值来进行移位加密。换句话说,Vigenère 密码可以看成是使用一系列不同移位的凯撒密码组成的密码方案,这样的加密过程中可能会出现同一个明文字母对应多个密文字母或者多个明文字母对应同一个密文字母的情况。这种加密方式在一定程度上改变了密文字母频率。

很难使用普通的穷尽搜索的方式来搜索密钥。即使分析出了密钥的长度也很难找出加密向量每一位的值。但是这也仅仅是增加了破解的难度,在计算能力足够的情况下,Vigenère 密码还是可以通过频率分析被破解的。

右图为美国内战中南军用于生成 Vigenère 密码所使用的密码盘,其用于秘密情报传送。战争自始至终,南军主要使用三个密钥,分别为 Manchester Bluff(曼彻斯特的虚张声势)、Complete Victory(完全的胜利)以及战争后期的Come Retribution(报应来临);而北军则经常能够破译南军的密码。

2. Vigenère 密码的频率攻击

假设已知一段通过 Vigenère 密码加密后的密文字符串如下：

vvhqwvvrhmusgjgthkihtssejchlsfcbgvwcrlryqtfsvgahwkcuhwauvmerzhmfvvhipvfhq
wcbgelvvhwsoswmegwpiguglfdgcixjcbvpswvrfwboikuhkicgmlwcpczrljshekgklxzyvlgzvv
howaadctgqkefisgmkoqsljsutgkbwmfhoysjqtwlwcrrtlkcqsxvvlwuqrhfqvvrwwfsvmjkbklq
huefualxaodrvlcbwqwugdkwuklxzqiwxzggomyjhhwlfoqkwtcixjslveggveyggetapuuisfpbtg
nwwmuczrvtwglrwugumnczvile

对上述密文段中的所有字母做频率统计如下：

a	b	c	d	e	f	g	h	i	j	k	l	m
8	5	12	4	15	10	27	16	13	14	17	25	7

n	o	p	q	r	s	t	u	v	w	x	y	z
7	5	9	14	17	24	8	12	22	22	5	8	5

可以发现，上述字母的频率中没有比其他大很多的，这是因为 Vigenère 密码中的 E 字母可能被替换成多个不同的密文字母，因此它的频率特性也被分散了。为了解密，首先应从密钥下手。最想知道的当然是密钥的长度，其次是知道密钥每一项的值。知道了这两个关键值后，Vigenère 密码也就被破解了。

1）获取密钥长度

首先将所有密文写在两张很长的纸条上，并将两张纸条错开两个字母对齐，则可以得到如下所示的序列：

v	v	h	q	w	v	v	r	h	m	u	s	g*	j	g	t	h	k
v	v	h	q	w	v	v	r	h	m	u	s	g	j	g*	t	h	k	i	h
i	h	t	s	s	e	j	c	h	l	s	f	c	b	g	v	w	c	r*	l
t	s	s	e	j	c	h	l	s	f	c	b	g	v	w	c	r	l*	y
r	y	q	t	f	s	v	g	a	h	w	k	c	u	h	w	a	u	v	···
q	t	f	s	v	g	a	h	w	k	c	u	h	w	a	u	m	e	···

在这两个纸条上的两个相同的字母上标记"*"，完成全部字符移位后，可以得到 14 个相同标记。若采用不同的错位值，可以得到下面的数据：

移位值	1	2	3	4	5	6
相同数	14	14	16	14	24	12

移动 5 个位置具有最多的相同数，这个移位值就是最可能的密钥长度值。那么这样做是否具有其正确性呢？

首先将 26 个英文字母的频率转换成向量：

$$A_0 = (.082, .015, .028, \cdots, .020, .001)$$

令 A_i 是 A_0 右移 i 个位置的结果,例如,

$$A_2 = (.020, .001, .082, .015, \cdots)$$

向量 A_0 自身的点积是:

$$A_0 \cdot A_0 = (.082)^2 + (.015)^2 + \cdots = .066$$

设 i 即为密钥长度,则易发现 $A_i \cdot A_i = .066$ 也成立,因为可以得到同样的向量和,只不过最初使用的是不同的符号。但当 $i \neq j$ 时,$A_i \cdot A_j$ 的点积是很低的,范围为 $(.031, .045)$。

当选取不同的移位值并计算后,如表 2-7 所示,仅列出 0~13 的移位值。

表 2-7 移位向量积

$\lvert i-j \rvert$	0	1	2	3	4	5	6	7	8	9	10	11	12	13
$A_i \cdot A_j$	.066	.039	.032	.034	.044	.033	.036	.039	.034	.034	.038	.045	.039	.042

点积的大小仅依赖于 $\lvert i-j \rvert$,且每个向量的内容不过是向量 A_0 经过移位得到的。因为根据点积运算的原理可知,每一项元素是由它自己和第 $j-i$ 位置的元素相乘得来的。又因为 $A_i \cdot A_j = A_j \cdot A_i$,所以 $i-j$ 和 $j-i$ 得出了相同的点积,此点积仅仅依赖于 $\lvert i-j \rvert$。

其中点积 $A_0 \cdot A_0$ 的结果是最大的,因为在向量中大的数是成对出现的,小的数也是成对出现的。但是在其他的点积中,大数和某个其他的数成对出现,这样就会影响它们的结果大小。

假设在明文中字母的分布非常接近于英文字母的分布规律。查看上面纸条中任意的密文字母时,可以看到它是由某个英文字母移位 i 位(对应于密钥的一个元素)而来,而该字母下面纸条对应的字母是由某个英文字母移动 j 位而来,向量 A_i 的第一项与向量 A_j 的第一项相乘得到两个字母都是 A 的可能性最大,这是因为向量 A_i 的第一项表示了任意字母移动 i 位最可能产生密文字母 A,A_j 的含义相同。两个字母都是 B 的最大期望值可由向量第二项的点积求出,因此两个字母都相同的所有期望值可从 $A_i \cdot A_j$ 求出,当 $i \neq j$ 时,其值非常接近于 0.038,但当 $i=j$ 时,这个点积的结果就是 0.066。

当字母与其下方的字母通过移动达到相同时 $i=j$,也就是说,当上面的纸条移动某个值即是密钥的长度(或为密钥长度的倍数)时 $i=j$,因此在这种情况下,与正确的结果最一致。前述密文的移位数是 5,通过比较 337 个字母发现有 24 对相同标记,根据以上分析,得出相一致的期望应该是 $326 \times 0.066 \approx 21.5$,这个值非常接近于实际值。由此可推断出密钥长度即为 5。

2)获取密钥值

通过较简单的频率分析,可以解出密钥密文对应的加密密钥,详细过程如下:

由前面的推导,已知密钥的长度是 5,则观察第 1、第 6、第 11 个……字母,即由密钥第一项元素加密的这些字母,看哪一个字母出现的频率最高,统计得到:

a	b	c	d	e	f	g	h	i	j	k	l	m
0	0	7	1	1	2	9	0	1	8	8	0	0

n	o	p	q	r	s	t	u	v	w	x	y	z
3	0	4	5	2	0	3	6	5	1	0	1	0

我们发现其中 g 的出现频率最高,其次为 j、k 和 c。根据前面字母频率统计的规律,可以猜测此处是用 j 代替了 e。但若是这样,则说明移位值为 5,此时 c=x,但是这代表在密文中 x 应该具有较高的频率,显然与实际不符。由此又考虑是否 k=e,但这意味着 p=j 和 q=k,两个字母都具有相当高的频率,这也与实际不符。同样 c=e 也会导致推论与事实不符。因此得出 g=e,即密钥的第一项给字母的移位值为 2,密钥的第一项元素为 c。

下面再来看一下第 2 个、第 7 个、第 12 个……字母,用相同的方法统计出字母的频数并发现其中 g 和 s 的出现频率较高,分别出现了 10 次和 12 次。同理推理分析得 s=e,即密钥的第二项元素值为 14,即为字母 o。

重复上述过程,得出最后的密钥猜想:{2,14,3,4,18}={c,o,d,e,s}。

除了这种频率分析之外,还有另一种类似于推测出密钥长度的解密方式可以推导出密钥值,此处不再细述。

3. 解密

对密钥长度及密钥值有一定认识之后,可将上述猜想用于解密已知密文,这样可以进一步判断出结论的正确性,得出解密后的明文为:

themethodusedforthepreparationandreadingofcoemessagesissimpleintheextremeandat
thesametimeimpossibleoftranslationunlessthekeyisknowntheeasewithwhichthekeymaybec
hangedisanotherpointinfavoroftheadoptionofthiscodebythosedesiringtotransmitimportant
messageswithouttheslightestdangeroftheirmessagesbeingreadbypoliticalorbusinessrivalsetc

根据上述解密分析过程,可发现 Vigenère 密码易被唯密文攻击破解,而其他三种攻击方式则会更容易成功。但是它还是具有自己的优点,因为它采用了密钥在明文上重复书写的原理,这样一个字母可能对应多个替换,而非一对一的字符替换。我们将其称为多表替换的一种。但是只要密文足够多,就可以生成合理的统计样本,破解该加密法的问题就变成了破解 n 个不同移位加密的问题。

4. 几何意义

观察易知 Vigenère 密码的加密过程相当于一个组合线性变换,先将明文按照密钥长度分组,后用密钥来对每一组明文分别加密,且每一组内每一位的移位值可能均不同。

如密钥为 vector 的 Vigenère 密码对每组明文的加密变换组合函数为:

$$\begin{cases} y_1 = x_1 + 21 \\ y_2 = x_2 + 4 \\ y_3 = x_3 + 2 \\ y_4 = x_4 + 19 \\ y_5 = x_5 + 14 \\ y_6 = x_6 + 17 \end{cases}$$

由此,已知密钥后该 Vigenère 密文的解密其实就是解密 6 个移位密码对应的解密。而这种线性变换可知,其实是对 $y = x$ 直线的不同的移位方式,而如何选取仅与该明文字母出现在明文字符串中的序位有关。这种加密方式显然较替换密码中的移位密码和仿射密码更加复杂一些,也更为安全。

2.4　分组密码

2.4.1　分组密码基础

> 📖　**分组密码的小链接**
>
> 　　现代分组密码的研究始于 20 世纪 70 年代中期,至今已有近 40 年的历史,这期间人们在这一研究领域已经取得了丰硕的研究成果。分组密码不同于替换密码,它先将明文进行分组,再将每个明文组以一系列替换表依次对明文组中的字母进行替换。因此这种加密方式也可被称为多表替换密码。

对于移位密码来说,若明文中改变了一个字母,则密文中相应位置也会改变一个字母。Vigenère 密码则是对明文字母的分组,对应了密钥的长度,利用频率分析依然有可能完成,因为这个加密过程中各个字母没有相互作用。但是分组密码是同时加密几个字母与数字的分组,因此改变明文分组的一个字符,就可能改变与之相对应的密文分组潜在的所有字符的加密。分组密码加密算法示意图如图 2-5 所示。

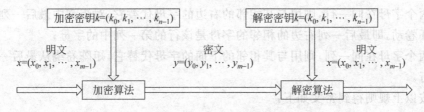

图 2-5　分组密码示意图

Playfair 密码即为分组密码中的一个简单例子,它按照两个字母为一组进行加密成两字母的分组。此时,若改变了明文字母中的一个字母,密文中将至少改变一个字母,且一般是两个字母。但是对于频率攻击来说,这样的分组还是不够安全。

2.4.2 最简单的分组密码

1. Playfair 密码

> 📖 **Playfair 密码的来源**
>
> Playfair 密码于 1854 年由英国人 Charles Wheatstone 发明,密钥由 26 个英文字母组成五阶方阵。由于它使用方便而且可以让一般的频度分析法失效,因此在 1854—1855 年的克里米亚战争和 1899 年的布尔战争中均有广泛应用,但在 1915 年的第一次世界大战中被破译了。

Playfair 密码选用一个由密钥词构成的 5×5 字母矩阵,例如密钥词为"playfair",则将单词中重复的字母去掉一个,可以得到"playfir"。再将剩下的字母排列成 5×5 矩阵的起始部分,矩阵的剩余部分则用 26 个字母表中未在密钥词中出现的字母来填充(i 和 j 作为一个字母来对待),则得:

p	l	a	y	F
i	r	b	c	d
e	g	h	k	m
n	o	q	s	t
u	v	w	x	z

假设已有明文为:meet at the schoolhouse。现用上述字母矩阵来对明文加密的步骤如下:

首先,将明文每两个字母分为一组,并在连续相同的字母中间用 x 隔开。若最后只剩下一个字母,则也用 x 填充。由此得到:me et at th es ch ox ol ho us ex。

接着,使用矩阵来加密每两个字母组,规则如下:

若两个字母不在同一行或列,则用该字母所在行和另一个字母所在的列对应的那个字母去代替该字母;

若两个字母在同一行,则用与其相邻的右边的字母代替它,对矩阵中最后一列的字母采用循环卷动,即最后一列右边的相邻的字母是该行的第一列中的字母;

若两个字母在同一列,则用与其相邻的下面的字母代替它,矩阵卷绕从最后一行转回到第一行。

则按以上规则得到密文如下:

$$eg \quad mn \quad fq \quad qm \quad kn \quad bk \quad sv \quad vr \quad gq \quad xn \quad ku$$

解密过程就按照字母矩阵逆向翻译即可。Playfair 密码中的每一个明文字母在密文中仅对应 5 种可能的字母,如上述例子中字母 e 只可能有 g、h、k、m 和 n 这 5 种替换。所以 Playfair 密码的安全性主要取决于字母矩阵的保密性。

Playfair 密码将明文中的双字母组合作为一个单元对待,并将这些单元转换为双字母组合。加密后的字符出现的频率在一定程度上被均匀化。但是对于已知密文的攻击却很易实现,同时也可以根据双联字字母分类统计进行频率攻击的方法来破解。

2. ADFGX 密码

📖 **ADFGX 密码的来源**

　　1918 年,第一次世界大战将要结束时,法军截获了一份德军电报,电文中的所有单词都由 A、D、F、G、X 五个字母拼成,因此被称为 ADFGX 密码。ADFGX 密码是 1918 年 3 月由德军上校 Fritz Nebel 发明的,是结合了 Polybius 密码和置换密码的双重加密方案。A、D、F、G、X 即 Polybius 方阵中的前 5 个字母。同时选用这个五个字母也是因为这些符号在莫尔斯(Morse)电码(·—,—··,··—·,——·,—··—)中不易混淆,这样可以避免不必要的传输错误。这种设计思想也是试图将纠错与密码学结合的标识之一。

　　ADFGX 密码将字母表中的字母组成 5×5 的矩阵,字母 i 和 j 被认为是同一个字母,矩阵的行和列都用字母 A、D、F、G、X 标记,然后将这 25 个字母填入矩阵中,如:

	A	D	F	G	X
A	f	l	s	w	e
D	v	a	x	r	o
F	n	h	u	d	y
G	q	k	b	g	t
X	i	p	m	z	c

则用每一个明文字母用它所在行和列的标记代替,如:s 变成了 FA,z 变成了 DG,设明文为 what is jade。则第一步的结果为:

AG　FD　DD　GX　XA　AF　XA　DD　FG　AX

　　然后再选择一个关键字,如 cat,用关键字中的字母来标记矩阵的列,将第一步的结果组成如下矩阵:

C	A	T
A	G	F
D	D	D
G	X	X
A	A	F
X	A	D
D	F	G
A	X	

之后按照关键字字母顺序重新将列排序,得到如下矩阵:

A	C	T
G	A	F
D	D	D
X	G	X
A	A	F
A	X	D
F	D	G
X	A	

则通过按列向下读字母(忽略标记)可得到最终的密文为:

GDXAAFXADGAXDAFDXFDG

ADFGX 密码在知道关键字时解密很容易,可以根据列的长度来确定关键字的长度和密文的长度,字母被放在了列中,重新安排顺序可以与关键字匹配,然后用初始的矩阵来恢复明文。因此,ADFGX 密码的安全性建立在初始矩阵和关键字的更新上,这样会使密码分析变得困难一些。

但是当信息量足够时,这种密码体制能够被法国的密码专家 Georges Painwin 和 Bureau du Chiffre 破解。后来,因为该加密法发送含有大量数字的简短信息有问题,人们在 1918 年 6 月加入一个字 V 对 ADFGX 进行扩充,变成以 6×6 格共 36 个字符加密的 ADFGVX 密码。这使得所有英文字母(不再将 i 和 j 视为同一个字)以及数字 0~9 都可混合使用。

📖 **摩斯电码**

摩斯电码(又称摩尔斯电码,Morse code)是一种发报用的信号代码,是一种替代密码,用点(Dot)和画(Dash)的组合来表示各个英文字母或标点。摩斯电码于 1835 年由美国人艾尔菲德·维尔发明,当时他正在协助萨缪尔·摩尔斯进行摩尔斯电报机的发明。在早期无线电上它具有举足轻重的地位,是每个无线电通信者必须了解的。随着通信技术的进步,各国已于 1999 年停止使用摩斯电码,但由于它所占的频宽最少,又具一种技术及艺术的特性,在实际生活中仍有广泛的应用。

2.4.3 多表代换分组密码——希尔密码

本节介绍另一种分组密码也是多表代换密码——希尔(Hill)密码。这种密码体制是

Lester S. Hill 在 1929 年提出的。希尔密码的主要思想是取 m 个明文符号的 m 个线性组合,得到 m 个密文符号,这种变换是在 Z_{26} 上进行的。这种密码在实践中很少看到,但是它打破了人们在移位置换等方面探索加密算法的局限,开始将代数(线性代数和模数运算)方法进一步运用到了密码学中。之后,代数在密码学的发展上起到了越来越重要的作用。

例 2.6　请对明文 abc 用希尔密码进行加密和解密。

(1) 加密过程。

首先选取一个整数 n,如 $n=3$,则密钥被设为一个 $n \times n$ 的矩阵 M,它是由模 26 的整数组成的,令这个加密矩阵为:

$$M = \begin{bmatrix} 1 & 2 & 3 \\ 4 & 5 & 6 \\ 11 & 9 & 8 \end{bmatrix}$$

之后将明文信息表示为一系列向量,如"abc"可被表示为一个简单的行向量 $(0,1,2)$。

加密过程就是将明文向量与加密矩阵相乘(一般来说,矩阵出现在乘数的右边,若在左边,则结论类似),并将结果做模 26 运算,则上述加密过程为:

$$(0,1,2) \begin{bmatrix} 1 & 2 & 3 \\ 4 & 5 & 6 \\ 11 & 9 & 8 \end{bmatrix} \equiv (0,23,22)(\mathrm{mod}\ 26)$$

因此,得出密文即为 axw(第一个字母 a 未被替换为其他字符,这是一个随机的结果)。

(2) 解密过程。

希尔密码的解密过程其实是确定行列式 M 的过程,M 应满足 $\gcd(\det(M),26)=1$。这表明,由证书元素组成的矩阵 N 要满足 $MN \equiv I (\mathrm{mod}\ 26)$,这里的 I 是 $n \times n$ 的单位矩阵。

本例中,$\det(M)=-3$,M 的逆为:

$$-\frac{1}{3} \begin{bmatrix} -14 & 11 & -3 \\ 34 & -25 & 6 \\ -19 & 13 & -3 \end{bmatrix}$$

因为 17 是 $-3(\mathrm{mod}\ 26)$ 的逆,可用 17 代替 $-1/3$,则求模运算后得:

$$N = \begin{bmatrix} 22 & 5 & 1 \\ 6 & 17 & 24 \\ 15 & 13 & 1 \end{bmatrix}$$

读者可自己检验 $MN \equiv I (\mathrm{mod}\ 26)$,要完成解密仅需将密文向量与 N 相乘即可:

$$(0,23,22) \begin{bmatrix} 22 & 5 & 1 \\ 6 & 17 & 24 \\ 15 & 13 & 1 \end{bmatrix} \equiv (0,1,2)(\mathrm{mod}\ 26)$$

希尔密码实现了明文字母的多表替换,相当于将多个替换表循环使用。多表代替密码由莱昂·巴蒂斯塔于 1568 年发明,著名的 Vigenère 密码、博福特密码和希尔密码均是多表代替密码。

(3) 希尔密码的安全性。

对于希尔密码来说,仅仅使用密文是很难解密的,但对已知明文的攻击却很容易破解。我们可以用穷尽搜索法尝试不同的 n 值,直至找出正确的值为止。当确定了 n 后,就可以将明文分为大小为 n 的 n 个分组,这样结合密文就可以得到关于 M 的矩阵等式。

例 2.7 假设已知 $n=2$,有明文 howareyoutoday=

$$7\ 14 \qquad 22\ 0 \qquad 17\ 4 \qquad 24\ 14 \qquad 20\ 19 \qquad 14\ 3 \qquad 0\ 24s$$

及对应的密文 zwseniuspljveu=

$$25\ 22 \qquad 18\ 4 \qquad 13\ 8 \qquad 20\ 18 \qquad 15\ 11 \qquad 9\ 21 \qquad 4\ 20$$

则可由前两个分组产生矩阵等式:

$$\begin{pmatrix} 7 & 14 \\ 22 & 0 \end{pmatrix} \begin{pmatrix} a & b \\ c & d \end{pmatrix} \equiv \begin{pmatrix} 25 & 22 \\ 18 & 4 \end{pmatrix} (\bmod\ 26)$$

但是,发现矩阵 $\begin{pmatrix} 7 & 14 \\ 22 & 0 \end{pmatrix}$ 的行列式是 -308,它的模 26 运算是不可逆的(对于矩阵的模运算感兴趣的读者可以学习相关数论知识)。因此,我们替换等式的最后一行,如用第 5 个分组,可得到:

$$\begin{pmatrix} 7 & 20 \\ 20 & 19 \end{pmatrix} \begin{pmatrix} a & b \\ c & d \end{pmatrix} \equiv \begin{pmatrix} 25 & 22 \\ 15 & 11 \end{pmatrix} (\bmod\ 26)$$

在这样的情况下,矩阵 $\begin{pmatrix} 7 & 14 \\ 20 & 19 \end{pmatrix}$ 是模 26 的可逆矩阵,且

$$\begin{pmatrix} 7 & 14 \\ 22 & 19 \end{pmatrix}^{-1} \equiv \begin{pmatrix} 5 & 10 \\ 18 & 21 \end{pmatrix} (\bmod\ 26)$$

于是得到

$$M \equiv \begin{pmatrix} 5 & 10 \\ 18 & 21 \end{pmatrix} \begin{pmatrix} 25 & 22 \\ 15 & 11 \end{pmatrix} \equiv \begin{pmatrix} 15 & 12 \\ 11 & 3 \end{pmatrix} (\bmod\ 26)$$

由于希尔密码在这种其情况下是很容易被攻击的,因此不能认为它是非常强健的。

2.4.4 分组密码的基本手段——扩散和混淆

在密码学中,混淆(confusion)与扩散(diffusion)是创建加密文件的两种主要方法。这样的定义最早出现在 Claude Shannon(见右图)1949 年的论文《保密系统的通信理论》中。这两种手段的目的都是用于挫败基于统计分析的密码分析方法。

混淆的含义是密钥并不是和密文简单地相关,在特殊的情况下,每一个密文字符都依赖于密钥的几个部分。主要是用来使密文和对称式加密方法中密钥的关系变得尽可能复杂。例如,对于希尔密码来说,假设有一个 $n \times n$ 矩阵的希尔密码,设想一下需要

有一个长度为 n^2 的明文-密文对,才能解出这个加密矩阵。如果改变了密文中的一个字符,矩阵的一个列将完全改变。若整个密钥均改变,则密码体制很可能需要同时求解整个密钥,而不是一组一组分开进行。

而扩散则主要是用来使明文和密文的关系变得尽可能复杂,明文中任何一点小更动都会使得密文有很大的差异。类似地,如果改变了密文中的一个字符,明文中的几个字符也要改变。希尔密码也具有这个特性,即明文中的字母、双连字符等的频率统计是漫射到密文中的几个字符的,这意味着统计攻击将变得异常困难。

因此具有混淆和扩散特性的加密算法可有效防止类似频率分析攻击,如后面将介绍的基于 64 比特的分组密码 DES 方法和基于 128 比特的分组密码 AES 方法等。而 Vigenère 密码和替换密码都不具有混淆和扩散的特性,这就是它们很容易受到频率分析攻击的原因。

混淆和扩散概念在任何一个设计良好的分组密码中均起着非常重要的作用,但是同时,扩散的缺点是错误传播(这也正是密码的优点):密文中的一个小错误在解密的信息中可以转化成一个相当大的错误,以至于通常造成解密是不可读的。

2.5　一种不可攻破的密码体制

本章已介绍的加密算法中,每一种都是可被破解的,那么目前是否存在无法被破解的加密算法呢? 1912 年,Gillbert Vernam 和 Joseph Mauborgne 就发明了一种不可攻破的密码体制,称为一次一密(one-time pad)。他们最初的设计是用一系列的 0 和 1 来表示信息,这可以用二进制数来实现,下面先来了解二进制的相关知识。

2.5.1　二进制

在计算机环境下,我们常用 0 和 1 来表示数据,而不是直接用字母和数字。数字可以转换为二进制数(或以 2 为基数),而最常用的标准记数方式则是基于十进制的。例如,123 意味着 $1\times10^2+2\times10^2+3$,二进制中用 2 来代替 10,仅适用数字 0 和 1,如 110101 用二进制表示 $2^5+2^4+2^2+1$(相当于十进制数的 53)。

二进制数中的每一个 0 或 1 被称为一个比特(1b),8 个比特表示的数被称为 8 比特数字,或一个字节(1B)。最大的 8 比特数字能表示十进制的 255,最大的 16 比特数字能表示的十进制数是 65 535。

除了数字外,单词、符号和字母都要给出二进制表示,标准的方式之一就是使用 ASCII 码,即美国信息交换标准代码,每个字符用 7 比特来表示,允许标识 128 种可能的字符和符号。因为在计算机中通常使用 8 比特分组,因此每个字符通常用 8 比特来表示,一旦在传输中有错误产生,8 比特数字可用奇偶校验来检测,另外也可以使用扩展字符列表。表 2-8 给出了 ASCII 码与以下字符和标准符号的对应值,在本书中,我们将使用它们将文本编码为 0 和 1 的序列。

表 2-8　部分符号的 ASCII 码

十进制	二进制	字符	十进制	二进制	字符	十进制	二进制	字符
32	0100000	(space)	48	0110000	0	64	1000000	@
33	0100001	!	49	0110001	1	65	1000001	A
34	0100010	"	50	0110010	2	66	1000010	B
35	0100011	♯	51	0110011	3	67	1000011	C
36	0100100	$	52	0110100	4	68	1000100	D
37	0100101	％	53	0110101	5	69	1000101	E
38	0100110	&	54	0110110	6	70	1000110	F
39	0100111	,	55	0110111	7	71	1000111	G
40	0101000	(	56	0111000	8	72	1001000	H
41	0101001	)	57	0111001	9	73	1001001	I
42	0101010	*	58	0111010	:	74	1001010	J
43	0101011	+	59	0111011	;	75	1001011	K
44	0101100	,	60	0111100	<	76	1001100	L
45	0101101	-	61	0111101	=	77	1001101	M
46	0101110	.	62	0111110	>	78	1001110	N
47	0101111	/	63	0111111	?	79	1001111	O

2.5.2　一次一密

一次一密的密钥是与信息同样长度的 0 和 1 组成的随机序列,一旦密钥使用过一次就丢弃它并且不再使用,加密的过程就是信息和密钥逐比特地做模 2 加运算,这个过程通常叫异或(exclusive OR),用 XOR 表示。例如,若需要加密的信息为 00101001,密钥是 10101100,则加密过程为:

(明文)00101001

(密钥)10101100

(密文)10000101

解密过程即为用同样的密钥,简单地将密文与密钥相加:

10000101＋10101100＝00101001

对于明文由一系列字母组成的情况,稍微有一些变化,密钥是一串随机的移位序列,每一位都是介于 0~25 之间的数字,解密使用同样的密钥,但是要减去所加上的移位。这种加密方法对于仅知道密文的攻击不是可破解的。比如,假设密文是 fiowpslqntisjqj,明文可能是 wewillwinthewar,也可能是 theduckwantsout,只要与明文具有相同的长度,每一种都有可能,可见从密文中除了明文的长度外得不出关于明文的信息。

但是由于一次一密的密钥在每次加密时都会更换,除非同一部分的密钥被重复使用,否则可选择的明文或密文攻击都是无法攻破的。但是这样的机制要如何来实现呢？如何才能正确地产生随机的 0 和 1 序列呢？

解决这个问题的一种方法是让一些人在屋子里掷硬币，但是这样产生密钥的效率太低。此外，也有人想到可以用 Geiger 计数管，在一个小时的时间间隔内数一数滴答声，若这个数是偶数就记录 0，是奇数就记录 1。但是这些方法在实际应用中都不够实用，也不太满足绝对的随机性。要产生具有完全随机性的序列在密码学的实际应用中几乎是不可能的，但是我们认为具备如下性质的随机序列产生器产生的伪随机序列在密码学上是安全的：

(1) 序列看起来是随机的，可以通过所有随机性统计检验；

(2) 序列是不可被预测的，即使拥有了产生序列的算法或硬件和所有以前产生的比特流的全部信息，也不能通过计算来预测下一个随机比特应该是什么。

(3) 序列不能可靠地重复产生，即对于完全相同的两次输入来说，相同的序列产生器会产生两个不相关的随机序列。

可见，一次一密虽然具有难以破解的安全性，但是也存在着机制上的缺点。对于长信息的加密它需要非常长的密钥，这样的密钥产生本身就是一个难题，同时传输又要花费相当大的费用。此外，用过一次的密钥就绝对不可以用第二次，否则会很危险。

2.6　伪随机序列的生成

上述的一次一密和后面将要介绍的 DES 和 AES 加密算法均需使用随机的比特流序列来作为密钥。前面已经讨论过，用自然的方法来产生的随机比特流难以保证效率和安全性，因此人们更倾向于寻找一种既能产生随机数又能由软件来实现的方法。

2.6.1　一般方式

一般在大多数的计算机上均有产生随机数的方法，如标准 C 库函数中的 rand( ) 函数，它可产生介于 0～65 535 之间的任意一个伪随机数，这个伪随机函数需要一个"种子"(seed)作为输入，之后就可产生一个比特流的输出。这类伪随机序列发生器一般都建立在线性同余生成器(Linear congruential generator)的基础之上，它可以根据以下关系式产生一系列数：

$$x_n = ax_{n-1} + b(\bmod\ m)$$

设 x_0 是初始值，a、b 和 m 是关系式中的参数。但是这类伪随机序列发生器所产生的伪随机序列并无法满足密码学的要求，较适合于实验目的的情况，因为它们依然是可预知的比特流。对于已经知道的任何多项式同余生成器都存在着潜在的不安全性。

为产生不可预知的比特流作为输入源，我们常用两种方法创建这样的不可知的比特流，分别是利用单向函数和数论中的难题(intractable problem)。

单向函数是指那些在已知 y 和 $y = f(x)$ 的情况下依然不能求解 x 的函数。假设存在

一个单向函数 f 和一个随机的输入 s，$y_j = f(s+j)$，$j = 1, 2, 3, \cdots$，若令 b_j 是 y_j 的最低有效比特，那么序列 $b_0, b_1, \cdots$ 将是一个伪随机的比特序列。运用这种方法最具代表性的加密算法就是 DES 安全散列算法。

在基于数论难题的方法中，人们最常用的平方剩余发生器（Blum-Blum-Shub，BBS）是伪随机序列生成器，即人们所说的二次剩余方程生成器。BBS 是一种流行的产生安全的伪随机数的方法，是用它的研制者的名字命名的。首先产生两个大的素数 p 和 q，它们都同余于 3 模 4，设 $n = pq$，且存在一个随机的整数 x 与 n 互素。则为了初始化 BBS 生成器，设初始输入是 $x_0 \equiv x^2 (\bmod\ n)$，BBS 通过如下过程产生一个随机的序列 $b_0, b_1, \cdots$，满足如下条件：

（1）$x_j \equiv x_{j-1}^2 (\bmod\ n)$；

（2）b_j 是 x_j 的最低有效比特。

BBS 生成器的安全性是基于分解 n 的难度，很可能是不可预测的，但是它的计算速度慢，在有些情况下人们可能更在意加密的效率而非安全性。因此在保证应有的安全性时可以采取减少 k 个 x_j 中的最低有效比特，只要 $k \leqslant \log_2 \log_2 n$，这样也能保证加密的安全性。

2.6.2 线性反馈移位寄存序列

在很多加密情景中，需要考虑到效率及安全两者之间的平衡。有时安全性可能并不是最重要的，因为有时保证系统安全性的代价将高于信息本身的价值，而且可能提高加密的速度将更有价值。在这种情况下，常用线性反馈移位寄存序列来产生加密密钥流，例如，可用一个线性递归关系

$$x_{n+5} \equiv x_n + x_{n+2} (\bmod\ 2) \tag{2-13}$$

并设置初始值为：

$$x_0 = 0, \quad x_1 = 1, \quad x_2 = 0, \quad x_3 = 0, \quad x_4 = 0 \tag{2-14}$$

将式（2-14）代入式（2-13），并重复 31 次后即可得到如下序列：

$$0100001001011001111100001011101010000100101100111$$

一般一个长度为 m 的线性递归关系（系数 $c_0, c_1, \cdots$ 是整数）可表示为

$$x_{n+m} \equiv c_0 x_n + c_1 x_{n+1} + \cdots + c_{m-1} x_{n+m-1} (\bmod\ 2)$$

若给出了初始值（Initial Value，IV）为

$$x_0, x_1, \cdots, x_{m-1}$$

则序列 $\{x_n\}$ 的所有值都可以使用递归计算出来，这个由 0 和 1 组成的结果序列可用作加密的密钥。

这种方法可以完成使一个周期非常长的密钥用非常少的信息来产生，这个长周期也使 Vigenère 密码得到了改进，允许用一个短周期的种子密钥来生成长周期的加密密钥。若用比特向量来表示 IV 和线性递归关系式系数，则上例中的分别是 $|0, 1, 0, 0, 0|$ 和 $|1, 0, 1, 0, 0|$。这表示可以由 10 比特产生 31 比特的伪随机数序列。对于精心选取的长为 31 的线性递归关系，任何非零 IV 均可产生一个周期为 $2^{31} - 1 = 2\ 147\ 483\ 647$ 的序列，

这是相当可观的。

可用称为线性反馈移位寄存器(LFSR)的硬件来实现上述过程,自动快速地产生随机序列。图 2-6 描述了一个简单的线性反馈移位寄存器的工作原理,它由三个寄存器和两个异或运算器组成。

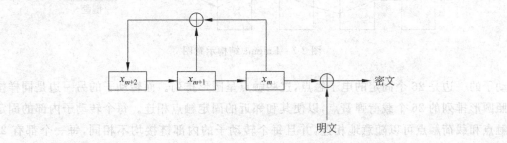

图 2-6　一个满足 $x_{m+2}=x_{m+1}+x_m$ 的线性反馈移位寄存器

图 2-6 所示为一个满足 $x_{m+2}=x_{m+1}+x_m$ 的线性反馈移位寄存器,每增加一次计算,每个盒子中的比特被移到另一个盒子中作为输入,用异或运算表明其引入的比特的模 2 加法。比特 x_m(即输出)和明文的下一个比特相加来产生密文。在图 2-6 中,当 x_0、x_1、x_2 的初始值被确定后,这个运算器就可以高效率地产生随机比特流。

但是,这种加密方法对于已知明文的攻击很易实现。当知道了一段连续的明文比特及其相对应的密文比特后,就可以确定这个递推关系,因此通过减或加这个明文,就可以计算出密钥的所有比特序列。

2.7　转轮密码

20 世纪 20 年代,人们发明了各种机械加密设备来自动对明文进行加密,大多数都是基于转轮的概念。轮转机是一组转轮或接线编码轮所组成的机器,用于实现长周期的多表代换密码。一般的轮转机由机械运动和简单的电子线路组成:一个键盘和若干转轮,每个转轮由绝缘的圆形胶板组成,胶板正反两面边缘线上均有金属凸块,每个金属凸块上标有字母,字母的位置相互对齐。胶板正反两面的字母用金属连线接通,就可以形成一个置换运算。不同的转轮固定在一个同心轴上,它们可以独立自由转动,每个转轮可选取一定的转动速度。例如,一个转轮可能被线连起来用来完成以 F 代替 A,以 U 代替 B,用 L 代替 C 等,而且轮转的输出栓连接到相邻的输入栓上。

最具代表性的轮转机是 Enigma,由德国人 Arthur Scherbius 和他的朋友 Richard Ritter 创办的谢尔比乌斯和里特公司发明,是第二次世界大战时期德国使用的最出名的机器之一。德国人为了战时使用,大大地加强了其基本设计。

Enigma 可以看作是对 Vigenère 密码的一种实现,Enigma 密码机的示意图如图 2-7 所示。

图中 L、M、N 为三个转动子,转子是 Enigma 密码机最核心关键的部分。其中每个转

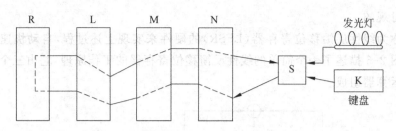

图 2-7　Enigma 结构示意图

动子的一边是 26 个固定的电子触点,这些触点呈圆形排列。而转动子的另一边是同样按照圆形排列的 26 个载荷弹簧点,以便其和邻近的固定触点相连。每个转动子内部的固定触点和载荷触点可以随意地相连,并且每个转动子的内部链接均不相同,每一个都有 26 种可能的初始设置。

最左边的 R 是反射器,与 26 个载荷簧点成对相连。键盘 K 和键盘排列和广为使用的计算机键盘基本一样,只不过为了使通信尽量地短和难以破译,空格、数字和标点符号都被取消,只有字母键。S 则是线路链接板,由约 6 对插头组成,可与 6 组字母相互交换,可对 26 个字母中的 6 个字母的输入单独进行一次替换加密,其他字母则不变。而发光灯充当了显示器的作用,有标示了不同字母的 26 个小灯泡,当键盘上的某个键被按下时,和这个字母被加密后的密文字母所对应的小灯泡就亮起来,就是这样一种近乎原始的"显示"形式。

转动子的转动原理是:当按下键盘上的一个字母键后,相应加密后的字母在发光灯上显示出来,而转子就自动地转动一个字母的位置。例如,第一次输入 A 时,灯泡 B 亮,转子转动一格,各字母所对应的密码就改变了。第二次再输入 A 时,它所对应的字母就可能变成了 C;同样地,第三次输入 A 时,又可能是灯泡 D 亮了。Enigma 不是一种简单替换密码,同一个字母在明文的不同位置时,可以被不同的字母替换,而密文中不同位置的同一个字母,又可以代表明文中的不同字母,因此频率分析法在这里便无法起作用了。这种加密方式在密码学上也被称为"复式替换密码"。

使用 Enigma 通信时,加密人首先要调节三个转子的方向(三个转子的初始方向就是密钥,是收发双方必须预先约定好的);然后依次输入明文,并把显示器上灯泡闪亮的字母依次记下来;最后把记录下的闪亮字母按照顺序用正常的电报方式发送出去。收信方收到电文后,使用一台同样的加密机,按照原来的约定,把转子的方向调整到和发信方相同的初始方向上,然后依次输入收到的密文,显示器上自动闪亮的字母就是明文。加解密的过程完全一样。

转轮加密的三个转子各有 26 种状态,而三个转子的位置还可以进行交换形成 6 种排序,再加之线路链接板的作用,可使替换方式达到 10^{16} 左右! 显然对于暴力攻击来说这种加密机具有极高的安全性,即便攻击者动用大量的财力物力也几乎不可能实现。

📖 Enigma 小链接

Enigma（见右图）的安全性很高，但是最后还是被三位波兰密码学家 Marian
Rejewski、Henryk Zygalski 和 Jerzy Rozycki 在 1930
年破解了它的早期版本。1939 年他们的破解方法传
到了英国，正好早于德国侵略波兰两个月，英国人发
展了波兰人的这些技巧，并在整个第二次世界大战
期间成功破译了德国的信息。英国人逮捕并收买了
Enigma 的发明者，封锁了 Enigma 被破解的消息，直
至战争结束后 30 年，人们才知道 Enigma 已被破解。

📖 其他的机械密码

第二次世界大战时期，美国人也使用了一种机械密码，是由瑞典人哈格林设计的
哈格林密码机（美国军方称为 M-209），它是一种齿数可变的齿轮装置，有六个密钥轮，
一个印字轮。太平洋战争美国破译了日本海军的密码机，截获了日本舰队司令官山本
五十六发给各指挥官的命令，在中途岛彻底击溃了日本海军，不久又击毙了山本五十
六，形成了太平洋战争的决定性转折。

本 章 小 结

20 世纪中期以前，由于条件的限制，密码技术的保密性基于加密算法的保密性，因此
称之为古典密码体制或受限的（restricted）密码算法。尽管古典密码体制受到当时历史
条件的限制，没有涉及非常高深或复杂的理论，但在其漫长的发展演化过程中，已经充分
表现出了现代密码学的两大基本思想——"替换"和"置换"，而且还将数学的方法引入到
密码分析和研究中。这为后来密码学称为系统的学科以及相关学科的发展奠定了坚实的
基础。

思 考 题

1. 什么是替换密码？什么是置换密码？
2. 移位密码和 Vigenère 密码的异同是什么？
3. 简述古典密码对现代密码学的影响。
4. 请用模运算的相关知识解答本题，要求写出求解过程。
5. 求解方程 $x+9 \equiv 7(\mod 23)$ 的解。
6. 求解方程 $5x \equiv 7(\mod 23)$ 的解。
7. 求解方程 $3x+4 \equiv 9(\mod 11)$ 的解。

参考文献

[1] 孙菁,傅德胜.《密码学》课程教学方法的探索与实践[J].信息网络安全,2009(7)：65-67.

[2] 李梦东.《密码学》课程设置与教学方法探究[J].北京：北京电子科技学院学报,2007,15(3)：61-66.

[3] 王如涛.仿射密码的实现[J].信息安全与通信保密,2013(1)：75-77.

[4] 于红梅,史乙山,王晓军,等.古典密码学理论分析[J].硅谷,2009(6)：190-191.

第 3 章 数据加密标准

3.1 概述

古典密码算法不能很好地防范攻击,急切地需要一个新的加密算法来保证数据的安全。美国国家标准局(National Bureau of Standards,NBS)公开征集数据加密标准(Data Encryption Standard,DES),经过两次甄选,最终确定标准。DES,即数据加密标准,从 1976 年被定为标准到 2001 年被高级加密标准所代替,走过了 25 年的历程,很好地履行了自身的职责。

DES 是一种 Feistel(读音为"Faistəl")体制的分组密码,使用 56 比特有效密钥一次可以处理 64 比特数据。因为其良好的设计,可以防范多数攻击,但是随着时间的推移,DES 日渐"衰老",已经无法防范密钥的穷尽搜索。虽然 DES 已经被取代,但是相比较最初的 10~15 年设计需求,DES 最终被使用了 25 年,至今仍然在一些安全需求不高的地方被人们所使用着。

3.1.1 DES 的历史

在 20 世纪 70 年代前,密码学主要应用于军事方面,非军事密码学研究少有人参与。大多数人都知道军方采用特殊的编码设备来进行通信,但是很少有人懂得密码学。1972 年,美国国家标准局(National Bureau of Standards,NBS),即现在的美国国家标准和技术研究所(National Institute of Standards and Technology,NIST),拟定了一个旨在保护计算机和通信数据的计划。作为该计划的一部分,他们想开发一个单独的标准密码算法。

- 1973 年 5 月 15 日,NBS 发布了公开征集标准密码算法的请求并确定了一系列的设计准则,但是由于提交的算法都与要求相去甚远,第一次征集失败。
- 1974 年 8 月 27 日,NBS 第二次征集加密算法标准,并征集到一个由 IBM 开发的有前途的候选算法 Lucifer。其后请求美国国家安全局(NSA)帮助对算法的安全性进行评估以决定它是否适合作为联邦标准。
- 1975 年 3 月 17 日,DES 在"联邦公报"上发表并征集意见。公众对于 NSA 在开发该算法时的"看不见的手"很警惕,他们担心 NSA 修改了算法以安装陷门,同时还抱怨 NSA 将密钥长度由原来的 112 比特减少到 56 比特。有传言说,56 比特长的密钥刚好能被拥有世界上最快计算资源的 NSA 破解,且对民间通信是安全的。

- 1976 年为针对公众的疑问，NBS 于 8 月和 9 月分别召开两次研讨会，一次研讨算法的数学问题及安装陷门的可能性，另一次研讨增加密钥长度的可能性。
- 1976 年 11 月，数据加密标准确立。

此后每隔 5 年官方都对 DES 进行评估，虽然标准确定伊始，认为 DES 服役时间为 10～15 年，然而最终 DES 服役时间远超 15 年，一方面是由于其自身的安全性，另一方面是由于没有更加可靠的密码算法。但是随着时间的推移，电子设备的性能呈指数趋势增加，暴力破解 DES 已不是难事，最终 DES 被使用更长密钥的 AES 算法所替代。

📖 **暴力破解与 DES 的密钥长度**

对于一切密码而言，最基本的攻击方法是暴力破解法——依次尝试所有可能的密钥。密钥长度决定了可能的密钥数量，因此也决定了这种方法的可行性。对于 DES，即使在它成为标准之前就有一些关于其密钥长度的适当性的问题，在设计时，在与包括 NSA 在内的外部顾问讨论后，密钥长度被从 128 比特减少到了 56 比特以便在单芯片上实现算法。而最终正是它的密钥长度不够，而迫使它被后续算法所替代。所以至今在一些对安全强度要求不高的芯片级应用场合，也常用到 DES。

3.1.2　DES 的描述

如图 3-1 所示，DES 是一种使用 Feistel 体制的分组密码，使用 56 比特原始密钥产生 16 组轮密钥，对 64 比特的明文分组进行 16 轮变换，最终得到密文分组。而解密时，使用加密的函数进行解密，但是需要将 16 组轮密钥逆向使用，使得密文变换为明文。

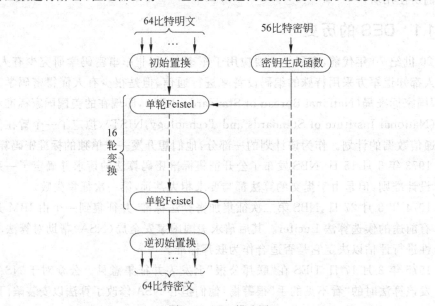

图 3-1　DES 描述图

DES 利用 Feistel 体制来实现加密的两个基本技术——混淆和扩散。混淆和扩散是香农在其 1949 年的论文中提到的,使用该标准来判断加密效果的好坏。混淆用于掩盖明文和密文之间的关系,做到这点最容易的方法是通过代替,如凯撒密码。扩散通过将明文冗余度分散到密文中使之分散开来,做到这点最简单的方法是通过换位(也称为置换),如明文逆序。通常单独使用扩散容易被攻破,常常分组密码算法既用到混淆又用到扩散。

3.2　Feistel 体制

DES 算法使用 Feistel 体制来进行加解密,随着 DES 的公开,有大量的新开发的加密算法均使用 Feistel 体制来进行构建。Feistel 体制是一种多轮结构,每一轮操作相同,将密钥的信息注入当前轮输入的右半部分,再与左半部分异或后形成下一轮变换的输入。本节首先解释单轮的 Feistel 体制,然后再解释多轮的 Feistel 体制。

3.2.1　单轮 Feistel

单轮 Feistel 的输入和输出均为 $2n$ 比特的数据,其中分为左半部分 L 和右半部分 R,假设现在处于第 i 轮,则认为输入为 L_{i-1} 和 R_{i-1},输出为 L_i 和 R_i,密钥为 K_i,单轮处理过程如图 3-2 所示。其中 K_i 输入到的部分称为 F 函数,不同的算法常常因为 F 函数的不同而不同。

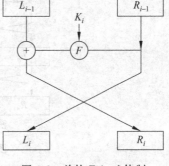

输入 L_i 直接由 R_{i-1} 赋值得到,而 R_i 则是由 R_{i-1} 和密钥 K_i 输入到 F 函数中取得的结果再与 L_{i-1} 异或获得。L_i 和 R_i 可由式(3-1)和式(3-2)表示:

$$L_i = R_{i-1} \tag{3-1}$$

$$R_i = L_{i-1} \oplus F(R_{i-1}, K_i) \tag{3-2}$$

图 3-2　单轮 Feistel 体制

> 📖　**Feistel 与 Horst Feistel**
>
> 　　在密码学研究中,Feistel 密码结构是用于分组密码中的一种对称结构。以它的发明者 Horst Feistel 命名,而 Horst Feistel 本人是一位物理学家兼密码学家,在他为 IBM 工作的时候,为 Feistel 密码结构的研究奠定了基础。很多密码标准都采用了 Feistel 体制,其中包括 DES。Feistel 的优点在于:由于它是对称的密码结构,所以对信息的加密和解密的过程就极为相似,甚至完全一样。这就使得在实施的过程中,对编码量和线路传输的要求减少了几乎一半。

3.2.2　多轮 Feistel

多轮 Feistel 的输入为 $2w$ 长度的明文分组,而输出也为 $2w$ 长度的密文分组,同时还需要 n 个 w 长度的密钥组成的密钥序列,每一轮使用一个密钥。多轮 Feistel 相当于进行多次的 Feistel 单轮操作,输出最终结果时,将最后一轮结果的左右分组交换后输出。而

Feistel 的加密和解密结构,仅仅是密钥顺序的不同,其余结构一样,从而使得硬件上的线路可以减少一半或者软件上的编码量减少一半。加解密的 Feistel 体制示意图如图 3-3 所示。

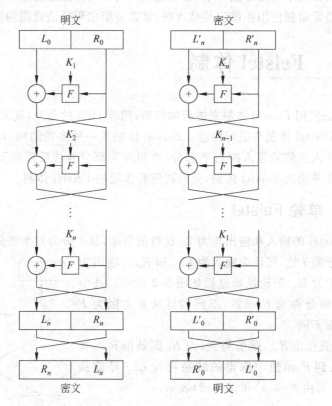

图 3-3　多轮 Feistel 体制的加解密

3.2.3　Feistel 加解密的同结构

如图 3-3 所示,Feistel 体制在加解密上可以使用同一个结构来实现,在实现过程中,只需将密钥逆序使用即可。下面按照图 3-3 来证明上面所说的正确性。

式(3-1)和式(3-2)说明了加密的数据变化,由于距离上次提出较远,故在此处重新声明:

$$L_i = R_{i-1} \tag{3-1}$$

$$R_i = L_{i-1} \oplus F(R_{i-1}, K_i) \tag{3-2}$$

同样,对于解密有:

$$L_{i-1}{}' = R_i{}' \tag{3-3}$$

$$R_{i-1}{}' = L_i{}' \oplus F(R_i{}', K_i) \tag{3-4}$$

由图 3-3 可知,$L_n{}' = R_n$,$R_n{}' = L_n$,继而由式(3-1)、式(3-2)、式(3-3)和式(3-4)可得解密结构中第一轮结束后的关系为:

$$L_{n-1}{}' = R_n{}' = L_n = R_{n-1} \tag{3-5}$$

$$R_{n-1}' = L_n' \bigoplus F(R_n', K_n)$$
$$= R_n \bigoplus F(L_n, K_n)$$
$$= (L_{n-1} \bigoplus F(R_{n-1}, K_n)) \bigoplus F(R_{n-1}, K_n)$$
$$= L_{n-1} \tag{3-6}$$

多次迭代后可得：

$$L_0' = R_0 \tag{3-7}$$
$$R_0' = L_0 \tag{3-8}$$

可见，解密成功。

3.3 　DES 加密

DES 算法使用 Feistel 体制作为框架进行设计，通过实现 F 函数和密钥扩展函数，并对 Feistel 进行初始置换和逆初始置换形成 DES 算法。具体的 DES 结构如图 3-4 所示，64 比特明文首先通过初始置换后，进行 16 轮的 Feistel 体制，再经过一个逆初始置换形成密文，其中 16 轮 Feistel 体制中使用的密钥由密钥生成函数通过一个 56 比特密钥生成。

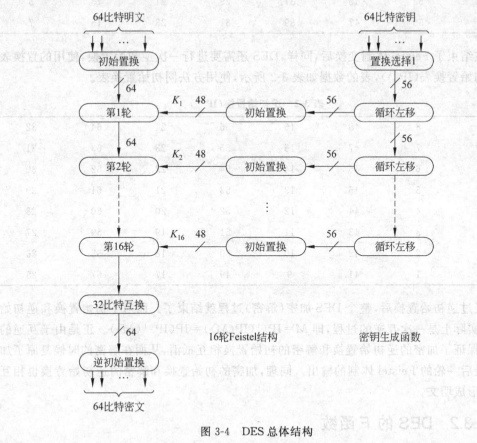

图 3-4　DES 总体结构

下面分别对初始置换、逆初始置换、密钥生成函数和 F 函数进行讲解。

3.3.1 DES 的初始置换与逆初始置换

DES 算法在执行 Feistel 体制的 16 轮变换前,需要经过一个初始置换(IP 置换),使用的置换表为 IP 置换表,其数据如表 3-1 所示。表的输入标记为 $1\sim64$,共 64 比特。置换表中 64 个元素代表 $1\sim64$ 这些数的一个置换。置换表中的每个元素表明了某个输入比特在 64 比特输出比特的位置。例如 IP 表的第 1 个元素表明,输入比特的第 1 位在输出比特的第 58 位。

表 3-1　初始置换(IP)

58	50	42	34	26	18	10	2
60	52	44	36	28	20	12	4
62	54	46	38	30	22	14	6
64	56	48	40	32	24	16	8
57	49	41	33	25	17	9	1
59	51	43	35	27	19	11	3
61	53	45	37	29	21	13	5
63	55	47	39	31	23	15	7

在结束了 Feistel 体制变换后,同样,DES 还需要进行一次逆初始置换,使用的置换表为逆初始置换表(IP^{-1}),表的数据如表 3-2 所示,使用方法同初始置换表。

表 3-2　逆初始置换(IP^{-1})

40	8	48	16	56	24	64	32
39	7	47	15	55	23	63	31
38	6	46	14	54	22	62	30
37	5	45	13	53	21	61	29
36	4	44	12	52	20	60	28
35	3	43	11	51	19	59	27
34	2	42	10	50	18	58	26
33	1	41	9	49	17	57	25

经过逆初始置换后,整个 DES 加密(解密)过程就结束了。而对于初始置换和逆初始置换,实际上是一次互逆的过程,即 $M = \text{IP}^{-1}(\text{IP}(M)) = \text{IP}(\text{IP}^{-1}(M))$。正是由于互逆的性质,保证了加密的逆初始置换和解密的初始置换相互抵消,从而在解密的时候复原了加密时最后一轮的 Feistel 体制的输出。同理,加密的初始置换和解密的逆初始置换也相互抵消,形成明文。

3.3.2 DES 的 F 函数

DES 使用 Feistel 体制作为主结构,实现了自己 Feistel 体制中的 F 函数。DES 的 F

函数主要是由扩展置换（E 置换）、异或操作、代换选择（S 盒代换）和 P 盒置换组成,分组 R（32 比特）经过 E 置换扩展至 48 比特,接着与当前轮次密钥 K（48 比特）进行异或操作,结果经过 S 盒代替后再经过一次 P 置换取得 F 函数的输出,整个 F 函数的流程如图 3-5 所示。

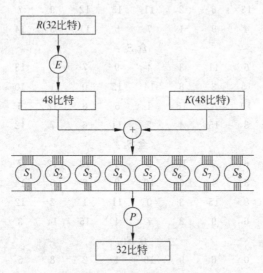

图 3-5　F 函数流程图

　　首先分组 R 经过的变换是 E 置换,该置换可以将一个 32 比特的数据,扩展成 48 比特的分组。E 置换用到的数据如表 3-3 所示,其使用的方法如同 IP 表一样。

表 3-3　扩展置换（E）

32	1	2	3	4	5
4	5	6	7	8	9
8	9	10	11	12	13
12	13	14	15	16	17
16	17	18	19	20	21
20	21	22	23	24	25
24	25	26	27	28	29
28	29	30	31	32	1

　　分组 R 经过扩展置换后形成 48 比特的分组,该分组首先和当前轮次的密钥 K 进行异或操作,然后需要进行 S 盒的代换。DES 所用到的 S 盒的定义如表 3-4 所示,分为 8 个 S 盒。如图 3-5 所示,每个 S 盒输入为 6 比特,输出为 4 比特,故总输入为 48 比特而输出为 32 比特。而 S 盒的变换操作如下:盒 S_i 的输入为输入分组的第 $6i-5$ 到 $6i$ 比特,盒 S_i 输入的第一位和最后一位组成一个 2 比特的二进制数,用来选择 S 盒 4 行代替值中的一行,中间 4 比特用来选择 16 列中的某一列。例如,在 S_1 中,若输入为 010110,则行是 0（00）,列是 11（1011）,该处值是 12,所以输出是 1100。

表 3-4 DES 的 S 盒定义

盒 S_1:

14	4	13	1	2	15	11	8	3	10	6	12	5	9	0	7
0	15	7	4	14	2	13	1	10	6	12	11	9	5	3	8
4	1	14	8	13	6	2	11	15	12	9	7	3	10	5	0
15	12	8	2	4	9	1	7	5	11	3	14	10	0	6	13

盒 S_2:

15	1	8	14	6	11	3	4	9	7	2	13	12	0	5	10
3	13	4	7	15	2	8	14	12	0	1	10	6	9	11	5
0	14	7	11	10	4	13	1	5	8	12	6	9	3	2	15
13	8	10	1	3	15	4	2	11	6	7	12	0	5	14	9

盒 S_3:

10	0	9	14	6	3	15	5	1	13	12	7	11	4	2	8
13	7	0	9	3	4	6	10	2	8	5	14	12	11	15	1
13	6	4	9	8	15	3	0	11	1	2	12	5	10	14	7
1	10	13	0	6	9	8	7	4	15	14	3	11	5	2	12

盒 S_4:

7	13	14	3	0	6	9	10	1	2	8	5	11	12	4	15
13	8	11	5	6	15	0	3	4	7	2	12	1	10	14	9
10	6	9	0	12	11	7	13	15	1	3	14	5	2	8	4
3	15	0	6	10	1	13	8	9	4	5	11	12	7	2	14

盒 S_5:

2	12	4	1	7	10	11	6	8	5	3	15	13	0	14	9
14	11	2	12	4	7	13	1	5	0	15	10	3	9	8	6
4	2	1	11	10	13	7	8	15	9	12	5	6	3	0	14
11	8	12	7	1	14	2	13	6	15	0	9	10	4	5	3

盒 S_6:

12	1	10	15	9	2	6	8	0	13	3	4	14	7	5	11
10	15	4	2	7	12	9	5	6	1	13	14	0	11	3	8
9	14	15	5	2	8	12	3	7	0	4	10	1	13	11	6
4	3	2	12	9	5	15	10	11	14	1	7	6	0	8	13

盒 S_7:

4	11	2	14	15	0	8	13	3	12	9	7	5	10	6	1
13	0	11	7	4	9	1	10	14	3	5	12	2	15	8	6
1	4	11	13	12	3	7	14	10	15	6	8	0	5	9	2
6	11	13	8	1	4	10	7	9	5	0	15	14	2	3	12

盒 S_8:

13	2	8	4	6	15	11	1	10	9	3	14	5	0	12	7
1	15	13	8	10	3	7	4	12	5	6	11	0	14	9	2
7	11	4	1	9	12	14	2	0	6	10	13	15	3	5	8
2	1	14	7	4	10	8	13	15	12	9	0	3	5	6	11

取得 S 盒变换的结果后,还需要进行一次 P 置换才可以得到 F 函数的输出。P 置换如表 3-5 所示,该表的使用方法如 IP 置换表一样。

表 3-5　P 置换

16	7	20	21	29	12	28	17
1	15	23	26	5	18	31	10
2	8	24	14	32	27	3	9
19	13	30	6	22	11	4	25

> 📖　F 函数与雪崩效应
>
> 　　明文或密钥的微小改变将对密文产生很大的影响,是任何加密算法都需要的一个好性质。特别地,明文或密钥的某一位发生变化会导致密文的很多位发生变化,这称为雪崩效应。如果相应的改变很小,可能会给分析者提供缩小搜索密钥或明文空间的渠道。实际上,雪崩效应也是香农提出的扩散和混淆的一个具体现象。DES 具有较好的雪崩效应,而这主要得益于 F 函数的设计。而 F 函数的主要部件是 S 盒,有资料指出,S 盒被 NSA 修改的一个原因在于可以提供更好的雪崩效应,且可以防范差分密码分析。

3.3.3　DES 的密钥扩展算法

在 DES 中,用户只需知道 64 比特的密钥,而在 16 轮的 Feistel 体制中使用的 16 个子密钥,是通过一个密钥扩展算法将 64 比特密钥扩展生成 16 个子密钥。该算法的输入为 64 比特密钥,首先需要经过一次置换选择 1 的变换,生成 2 个 28 比特的密钥分组。置换选择 1 中所使用的数据表如表 3-6 所示,使用方法与 IP 表使用方法一致。

表 3-6　PC-1

57	49	41	33	25	17	9
1	58	50	42	34	26	18
10	2	59	51	43	35	27
19	11	3	60	52	44	36
63	55	47	39	31	23	15
7	62	54	46	38	30	22
14	6	61	53	45	37	29
21	13	5	28	20	12	4

经过 PC-1 变换后,密钥被分为 2 个 28 比特的分组 C_1 和 D_1。这里解释密钥生成函数每轮的步骤。假设当前处于第 i 轮,则输入为 C_{i-1} 和 D_{i-1},首先移位获得置换选择 2 的输入和下一轮的输入 C_i 和 D_i,接着拼接 C_i 和 D_i,进行置换选择 2,形成子密钥 K_i。算法流程如图 3-6 所示,其中密钥生成函数的迭代轮次与移位比特数的关系如表 3-7 所示,置换选择 2 使用的数据表如表 3-8 所示,使用方法同 IP 表。

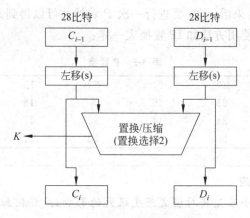

图 3-6　密钥扩展算法单轮结构

表 3-7　移位次数关系表

迭代轮次	1	2	3	4	5	6	7	8	9	10	11	12	13	14	15	16
移位次数	1	1	2	2	2	2	2	2	1	2	2	2	2	2	2	1

表 3-8　置换选择 2(PC-2)

14	17	11	24	1	5	3	28
15	6	21	10	23	19	12	4
26	8	16	7	27	20	13	2
41	52	31	27	47	55	30	40
51	45	33	48	44	49	39	56
34	53	46	42	50	36	29	32

3.4　DES 解密

DES 密码属于 Feistel 密码,故其解密算法与加密算法是相同的,只是子密钥的使用次序相反,在这里就不再做讨论。

3.5　分组密码的使用

Alice 在学会了 DES 加密后,选择和朋友通信都进行加密处理。由于明文数据的长度是不定的,经常出现明文数据比 DES 一次处理的块大小长的情况,所以她每次都是使用同一个密钥——Alice123——依次对切割后的明文分组进行加密。但是某次加密过程中她发现了一个问题:对图 3-7(a)所示的图片进行加密,在加密过程中发现结果如图 3-7(b)所示,可以看出,虽然数据被加密了,但是作为图片,仍然可以被人看出其数据。Alice 在意识到这个问题后,立刻终止加密,但是她又希望数据可以加密后发送,那么此时她该怎么办呢?

(a) 未加密效果　　　　　　　　　　(b) 加密效果

图 3-7　ECB 的数字图像加密效果图

3.5.1　分组密码工作模式

分组密码在对明文加密时,可以根据加密过程中前一明文分组对下一明文分组加密过程的影响,分为多种工作模式。Alice 正是使用了最简单也是最不安全的工作模式——ECB 模式,如果 Alice 使用其余几种模式均可以避免所碰到的问题。

1. 电码本模式

电码本模式(Electronic CodeBook Model,ECB)是简单的一种工作模式,它对明文分块后,对每一块使用密钥分别加密获得密文块,再将密文块连接后获得密文,如图 3-8 所示。

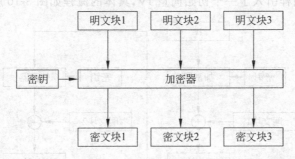

图 3-8　ECB 模式示意图

在这种模式下,前后明文互不影响,故在密钥一定的情况下,内容相同的明文块会被加密成一样的密文块,故当攻击者获得足够多的密文块和明文块的对应关系时,不需要解密即可阅读,类似于中文和英文的翻译。显而易见,这种方法简单明了,可以并行操作,一个密文块传输错误不会影响后续密文解密,但是缺点是无法避免重放攻击。

2. 密码分组链接模式

密码分组链接(Cipher-Block Chaining model,CBC)是由 IBM 在 1976 年发明的。在 CBC 模式中,每个明文块先与前一个密文块相异或,再进行加密。而对于第一个密文块,由于没有前一个密文块,故和一个初始向量(Initialization Vector,IV)相异或,再进行加密,初始向量通常由双方协商指定,如图 3-9 所示。

在这种模式下,前一密文块对后一明文块产生影响,从而使得同样的明文块会产生不同的密文,提高了安全性。但是缺点也显而易见,正是由于前一密文块对后一明文块产生影响,使其不利于并行计算,如果传输过程中存在 1 比特错误,将导致后续所有密文无法解读。

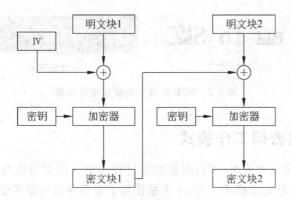

图 3-9　CBC 模式示意图

3. 密文反馈模式

在密文反馈(Cipher FeedBack model,CFB)模式下,明文不进入加密算法中处理,而是与加密算法的输出异或得到密文,加密算法的输入为上一次的密文以及加密用的密钥,对于第一次加密,同样引入了一个初始向量 IV,具体的流程如图 3-10 所示。

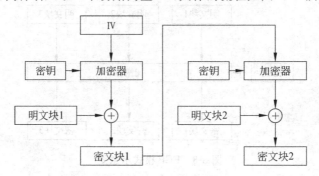

图 3-10　CFB 模式示意图

CFB 模式和 CBC 模式类似,其优缺点也类似,但是该种方法还可以使 IV 大小和明文块大小不同,从而将分组密码转变为流密码。

> 📖　**分组密码和流密码**
>
> 分组密码和流密码均属于对称密码。分组密码将明文分成多个等长的块,使用确定的算法和对称密钥对每组分别加密解密。在实践中,多以 64 位、128 位和 256 位作为分组长度。而流密码是一种一次只对一位进行操作的密码,通常加解密双方持有共同的一个随机种子,然后生成随机数,使用随机数中的某一位对数据位进行加密。正是由于流密码一次处理一位,使得其在网络协议中可以做到加密一位发送一位,使得其效率较高。

4. 输出反馈模式

如图 3-11 所示,输出反馈模式(Output FeedBack model,OFB)与 CFB 模式相似,与

CFB 模式只有一点不同：CFB 使用上一密文块作为加密算法输入，而 OFB 是使用上一加密算法的输出作为下一轮加密算法的输入。

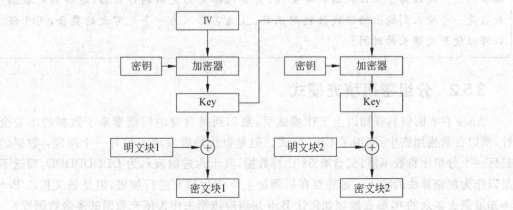

图 3-11　OFB 模式示意图

　　OFB 模式虽然与 CFB 模式极度相似，但是由于与明文块异或操作的 Key 未掺入明文的信息，而是使用同一密钥对 IV 进行加密获得，使得 OFB 模式不会出现一个分组错误影响后续所有分组，同时它也克服了图 3-8 无法抵抗重放攻击的缺点。

5. 计数器模式

　　计数器模式（Counter mode，CTR）的提出是为了可以随机地解密密文分组，因为有时可能不需要解密整个明文，只需对明文中的某一部分进行解密。该技术常用于数据库技术中，如同现实中的刮刮乐，只需刮出第一个字为"谢"即知道自己没有中奖，而无须继续刮出其余的字。CTR 模式的示意图如图 3-12 所示，每一个分组具有自己的计数，通过计数可以获得用于输入到加密算法中的"明文"，经加密后，输出与明文块异或获得密文块。

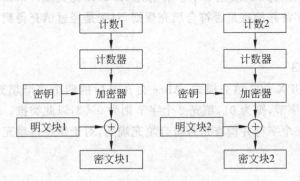

图 3-12　CTR 模式示意图

📖 **计数器的选择**

　　计数器模式既保证了数据不存在密码本，又保证了可以随机存储，故在数据库等需要随机存储的场合下大量运用。如果计数器选择不当，将会带来很大的隐患。最简单的计数器即为直接将计数作为计数器的输出,这种方法只能保证密文不存在电子密码本问题。所以为了保证数据的安全性,需要选择更为复杂的计数器,这样的计数器应当是一个输入到输出的非线性映射函数,且通常输入为一个无穷大的集合,用于保证可以使用足够长的时间。

3.5.2 分组密码填充模式

Alice 在查阅资料获知以上工作模式后,意识到是自身的问题带来了数据的不安全性,所以在数据加密中,使用了 CBC 模式。但是很快她就发现了另外一个问题:数据的最后一个分组比特数不够,只含有 32 比特数据,其十六进制表示为 DDDDDDDD,而这不足以作为加密算法的输入。她想要在后面加上 0 作为填充进行加密,但是她又担心 Bob 不知道删去多余的 0,那么她该如何让 Bob 知道应该删去作为填充数据的多余数据呢?

其实上述问题主要是由于分组密码的特性导致——一次以一个特定长度块作为分组进行加密。针对这样的情况,有两种方式可以解决:一种是使用工作模式,如 CFB、OFB 或 CRT,进行流密码的转换;而另一种方法是,加密方和解密方约定一种填充模式,加密方按照规则进行填充,解密方即可知道在什么情况下需要删除多少数据。

1. 零字节填充

零字节填充(Zero Padding)是在需要填充字节的位置填充为 0。对于这种填充模式,Alice 会将最后的四个字节填充为 0,即 DDDDDDDD00000000。而 Bob 在收到密文解密得到该字符串后,会将末尾的所有 0 字节全部删去,来理解整段话。

2. PKCS7

对于使用 PKCS7 填充模式,Alice 会在最后的四个字节上填充上 04040404。如果是最后填充 1 个字节,则为 01,填充 2 个字节则为 0202,以此类推。Bob 在收到密文并解密后,查看最后一个字符并检查是否符合填充规则,对于是经过填充得到的字符串删去后理解明文。

3. ANSI X.923

对于使用 ANSI X.923 填充模式,Alice 会在最后的四个字节填充上 00000004。如果是填充最后一个字节,则为 01,填充 2 个字节则为 0002,以此类推。Bob 在收到密文并解密后,查看最后一个字符并检查是否符合填充规则,对于是经过填充得到的字符串删去后理解明文。

4. ISO 10126

对于使用 ISO 10126 填充模式,Alice 会在最后一个字节上填充 04,而另外三个字节填充随机数。即对于这种填充模式,最后一个填充字节表明填充比特数,其余为随机数。Bob 在收到密文并解密后,查看最后一个字符并检查是否符合填充规则,对于经过填充得到的字符串删去后理解明文。

经过学习了工作模式和填充模式,只要和 Bob 商定好了工作模式和填充模式,Alice

就可以随心所欲地传递自己想要的数据,而不用担心数据无法准确无误地传递给 Bob。

破解 DES

DES 在 20 世纪最后 20 年一直作为密码学标准的加密体制,在历史上它多少带有一些神秘色彩:更多的问题集中在人们认为 NSA 修改算法的时候设置了陷门。人们花费了大量的时间和精力寻找 NSA 可能安放在算法中的陷门和漏洞,虽然 DES 的真相目前不为人所知(除非政府机密文件公之于世),但它已展示出了较强的抵抗攻击的能力。随着时间推移,DES 已经开始暴露它的"老态",这主要源于计算机硬件的发展。

到目前为止,针对 DES 最实用的攻击方法仍然是暴力破解法——通过测试所有密钥进行破解。虽然针对 DES 一些可能导致加密强度降低的密码学特征具有一些攻击,但是需要已知明文或选择明文数量,这是不现实的,因此并无实用价值。

- 1975 年以前,许多学术机构抱怨 DES 密钥的长度不够。事实上,NBS 公开 DES 几个月后,名为"NBS 数据加密标准详尽密码分析"的论文指出,使用两千万美元(1977 年的标准)制造的设备可以使用大约一天的时间破解 DES。

- 1993 年,工作在 Bell-Northern 研究所的研究员 Michael Wiener 提出并设计了一种设备,它比以往任何一种设备都能更高效地攻破 DES。

- 1996 年,出现了攻击对称密码,如 DES 的三种方法的详尽说明。第一种方法是在一个有大量情报的机器上做分布式计算,它的优点是相对便宜,费用也易于分配。第二种方法是设计自定义的体系结构,如 Michael Winener 的思想,来破译 DES,一般来说,它的效率较高,但费用也很昂贵,可以认为是最尖端的技术。最后一种方法较为折中,它采用可编程逻辑阵列,在后来的时间里,这种方法得到了一定的关注。

- 1997 年 RSA 数据安全公司组织了一次具有挑战性的活动,寻找密钥并破解 DES 加密信息,谁破解了这个信息,谁就可以获得一万美元的奖金。此时,用分布式计算方法来破译 DES 越来越受人喜爱,特别是随着 Internet 的普及。在挑战赛开始后 5 个月,RockeVerser 就利用分布式计算提交了正确的 DES 密钥。这一成果标志着分布式计算已经可以成功地攻破 DES。RockeVerser 是将已经自行编制的程序发布在了 Internet 成千上万的计算机上,共同运行来破译 DES 密码,而这些机器是由网络上的人自愿贡献的。

- 接下来的一年里,RSA 数据安全委员会组织了第二届 DES 挑战赛,这次的密钥仍然是由分布式计算技术发现的,且用时更短,只经历了 39 天。第二届比赛的获胜者搜索了比第一届更多的密钥空间,且执行速度更快,这表明,一年来技术上的进步对密码分析产生了戏剧性的影响。

- 1998 年,电子前沿基金会制造了一台 DES 解密高手机器,花费 25 万美元,使用 56 小时即可攻破 DES,它显示了迅速破解 DES 的可能性。

- 1999 年 1 月,distributed.net 与电子前哨基金会合作,在 22 小时 15 分钟内即公开破解了一个 DES 密钥。

由此可见,DES 已经不再安全,但是,为何还有很多的厂商在使用 DES 呢？这其中的原因主要是厂商更换设备需要成本,而更换设备后所带来的收益不足以支付更换设备成本,或者是厂商所保密的数据并不值得使用更加有效的加密手段,这就涉及一个安全代价的话题——根据所保密数据的价值,采取合适的保密措施。例如个人计算机上的数据可能并不是很重要,仅仅是不为访问者看到明文数据,那又何必使用更高成本的加密手段加密呢？

在 DES 初显衰败的时候,为何 NSA 没有更换新设计的算法,而是保持了 DES 的位置？在 1987 年 DES 需要承受第二个五年审查。针对 DES 的讨论看出,NSA 反对给 DES 换发新证,在当时,NBS 提出 DES 开始显现出弱点,并建议全部废除 DES,采用一套 NSA 新设计的算法代替,算法内部的工作过程只有 NSA 知道,这样可以很好地从工程技术的方面保护它。这个建议最终未被采纳,部分原因在于几个主要的美国公司在置换算法期间利益得不到保护。最后,重新提出把 DES 作为标准,但在讨论的过程中,人们已经认识到 DES 存在弱点。

> **📖 IDEA 对称加密算法**
>
> IDEA(国际数据加密标准,International Data Encryption Algorithm)是由上海交通大学来学嘉教授(见右图)与瑞士学者 James Massey 提出的。IDEA 使用长度为 128b 的密钥,数据块大小为 64b。它基于"相异代数群上的混合运算"设计思想,算法用硬件和软件实现都很容易,且比 DES 在实现上快得多。自问世以来,IDEA 已经经历了大量的详细审查,对密码分析具有很强的抵抗能力。目前 IDEA 在工程中已有大量应用实例,PGP(Pretty Good Privacy)就使用 IDEA 作为其分组加密算法;安全套接字层(Secure Socket Layer,SSL)也将 IDEA 包含在其加密算法库 SSLRef 中;IDEA 算法专利的所有者 Ascom 公司也推出了一系列基于 IDEA 算法的安全产品,包括基于 IDEA 的 Exchange 安全插件、IDEA 加密芯片、IDEA 加密软件包等。

3.7 三重 DES

随着时间的推移,DES 在穷举攻击之下相对比较脆弱,因此很多人在想办法用某种算法代替它。一种方案是设计一个全新的算法,例如后来出现的 AES。另外一种方案是通过使用同一个算法、多个密钥进行多次加密,例如三重 DES,或称为 3DES。后一种方案通常是在第一种方案无法实施时的替代方案,并且它能够保护已有软件和硬件的投资。正是由于还没有全新的算法足以替代 DES,NIST 才选择使用第二种方案,推荐人们使用一个过渡性的加密算法——三重 DES(3DES)。

NIST 建议的 3DES 的加密流程如图 3-13 所示,明文在经过密钥 1 的两次加密中间加入一次密钥 2 的解密。如此做的一个主要目的是:当密钥 2 与密钥 1 相同的时候,相当于 3DES 只进行了一次密钥 1 的加密,从而使得 3DES 也可以当 DES 使用。

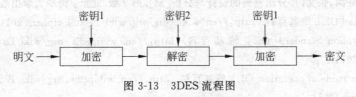

图 3-13 3DES 流程图

当然,也存在另外的 3DES,比如使用 3 个不同密钥的 3 次 DES 加密,只需是三重加密即可(解密也可以算是一种加密)。

思 考 题

1. 哪些参数与设计选择决定了实际的 Feistel 密码算法?
2. 混淆和扩散的差别是什么?
3. 雪崩效应的实际意义是什么?
4. 分组密码和流密码的差别是什么?
5. 为什么推荐的 3DES 的中间部分采用解密而不是加密?
6. Feistel 体制中,如果最后一轮之后附加的分组交换,全部放在第一轮之前是否可以?
7. 各个工作模式的特点、优点和缺点分别是什么?

参 考 文 献

[1] Smid M E, Branstad D K. Data encryption standard: past and future[J]. Proceedings of the IEEE, 1988, 76(5): 550-559.

[2] Schneier B. Applied cryptography: protocols, algorithms, and source code in C[M]. New York: John wiley & sons, 2007.

[3] Stinson D R. Cryptography: theory and practice[M]. FL: CRC press, 2005.

[4] William S, Stallings W. Cryptography and Network Security, 4/E[M]. New Delhi: Pearson Education India, 2006.

[5] Biham E, Shamir A. Differential cryptanalysis of the data encryption standard[M]. New York: Springer-Verlag, 1993.

[6] Matsui M. The first experimental cryptanalysis of the Data Encryption Standard[C]//Advances in Cryptology—Crypto'94. Springer Berlin Heidelberg, 1994: 1-11.

[7] Standard D E. FIPS pub 46[J]. Appendix A, Federal Information Processing Standards Publication, 1977.

[8] 冯登国. 国内外密码学研究现状及发展趋势[J]. 通信学报,2002,23(5):18-26.

[9] 刘晓星,胡畅霞,刘明生,等. 安全加密算法 DES 的分析与改进[J]. 微计算机信息,2006,(12):

32-33.

[10] 吴文玲,冯登国.分组密码工作模式的研究现状[J].计算机学报,2006,29(1):22-25.

[11] 沈昌祥,张焕国,冯登国,等.信息安全综述[J].中国科学E辑:信息科学,2007,37(2):129-150

[12] 吴文玲,冯登国,张文涛.分组密码的设计与分析[M].第2版.北京:清华大学出版社,2009.

[13] Feistel cipher[OL].维基百科. http://en. wikipedia. org/wiki/Feistel_cipher. 2014

[14] Data Encryption Standard[OL].维基百科. http://en. wikipedia. org/wiki/Data_Encryption_Standard. 2014

[15] Block cipher mode of operation[OL].维基百科. http://en. wikipedia. org/wiki/Block_cipher_mode_of_operation. 2014

[16] Padding (cryptography)[OL].维基百科.

[17] http://en. wikipedia. org/wiki/Padding_(cryptography). 2014

第4章 高级加密标准

高级加密标准(Advanced Encryption Standard, AES)是目前被采用的一种加密标准,它在2001年取代了DES成为新的加密标准。相比DES,具有更长的密钥长度和分组长度,并且更加侧重于软件运行时间,高级加密标准已然成为对称密钥加密中最流行的算法之一。其加密和解密过程使用两套算法,是一个互逆操作,在变换过程中,交替使用代替和置换两种操作来达到加密效果。与以往加密算法不同的是,将数学运算代入加密算法,进一步提高了算法的安全性,就目前情况来看,AES具有较高的安全性。

4.1 高级加密标准的起源

随着计算能力的突飞猛进,已经超期服役的DES显得力不从心,在1999年NIST发布的一个新版本的DES标准中指出,DES仅能用于遗留的系统,同时3DES将取代DES成为新的标准。3DES提高了密钥长度,并且由于是基于DES的,安全性得以保证。如果仅考虑算法安全,3DES能成为未来数十年加密算法标准的合适选择。

但是3DES的根本缺点在于用软件实现该算法的速度较慢。起初DES是为20世纪70年代中期的硬件实现所设计的,难以用软件有效地实现该算法。在3DES中轮的数量三倍于DES中轮的数量,故其速度慢得多。另一个缺点是DES和3DES的分组长度均为64比特。就效率和安全性而言,分组长度应更长。

由于这些缺点,3DES不能成为长期使用的加密算法标准。故NIST在1997年公开征集新的高级加密标准AES,要求安全性能不低于3DES,同时应具有更好的执行性能。除了这些通常的要求之外,NIST特别提出了高级加密标准必须是分组长度为128比特的对称分组密码,并能支持长度为128比特、192比特和256比特的密钥。

- 1998年8月12日,在首届AES候选方案会议上公布AES的15个候选算法,任由全世界各机构和个人攻击和评论,这15个候选算法是CAST256、CRYPTON、E2、DEAL、FROG、SAFER+、RC6、MAGENTA、LOKI97、SERPENT、MARS、Rijndael(发音为"Rain dale")、DFC、Twofish、HPC。
- 1999年3月,在第2届AES候选方案会议(second AES candidate conference)上经过对全球各密码机构和个人对候选算法分析结果的讨论,从15个候选算法中选出了5个,分别是RC6、Rijndael、SERPENT、Twofish和MARS。

- 2000 年 4 月 13 日至 14 日,召开了第 3 届 AES 候选方案会议(third AES candidate conference),继续对最后 5 个候选算法进行讨论。
- 2000 年 10 月 2 日,NIST 宣布 Rijndael 作为新的 AES。

至此,经过 3 年多的讨论,Rijndael 终于脱颖而出成为高级加密标准,但是在成为标准的同时,也进行了一些修改。

> 📖 **Rijndael 并非 AES**
>
> 严格地说,AES 和 Rijndael 加密法并不完全一样(虽然在实际应用中二者可以互换),因为 Rijndael 加密法可以支持更大范围的分组和密钥长度:AES 的分组长度固定为 128 比特,密钥长度则可以是 128 比特、192 比特或 256 比特;而 Rijndael 使用的密钥和分组长度可以是 32 比特的整数倍,以 128 比特为下限,256 比特为上限。加密过程中使用的密钥由 Rijndael 密钥生成方案产生。

4.2 代替置换网络结构

代替置换网络(Substitution-Permutation Network,SPN)将数学运算应用于分组密码,如 AES、Square、SAFER 等。SPN 将输入的明文进行交替的代替操作和置换操作产生密文,这些操作均可以使用硬件上的异或、移位等操作进行,使其在软件和硬件上均可很好地使用。每一轮使用的子密钥产生于输入的密钥,且在有些基于 SPN 算法的加密算法中,用于进行代替操作的 S 盒也是基于子密钥产生的。图 4-1 为一个使用 2 轮 SPN 结构的算法,其中单轮经过密钥异或、S 盒代替和 P 盒置换三个步骤。

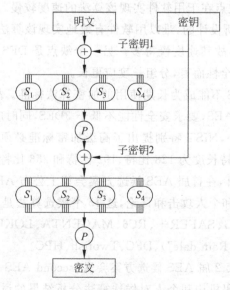

图 4-1 简单 SPN 网络

4.3

4.3　高级加密标准的结构

AES 使用 SPN 网络作为基础进行设计,保留了 SPN 网络的框架,但是在每轮 SPN 中添加了行移位的变换过程,并且指定了分组长度为 128 比特,但是密钥可以是 128 比特、192 比特或 256 比特。

4.3.1　总体结构

图 4-2 展示了 AES 加密过程的总体结构。明文分组的长度为 128 比特,密钥可以为

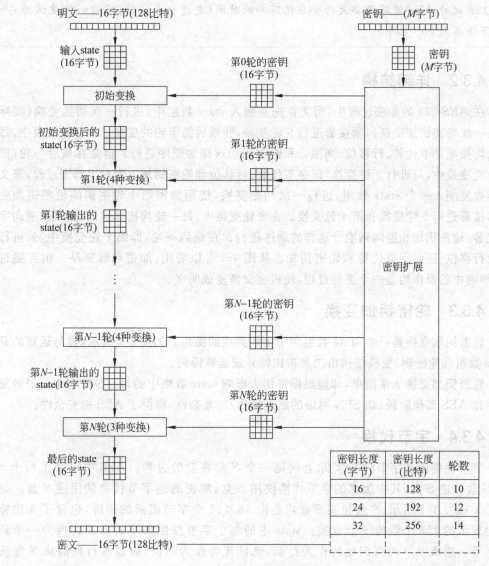

密钥长度 (字节)	密钥长度 (比特)	轮数
16	128	10
24	192	12
32	256	14

图 4-2　AES 加密过程

3 种长度。根据密钥的长度,算法被称为 AES-128、AES-192 和 AES-256,并且密钥长度的改变也将导致 SPN 网络轮次的改变,具体数值见图 4-2 中的表格。

加密和解密算法的输入是一个 128 比特的分组,通常将这个分组描述为一个 4×4 的字节方阵,存储于 state 数组,并在加密或解密的各个阶段被修改。而在整个 AES 算法中,变换 state 分组的子算法只有七个,分别为字节代换、逆字节代换、行移位、逆行移位、列混合、逆列混合和轮密钥加变换。后续章节将以 128 比特密钥作为示例进行讲解。

> 📖 **128 究竟比 56 强多少?**
>
> 假设可以制造一部可以在 1 秒内破解 DES 密码的机器,那么使用这台机器破解一个 128 比特 AES 密码需要大约 149 亿万年的时间(更进一步比较,宇宙一般被认为存在了还不到 200 亿年)。

4.3.2　详细结构

在 AES-128 的加密过程中,明文首先复制入 state 数组中,进行一次初始变换(实际上是一次轮密钥加变换),紧接着进行 9 轮变换,和最后第十轮的变换。在 9 轮变换中,每一轮均按照字节代替、行移位、列混合和轮密钥加这样的顺序进行。但是在最后一轮,即第十轮变换中,只进行 3 种变换,即字节代替、行移位和轮密钥加。而对于解密过程,密文同样被复制入一个 state 数组,进行一次初始变换(使用加密第十轮密钥的轮密钥加变换),接着进行 9 轮变换和第十轮变换。在 9 轮变换中,每一轮均按照逆向行移位、逆向字节代替、轮密钥加和逆向列混合这样的顺序进行。在最后一轮,即第十轮变换中,只进行逆向行移位、逆向字节代替和轮密钥加。从图 4-3 可以看出,加密和解密是一组互逆过程,解密中的操作均是一个逆向过程,使得密文恢复成明文。

4.3.3　轮密钥加变换

轮密钥加变换是一个 state 数组和子密钥异或的操作。如图 4-4 所示,参与运算的是 state 数组和轮密钥,变换结构由二者按比特异或运算得到。

轮密钥加变换非常简单,却能根据密钥去影响 state 数组中的每一位。密钥扩展的复杂性和 AES 其他阶段(如 SPN 网络的重复操作)的复杂性,确保了 AES 的安全性。

4.3.4　字节代换

字节代替和逆字节代换实际上就是一个 S 盒替换的过程。AES 中定义了两个 S 盒,S 盒和逆 S 盒,其中加密的字节代换使用 S 盒,解密的逆字节代换使用逆 S 盒。如表 4-1 和表 4-2 所示,S 盒和逆 S 盒均是由 16×16 个字节组成的矩阵,包含了 8 比特所能表示的 256 个数的一个置换。state 中的每个字节按照如下的方式替换为一个新的字节:把该字节的高四比特作为行值,低四比特作为列值,以这些行列值从 S 盒或逆 S 盒中索引到位置的元素作为输出。例如,在加密过程中,十六进制数 $(EA)_{16}$ 所对

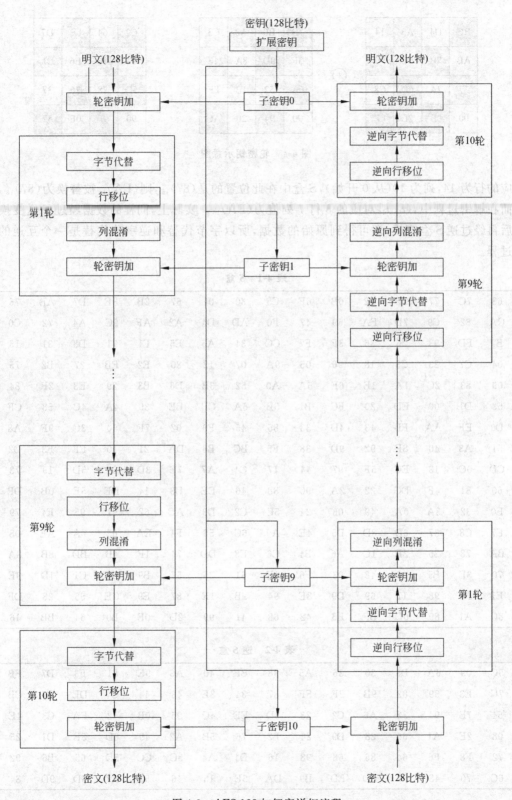

图 4-3 AES-128 加解密详细流程

BC	D4	A3	14
AB	7B	6C	90
37	2A	6D	C8
00	0B	2E	FE

$\oplus$

7B	B0	A8	C3
3F	0D	8A	4F
6A	52	1B	FF
90	94	20	AC

=

C7	64	0B	D7
94	76	E6	DF
5D	78	76	37
90	9F	0E	52

图 4-4 轮密钥示意图

应的行为 14,列为 10(从 0 开始),S 盒中在此位置的是 $(87)_{16}$,则 $(EA)_{16}$ 被替换为 $(87)_{16}$。而在解密过程中,$(87)_{16}$ 对应的 8 行 7 列值为 $(EA)_{16}$。实际上,同样的数据经过 S 盒变换后再经过逆 S 盒变换,即可得到原始的数据,所以字节代替和逆字节代替是一个互逆的过程。

表 4-1 S 盒

63	7C	77	7B	F2	6B	6F	C5	30	01	67	2B	FE	D7	AB	76
CA	82	C9	7D	FA	59	47	F0	AD	D4	A2	AF	9C	A4	72	C0
B7	FD	93	26	36	3F	F7	CC	34	A5	E5	F1	71	D8	31	15
04	C7	23	C3	18	96	05	9A	07	12	80	E2	EB	27	B2	75
09	83	2C	1A	1B	6E	5A	A0	52	3B	D6	B3	29	E3	2F	84
53	D1	00	ED	20	FC	B1	5B	6A	CB	BE	39	4A	4C	58	CF
D0	EF	AA	FB	43	4D	33	85	45	F9	02	7F	50	3C	9F	A8
51	A3	40	8F	92	9D	38	F5	BC	B6	DA	21	10	FF	F3	D2
CD	0C	13	EC	5F	97	44	17	C4	A7	7E	3D	64	5D	19	73
60	81	4F	DC	22	2A	90	88	46	EE	D8	14	DE	5E	0B	DB
E0	32	3A	0A	49	06	24	5C	C2	D3	AC	62	91	95	E4	79
E7	C8	37	6D	8D	D5	4E	A9	6C	56	F4	EA	65	7A	AE	08
BA	78	25	2E	1C	A6	B4	C6	E8	DD	74	1F	4B	BD	8B	8A
70	3E	B5	66	48	03	F6	0E	61	35	57	B9	86	C1	1D	9E
E1	F8	98	11	69	D9	8E	94	9B	1E	87	E9	CE	55	28	DF
8C	A1	89	0D	BF	E6	42	68	41	99	2D	0F	B0	64	BB	16

表 4-2 逆 S 盒

5C	09	6A	D5	30	36	A5	38	BF	40	A3	9E	81	F3	D7	FB
7C	E3	39	82	9B	2F	FF	87	34	8E	43	44	C4	DE	E9	CB
54	7B	94	32	A6	C2	23	3D	EE	4C	95	0B	42	FA	C3	4E
08	2E	A1	66	28	D9	24	B2	76	5B	A2	49	6D	8B	D1	25
72	F8	F6	64	86	68	98	16	D4	A4	5C	CC	5D	65	B6	92
6C	70	48	50	FD	ED	B9	DA	5E	15	46	57	A7	8D	9D	84

90	D8	AB	00	8C	BC	D3	0A	F7	E4	58	05	B8	B3	45	06
D0	2C	1E	8F	CA	3F	0F	02	C1	AF	BD	03	01	13	8A	6B
3A	91	11	41	4F	67	DC	EA	97	F2	CF	CE	F0	B4	E6	73
96	AC	74	22	E7	AD	35	85	E2	F9	37	E8	1C	75	DF	6E
47	F1	1A	71	1D	29	C5	89	6F	B7	62	0E	AA	18	BE	1B
FC	56	3E	4B	C6	D2	79	20	9A	DB	C0	FE	78	CD	5A	F4
1F	DD	A8	33	88	07	C7	31	B1	12	10	59	27	80	EC	5F
60	51	7F	A9	19	B5	4A	0D	2D	E5	7A	9F	93	C9	9C	EF
A0	E0	3B	4D	AE	2A	F5	B0	C8	EB	BB	3C	83	53	99	61
17	2B	04	7E	BA	77	D6	26	E1	69	14	63	55	21	0C	7D

4.3.5 行移位

行移位和逆行移位如同其名称一样,是一个简单的移位过程。不过根据 state 行标不同,每一行移动的位数也不同。如图 4-5 所示,按照大多数程序语言来说,在加密过程中,第 0 行循环左移 0 个字节,第 1 行循环左移 1 个字节,第 2 行循环左移 2 个字节,第 3 行循环左移 3 个字节。而在解密过程中,就是这个操作的逆过程,即循环左移改变成循环右移。

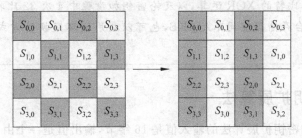

图 4-5 行移位示意图

在不同密钥长度的 AES 中,行移位的长度略不相同。在 AES-128 和 AES-192 中,行移位的偏移量是 0、1、2 和 3,而在 AES-256 中,行移位的偏移量是 0、1、3 和 4。

4.3.6 列混合

列混合是对每列独立地进行操作。每列中的每个字节被映射为一个新的值,该值由该列中的四个字节通过函数变换得到。该变换可以由下面所示的基于 state 的矩阵乘法表示。

$$\begin{bmatrix} 02 & 03 & 01 & 01 \\ 01 & 02 & 03 & 01 \\ 01 & 01 & 02 & 03 \\ 03 & 01 & 01 & 02 \end{bmatrix} \begin{bmatrix} S_{0,0} & S_{0,1} & S_{0,2} & S_{0,3} \\ S_{1,0} & S_{1,1} & S_{1,2} & S_{1,3} \\ S_{2,0} & S_{2,1} & S_{2,2} & S_{2,3} \\ S_{3,0} & S_{3,1} & S_{3,2} & S_{3,3} \end{bmatrix} = \begin{bmatrix} S'_{0,0} & S'_{0,1} & S'_{0,2} & S'_{0,3} \\ S'_{1,0} & S'_{1,1} & S'_{1,2} & S'_{1,3} \\ S'_{2,0} & S'_{2,1} & S'_{2,2} & S'_{2,3} \\ S'_{3,0} & S'_{3,1} & S'_{3,2} & S'_{3,3} \end{bmatrix}$$

在逆向列混合中,和列混合一样,仅仅是与 state 运算的矩阵不同,使用的矩阵如下所示。

$$
\begin{bmatrix} 0E & 0B & 0D & 09 \\ 09 & 0E & 0B & 0D \\ 0D & 09 & 0E & 0B \\ 0B & 0D & 09 & 0E \end{bmatrix}
\begin{bmatrix} S_{0,0} & S_{0,1} & S_{0,2} & S_{0,3} \\ S_{1,0} & S_{1,1} & S_{1,2} & S_{1,3} \\ S_{2,0} & S_{2,1} & S_{2,2} & S_{2,3} \\ S_{3,0} & S_{3,1} & S_{3,2} & S_{3,3} \end{bmatrix}
=
\begin{bmatrix} S'_{0,0} & S'_{0,1} & S'_{0,2} & S'_{0,3} \\ S'_{1,0} & S'_{1,1} & S'_{1,2} & S'_{1,3} \\ S'_{2,0} & S'_{2,1} & S'_{2,2} & S'_{2,3} \\ S'_{3,0} & S'_{3,1} & S'_{3,2} & S'_{3,3} \end{bmatrix}
$$

在行移位中,是算法对行进行变换,而在列混合中,是算法对列进行变换,经过行移位和列混合的 state 数组已经完全变样,从而使得算法的安全性更好。

在列混合和逆向列混合中,乘积矩阵中的每个元素均是一行和一列中的对应元素的乘积之和。在这个矩阵运算中的乘法和加法都是定义在有限域上的运算,且是基于 $GF(2^8)$ 的。关于 $GF(2^8)$ 上的乘法和加法可详见 4.5 节,如果读者对此没有兴趣而只想知道计算机中如何操作,那么可以跳过 4.5 节前面部分,直接阅读 4.5.6 节。

> 📖 **AES 的软件优化**
>
> 使用 32 或更多比特寻址的系统,可以事先对所有可能的输入创建对应表,利用查表来实现字节代替、行移位和列混淆步骤以达到加速的效果。这么做需要产生 4 个表,每个表都有 256 个格子,一个格子记载 32 比特的输出;约占 4KB(4096 字节)存储器空间,即每个表占 1KB 的存储器空间。如此一来,在每个加密循环中,只需要查 16 次表,作 12 次 32 比特的 XOR 运算,以及轮密钥加步骤中 4 次 32 比特异或运算。
>
> 若目标的平台存储器空间不足 4KB,也可以利用循环交换的方式一次查一个 256 格 32 比特的表。

4.3.7　密钥扩展算法

AES-128 中的密钥扩展算法的输入值是 16 字节,输出值是一个由 176 字节组成的移位线性数组。这足以为 AES-128 提供初始变换和其他 10 轮中的每一轮提供 16 字节的轮密钥。

输入密钥被直接复制到扩展密钥数组的 4 个字(字长为 32 字节)。然后每次用 4 个字填充扩展密钥数组余下的部分。在扩展密钥数组中,每一个新增的字 $w[i]$ 的值依赖于 $w[i-1]$ 和 $w[i-4]$。在 4 个情形中有 3 个使用了异或。对 w 数组中下标为 4 的倍数的元素,采用了更复杂的函数来计算。图 4-6(a)展示了密钥扩展算法的整体流程,图 4-6(b)展示了 w 数组中下标为 4 的倍数的元素所采用的函数 g。

函数 g 的输入为一个 4 个字节的字,首先进行一次字移位,再对每个字按照表 4-1 进行一次 S 盒的替换,最后与轮常量 $\text{Rcon}[j]$ 相异或。轮密钥 $\text{Rcon}[j]$ 由 1 个 $RC[j]$ 和 3 个零字节组成,其中 $RC[j]$ 的值如下:

$$
RC[j] = \begin{cases} 1 & (j=1) \\ 2 * RC[j-1] & (j>1) \end{cases}
$$

同样,该过程中的乘法也是定义在 $GF(2^8)$ 上的。在 AES-128 中的 RC 值可以参考

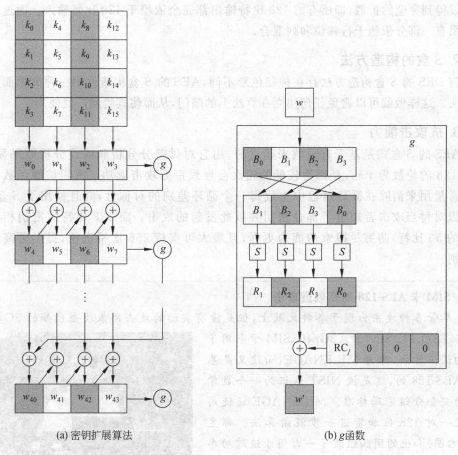

(a) 密钥扩展算法　　　　　　　　　　(b) g函数

图 4-6　AES密钥扩展算法

表 4-3(十六进制表示)。

表 4-3　AES-128 密钥扩展中的 RC 值

j	1	2	3	4	5	6	7	8	9	10
$RC[j]$	01	02	04	08	10	20	40	80	1B	36

4.4　AES 设计上的考虑

　　AES 作为新一代的标准替代了 DES 地位,必然在设计时,考虑到一些已有的攻击,同时还需要考虑一些可能存在的攻击方法。与 DES 相比,AES 在设计上有什么特点呢?

1. 扩散速度更快

　　AES 算法是一种 SPN 体制,与 DES 的 Feistel 体制的每次循环时有一半数据未被更改不同,AES 中数据的所有比特同等对待,使得输入比特的扩散影响更快,通常两轮循环就足以得到完全的扩散,即所有的 128 比特输出都完全依赖于 128 比特输入。而这一扩散效果有一部分依赖于行移位和列混合。

2. S 盒的构造方法

与 DES 的 S 盒构造方法存在神秘色彩不同,AES 的 S 盒构造使用一种简单而清晰的方法。这样做就可以避免任何建立在算法上的陷门,从而使其得到广泛使用。

3. 抗攻击能力

AES 的 S 盒式是基于有限域来建立的,用它对付差分分析和线性分析效果显著。AES-128 的轮数为十轮,是因为较低的轮次会导致蛮力攻击成功。密钥扩展函数中的循环常量用来消除在循环过程中生成每一个循环差别的对称性,并且使用了 S 盒,使得可以对付当攻击者知道了部分密钥并以此发起的攻击。而 128 比特的密钥相较于 DES 的 56 比特,防穷尽搜索的能力更强,且最大可支持 256 比特密钥,提供更高的防护级别。

📖 **SIM 卡 AES-128 的侧信道攻击**

尽管各种攻击出现于各种文献上,但是没有实际的攻击用来攻击已知的 3G/4G (UMTS/LTE)SIM 卡。3G/4G SIM 卡采用了双向认证算法,称为 MILENAGE,而这又是基于 AES-128 的,这是被 NIST 认证为一个数学上的安全分组密码标准。MILENAGE 还使用将近一对 128 位加密进一步混淆算法。郁昱(见右图)和他的团队组装了一台用于追踪功率等级的示波器、一台用于监控数据流量的MP300-SC2 协定分析仪、一台自制 SIM 卡读卡

器、一台用于关联数据结果的标准 PC。利用这些简易设备配置,他们在 10～80 分钟内破解了 8 张商业 SIM 卡。这个方法就能使用一张克隆 SIM 卡成功伪装成卡主,更改支付宝的密码,而且有可能将账户中的资金全部盗走。郁昱称,这一破解过程显示出手机用户需要获得物理安全和数字安全保护。

4.5 有限域

在古典密码学中,常使用模运算作为密码学加密运算技术。而随着计算机能力的提升,单纯的模运算并不安全。AES 中引入了数论中的有限域,提高了加密算法抵抗攻击的能力。本节将简单讨论有限域的知识,主要侧重于其计算机上的实现,详细的理论不在本书的讨论范围。在讨论有限域前,我们需要介绍一下有趣的问题——多项式算术。我们只讨论单自变量的多项式。

4.5.1 什么是有限域

有限域与其余数学运算一样,具有加减乘除运算,有自己的定义域和值域,而与现实生活中的十进制运算不同的是,它的定义域和值域表达方式不同以及其上的运算为自己定义。只需在定义域和值域相同的情况下,满足以下条件的即可以认为 S 是一个有限域:

- 加法的封闭性:如果 a 和 b 属于 S,则 $a+b$ 也属于 S;
- 加法结合律:对 S 中任意元素 a,b,c 有 $a+(b+c)=(a+b)+c$;
- 加法单位元:S 中存在一个元素 a,使得对于 S 中任意元素 b,有 $a+b=b+a=b$,通常记 a 为 0;
- 加法逆元:对于 S 中的任意元素 a,S 中一定存在一个元素 $-a$,使得 $a+(-a)=(-a)+a=0$;
- 加法交换律:对于 S 中的任意元素 a 和 b,使得 $a+b=b+a$;
- 乘法封闭性:如果 a 和 b 属于 S,则 ab 属于 S;
- 乘法结合律:对于 S 中的任意元素 a,b,c,有 $a(bc)=(ab)c$;
- 分配律:对于 S 中任意元素 a,b,c,有 $a(b+c)=ab+ac,(a+b)c=ac+bc$;
- 乘法交换律:对于 S 中任意元素 a 和 b,有 $ab=ba$;
- 乘法单位元:对于 $S\backslash\{0\}$ 中任意元素 a,在 S 中存在一个元素 b,使得 $ab=ba=a$,通常记 b 为 1;
- 无零因子:对于 S 中元素 a,b,若 $ab=0$,则必有 $a=0$ 或 $b=0$;
- 乘法逆元:如果 a 属于 S,且 a 不为 0,则 S 中存在一个元素 a^{-1},使得 $a(a^{-1})=(a^{-1})a=1$。

4.5.2 阶为 p 的有限域

给定一个素数 p,则元素个数为 p 的有限域 $\text{GF}(p)$ 被定义为整数 $\{0,1,\cdots,p-1\}$ 的集合 Z_p,其运算为模 p 的算术运算。最简单的有限域是 $\text{GF}(2)$,它的算术运算可以简单地描述为如表 4-4 所示。

表 4-4 GF(2)运算表

+	0	1		×	0	1		w	$-w$	w^{-1}
0	0	1		0	0	0		0	0	—
1	1	0		1	0	1		1	1	1
	加				乘				求逆	

4.5.3 有限域 GF(2⁸)的动机

实际上所有的加密算法都涉及整数集上的算术运算。如果某种算法使用的运算之一是除法,那么我们就必须使用定义在域上的运算。为了方便使用和提高效率,我们希望这个整数集中的数与给定的二进制比特数所能表达的信息意义对应而不出现浪费。前面我们提到有限域可以满足这一要求,但是,要求阶是素数。对于计算机来说,这是不可能的,因为 2^n 除了 2,不可能是素数。实际上,有限域的要求并没有那么严格,阶为 p^n 也可以成为一个有限域,只需定义适当的运算。为了方便硬件上的实现,AES 使用了 GF(2^8) 有限域,并且寻找了一种有效的运算——多项式模运算。在介绍多项式模运算之前,我们先介绍普通的多项式运算。

4.5.4　普通多项式算术

一个 n 次多项式($n \geqslant 0$)的表达形式如下:

$$f(x) = a_n x^n + a_{n-1} x^{n-1} + \cdots + a_1 x + a_0 = \sum_{i=0}^{n} a_i x^i$$

其中 a_i 是某个指定数集 S 中的元素,该数集成为系数集,且 $a_n \neq 0$。我们称 $f(x)$ 是定义在系数集 S 上的多项式。

在抽象代数中,一般不给多项式中的 x 赋一个特定值(如 $f(7)$)。为了强调这一点,自变量 x 有时被称为不定元。

多项式的运算包含加法、减法和乘法,这些运算是把变量 x 当做集合 S 中的一个元素来定义的。除法也以类似的方式定义,但这时要求 S 是一种域。

加法、减法的运算规则是把相应的系数相加减。因此,如果

$$f(x) = \sum_{i=0}^{n} a_i x^i; \quad g(x) = \sum_{i=0}^{m} b_i x^i; \quad n \geqslant m$$

那么加法运算定义为

$$f(x) + g(x) = \sum_{i=m+1}^{n} a_i x^i + \sum_{i=0}^{m} (a_i + b_i) x^i$$

乘法运算定义为

$$f(x) \times g(x) = \sum_{i=0}^{n+m} c_i x^i$$

其中

$$c_k = a_0 b_k + a_1 b_{k-1} + \cdots + a_{k-1} b_1 + a_k b_0$$

在最后一个公式中,当 $i > n$ 时,令 $a_i = 0$;当 $i > m$ 时,令 $b_i = 0$。

例如,$f(x) = x^3 + x + 3$,$g(x) = -x + 1$,其中 S 是整数集,则

$$f(x) + g(x) = x^3 + 4$$
$$f(x) - g(x) = x^3 + 2x + 2$$
$$f(x) \times g(x) = -x^4 + x^3 - x^2 - 2x + 3$$
$$f(x) \div g(x) = -x^2 - x - 2$$

其中除法的手工运算如下所示:

$$
\begin{array}{r}
-x^2 - x - 2 \\
-x+1 \overline{\smash{\big)}\ x^3 + 0x^2 + x + 3} \\
\underline{x^3 - x^2} \\
x^2 + x + 3 \\
\underline{x^2 - x} \\
2x + 3 \\
\underline{2x - 2} \\
5
\end{array}
$$

图 4-7　多项式运算的除法例子

4.5.5　GF(2^n)上的多项式运算

AES 中使用的有限域为 GF(2^8)有限域,通过定义的多项式运算可以简单地对一个字节进行加减乘除运算。我们使用 GF(2^3)上的运算作为讲解,它和 AES 上的 GF(2^8)上的运算一样。

设集合 S 由域上 Z_p 上次数小于 $n-1$ 的所有多项式组成。每一个多项式具有如下形式:

$$f(x) = a_{n-1}x^{n-1} + \cdots + a_1x + a_0 = \sum_{i=0}^{n-1} a_i x^i$$

其中,a_i 在集合 $\{0,1,\cdots,p-1\}$ 上取值。S 中共有 p^n 个不同的多项式。对于 GF(2^3),则 p 为 2,n 为 3,如表 4-5 所示,共有 8 个不同的多项式。

表 4-5　GF(2)上的 2 次多项式

0	$x+1$	x^2+x
1	x^2	x^2+x+1
x	x^2+1	

如果定义了合适的运算,那么每一个这样的集合 S 都是一个有限域。定义由如下几条组成:

(1) 该运算遵守代数基本规则中的普通多项式运算规则及以下两条限制。

(2) 系数运算以 p 为模,例如在 2 为模的时候,$3x$ 需模 2,为 x。

(3) 如果乘法运算的结果是次数大于 $n-1$ 的多项式,那么必须将其除以某个次数为 n 的既约多项式 $m(x)$ 并取余式。对于多项式 $f(x)$,这个余式可表示为 $r(x)=f(x) \bmod m(x)$。

为了构造有限域 GF(2^3),我们需要选择一个 3 次既约多项式。根据既约多项式所需的性质,3 次既约多项式只有 2 个 x^3+x^2+1 和 x^3+x+1,详细的既约多项式的性质详见数论的相关书目,这里只需要知道,n 次及以上的多项式模上 n 次既约多项式形成的集合是 GF(2^n)的值域。

由于加法较为简单,故这里对乘法的运算进行手工演示,参与运算的 $f(x)$、$g(x)$ 和 $m(x)$ 如下:

$$f(x) = x^2+x+1, \quad g(x) = x^2+1$$

手工运算过程如图 4-8 所示,$f(x) \times g(x) = x^2+x$。

$$
\begin{aligned}
f(x)\times g(x) &= (x^2+x+1)\times(x^2+1) \\
&= (x^4+x^3+x^2)+(x^2+x+1) \\
&= x^4+x^3+x+1
\end{aligned}
$$

$$
\begin{array}{r}
x+1 \\
x^3+x+1 \enclose{longdiv}{x^4+x^3+0x^2+x+1} \\
\underline{x^4+0x^3+x^2+x} \\
x^3+x^2+0x+1 \\
\underline{x^3+0x^2+x+1} \\
x^2+x
\end{array}
$$

图 4-8　GF(2^3)上的乘法运算

通过多次以上运算，可以得到 $GF(2^3)$ 在既约多项式为 x^3+x+1 情况下的运算表如表 4-6 所示。

表 4-6　$GF(2^3)$ 以 x^3+x+1 为模的多项式运算

（a）加法

$+$	000 0	001 1	010 x	011 $x+1$	100 x^2	101 x^2+1	110 x^2+x	111 x^2+x+1
000　0	0	1	x	$x+1$	x^2	x^2+1	x^2+x	x^2+x+1
001　1	1	0	$x+1$	x	x^2+1	x^2	x^2+x+1	x^2+x
010　x	x	$x+1$	0	1	x^2+x	x^2+x+1	x^2	x^2+1
011　$x+1$	$x+1$	x	1	0	x^2+x+1	x^2+x	x^2+1	x^2
100　x^2	x^2	x^2+1	x^2+x	x^2+x+1	0	1	x	$x+1$
101　x^2+1	x^2+1	x^2	x^2+x+1	x^2+x	1	0	$x+1$	x
110　x^2+x	x^2+x	x^2+x+1	x^2	x^2+1	x	$x+1$	0	1
111　x^2+x+1	x^2+x+1	x^2+x	x^2+1	x^2	$x+1$	x	1	0

（b）减法

$\times$	000 0	001 1	010 x	011 $x+1$	100 x^2	101 x^2+1	110 x^2+x	111 x^2+x+1
000　0	0	0	0	0	0	0	0	0
001　1	0	1	x	$x+1$	x^2	x^2+1	x^2+x	x^2+x+1
010　x	0	x	x^2	x^2+x	$x+1$	1	x^2+x+1	x^2+1
011　$x+1$	0	$x+1$	x^2+x	x^2+1	x^2+x+1	x^2	1	x
100　x^2	0	x^2	$x+1$	x^2+x+1	x^2+x	x	x^2+1	1
101　x^2+1	0	x^2+1	1	x^2	x	x^2+x+1	$x+1$	x^2+x
110　x^2+x	0	x^2+x	x^2+x+1	1	x^2+1	$x+1$	x	x^2
111　x^2+x+1	0	x^2+x+1	x^2+1	x	1	x^2+x	x^2	$x+1$

将上表中的多项式表示方法按照系数表示，映射为二进制表示，可以得到表 4-7 所示的数据。

从表 4-6 和表 4-7 可见，通过使用既约多项式的多项式模运算，$GF(2^3)$ 成为一个有限域。同样，$GF(2^8)$ 和 $GF(2^n)$ 均可根据某一个特定的既约多项式成为有限域。

表 4-7 GF(2^3)上的运算

(a) 加法

		000	001	010	011	100	101	110	111
	+	0	1	2	3	4	5	6	7
000	0	0	1	2	3	4	5	6	7
001	1	1	0	3	2	5	4	7	6
010	2	2	3	0	1	6	7	4	5
011	3	3	2	1	0	7	6	5	4
100	4	4	5	6	7	0	1	2	3
101	5	5	4	7	6	1	0	3	2
110	6	6	7	4	5	2	3	0	1
111	7	7	6	5	4	3	2	1	0

(b) 乘法

		000	001	010	011	100	101	110	111
	×	0	1	2	3	4	5	6	7
000	0	0	0	0	0	0	0	0	0
001	1	0	1	2	3	4	5	6	7
010	2	0	2	4	6	3	1	7	5
011	3	0	3	6	5	7	4	1	2
100	4	0	4	3	7	6	2	5	1
101	5	0	5	1	4	2	7	3	6
110	6	0	6	7	1	5	3	2	4
111	7	0	7	5	2	1	6	4	3

(c) 逆元

w	$-w$	w^{-1}
0	0	—
1	1	1
2	2	5
3	3	6
4	4	7
5	5	2
6	6	3
7	7	4

4.5.6 GF(2^8)运算的计算机实现

虽然上一节描述了 GF(2^8)上的运算规则,但是,手工运算在计算机上并不能高效实现,本节将讲述如何在计算机上实现这种运算。

首先对于 GF(2^8)的多项式

$$f(x) = a_7 x^7 + a_6 x^6 + \cdots + a_1 x + a_0 = \sum_{i=0}^{7} a_i x^i$$

可以由它的 8 个二进制系数($a_7 a_6 \cdots a_0$)唯一地表示。因此,GF(2^8)中的每个多项式都可以表示成一个 8 比特的二进制整数。该条已经在表 4-6 和表 4-7 中运用。

1. 加法

可以发现,GF(2^8)上的加法运算,实际上就是一个计算机上的异或运算,所以 GF(2^8)中的两个多项式加法等同于按比特异或运算。

例如,$f(x)=x^6+x^5+x^3+x+1$ 和 $g(x)=x^7+x^3+x^2+1$ 的加法。

$(x^6+x^5+x^3+x+1)+(x^7+x^3+x^2+1)$ $=x^7+x^6+x^5+x^2+x$ (多项式表示)

$01101011 \oplus 10001101$ $=11100110$ (二进制表示)

$(6B)_{16} \oplus (8D)_{16}$ $=(E6)_{16}$ (十六进制表示)

2. 乘法

简单的异或运算不能完成 GF(2^8)上的乘法运算,但是可以使用一种相当直观且容易实现的技巧来实现乘法运算。以 $m(x)=x^8+x^4+x^3+x+1$ 为多项式的有限域 GF(2^8)是 AES 中用到的有限域,我们将参照该域来讨论该技巧。同样,这个技巧容易推广到域 GF(2^n)。

首先,需要知道

$$x^8 \bmod m(x)=(m(x)-x^8)=(x^4+x^3+x+1)$$

而在 GF(2^n)上,设既约多项式为 $p(x)$,则有 $x^n \bmod p(x)=p(x)-x^n$。

现在考虑 GF(2^8)上的多项式 $f(x)=a_7x^7+a_6x^6+a_5x^5+a_4x^4+a_3x^3+a_2x^2+a_1x+a_0$,将它乘以 x,可得:

$$x \times f(x)=(a_7x^8+a_6x^7+a_5x^6+a_4x^5+a_3x^4+a_2x^3+a_1x^2+a_0x)\bmod m(x)$$

如果 a_7 是 0,那么结果就是一个次数小于 8 的多项式,不需要进行模处理。如果 a_7 是 1,那么通过上面所说的技巧,进行模 $m(x)$ 的约化(其中利用了分配律):

$$x \times f(x)=(a_6x^7+a_5x^6+a_4x^5+a_3x^4+a_2x^3+a_1x^2+a_0x)+(x^4+x^3+x+1)$$

这表明,乘以 x 的运算可以通过左移 1 比特后再根据最高位按比特异或($00011011)_2$ 来实现。关系如下所示:

$$x \times f(x)=\begin{cases} b_6b_5b_4b_3b_2b_1b_00 & (b_7=0) \\ (b_6b_5b_4b_3b_2b_1b_00) \oplus (00011011) & (b_7=1) \end{cases}$$

乘以 x 的更高次幂可以通过重复上述过程来实现。这样一来,GF(2^8)上的乘法可以用多个中间结果相加来实现,在此过程中,只用到了移位和异或运算。

例如,$f(x)=x^6+x^5+x^3+x+1$ 和 $g(x)=x^7+x^3+x^2+1$ 的乘法。

根据上述方法,首先计算中间结果。

01101011×00000010 $=(11010110) \oplus (00011011)=11001101$

01101011×00000100 $=(11001101) \times (00000010)=(10101100) \oplus (00011011)=10110111$

01101011×00001000 $=(10110111) \times (00000010)=01101110$

01101011×00010000 $=(01101110) \times (00000010)=(11011100) \oplus (00011011)=11000111$

01101011×00100000 $=(11000111) \times (00000010)=(10001110) \oplus (00011011)=10010101$

01101011×01000000 $=(10010101) \times (00000010)=00101010$

01101011×10000000 $=(00101010) \times (00000010)=01010100$

所以,$(01101011) \times (10001101)=01010100 \oplus 01101110 \oplus 10110111 \oplus 01101011=$

11100110，等价于 $x^7 + x^6 + x^5 + x^2 + x$。

思 考 题

1. Rijndael 和 AES 有何不同？

2. S 盒在 AES 和 DES 中均具有很重要的位置，那么这两算法使用的 S 盒的构造方法是否有区别？

3. AES 在软件实现上存在哪些优化？

4. 简述什么是字节替代。

5. 简述什么是列混合。

参 考 文 献

[1] Daemen J，Rijmen V. The design of Rijndael：AES-the advanced encryption standard[M]. Springer，2002.

[2] Stinson D R. Cryptography：theory and practice[M]. CRC press，2005.

[3] William S，Stallings W. Cryptography and Network Security，4/E [M]. Pearson Education India，2006.

[4] Knuth D E. Art of Computer Programming，Volume 2：Seminumerical Algorithms[M]. The Addison-Wesley Professional，2014.

[5] 冯登国. 国内外密码学研究现状及发展趋势[J]. 通信学报，2002,23(5)：18-26.

[6] 何明星，范平志. 新一代私钥加密标准 AES 进展与评述[J]. 计算机应用研究，2001(10)：4-6.

[7] 吴文玲，冯登国，张文涛. 分组密码的设计与分析[M]. 第 2 版. 北京：清华大学出版社，2009.

[8] 黄智颖，冯新喜，张焕国. 高级加密标准 AES 及其实现技巧[J]. 计算机工程与应用，2002(9)：112-115.

[9] 肖国镇，白恩健，刘晓娟. AES 密码分析的若干新进展[J]. 电子学报，2003(10)：1549-1554.

[10] 王先培，张爱菊，熊平，等. 新一代数据加密标准-AES[J]. 计算机工程，2009,29(3)：69-70.

[11] 韦宝典. 高级加密标准 AES 中若干问题的研究[D]. 博士学位论文，西安：西安电子科技大学，2003.

[12] Advanced Encryption Standard [OL]. 维基百科.
http://en. wikipedia. org/wiki/Advanced_Encryption_Standard. 2014

[13] Substitution-permutation network [OL]. 维基百科.
http://en. wikipedia. org/wiki/Substitution-permutation_network. 2014

第 5 章

RSA 与公钥体制

从单表替换密码到多表替换密码,再到分组密码,密码系统的安全性不断提高,但是随之而来的密钥分发问题却越来越突出。20 世纪 70 年代,美国政府每天需要分发数以吨计的密钥。虽然几乎所有人认为密钥分发的问题不可能解决,但这个问题还是被奇迹般地解决了。这个方法被称为公钥密码,其发展是整个密码学发展历史上最伟大的一次革命,也许可以说是唯一一次革命。

公钥密码学与以前的密码学完全不同。首先,公钥算法是基于数学函数而不是基于替换和置换,更重要的是,与只使用一个密钥的对称传统密码不同,公钥密码是非对称的,它使用两个独立的密钥。我们将会看到,使用两个独立密钥在消息的保密性、密钥分配和认证领域有着重要意义。

1976 年 Whitefield Diffie 和 Martin Hellman 提出了公开密钥(Public Key)密码的加解密新思想[1]。虽然他们没能给出公钥加密的具体方案,但这个思想仍具有划时代的意义。与经典密码学相对应,业界将 1976 年定为现代密码学元年。Diffie 和 Hellman(见图 5-1)也因此获得美国计算机协会 ACM 授予的 2015 年度"图灵奖"。

图 5-1　Diffie 和 Hellman

1977 年《科学美国人》报道了当时 MIT 的 Ronald Rivest、Adi Shamirt 和 Leonard Adleman(见图 5-2)开创的一种"数百万年才能破解"的公开密钥密码系统(Public Key Cryptosystem)[2]。他们三人先申请了专利,命名为 RSA 公钥密码技术,在加州成立了 RSA 数据安全公司,并于 2002 年共同获得"图灵奖"。如今 RSA 密码系统已经成为使用最广、安全性高的公开密钥密码系统。

但是,1977 年英国官方情报资料显示:前身为位于 Bletchley Park 的政府代码及密码学校(Government Code and Cipher School,GC&CS)、政府通信总部(Government Communication Headquarters,GCHQ)才是最早发明公开密钥密码系统的单位。其间

图 5-2　RSA 三剑客

James H. Ellis 早在 1970 年已有公开密钥密码的想法，而 Clifford Christopher Cocks 在 1973 年就已发明现称为 RSA 的算法，Diffie-Hellman 密钥交换也在 1974 年被 Malcom Williamson 发现，公开密钥密码的主要技术都在 1974 年被英国情报单位掌握，比学术界宣称的早数年，英国情报单位在密码学方面的研究实力实在不容小觑。

📖　**政府代码及密码学校**

　　英国的政府代码及密码学校（Government Code and Cipher School，GC&CS）是英国外交部情报司新设的机构，它的总部坐落在白金汉郡的布莱切利公园（Bletchley Park）里，英国外交部情报司新招聘的密码分析专家就在那里学习和工作。花园里建满了小木屋，那是密码分析人员的工作场所，各种信息在担负不同任务的小木屋进进出出。比方说，6 号木屋是负责破译德军 Enigma 电报的，从那里出来的明文由 3 号木屋翻译并进行综合情报分析；8 号木屋专门负责对付德国海军的 Enigma，这是一种特别复杂的 Enigma 机，和普通型不同，它有四个转子，在这里破译的情报由 4 号木屋中的情报人员翻译和分析。一开始在布莱切利公园工作的只有大约二百人，可是到了战争结束时，城堡和小木屋中已多达七千人。

📖　**政府通信总部**

　　英国政府通信总部（Government Communication Headquarters，GCHQ）是英国秘密通信电子监听中心，相当于美国国家安全局。缩写为 GCHQ。英国政府通信总部，是英国从事通信、电子侦察、邮件检查的情报机构。与军情五处、军情六处并列为英国三大情报机构。它的前身就是"40 号办公室"，对外称英国外交部情报司。

　　本章将讨论如下内容：
- 公钥密码体制。
- RSA 算法。
- RSA 签名与协议验证应用。
- 素性判定。
- RSA-129 挑战与因式分解。

- RSA 攻击。

5.1 公钥密码体制

1970 年以前,密码学一直使用对称密钥,即消息发送者 Alice 用特定的密钥加密,接收者 Bob 用同一个密钥解密(如密码锁)。对称密钥体制的缺点是:

(1) 它需要在 Alice 和 Bob 之间首先在传输密文之前使用一个安全信道交换密钥。实际上,这可能很难达到。例如,假定 Alice 和 Bob 的居住地相距很远,他们决定用 Email 或手机通信,在这种情况下,Alice 和 Bob 可能无法获得一个合理的安全信道。

(2) 如果 Alice 需要和多人进行通信(假如 Alice 是一家银行)时,需要和每个人交换不同的密钥,她必须管理所有这些密钥,为了建立密钥还需要发送成千上万的消息。

由此可见对称密钥体制已经无法满足实际应用的需求。在公钥密码体制中,任何使用者都可以取得其他使用者的加密密钥(即公开密钥),假设 Alice 欲通过此公开密钥密码系统加密消息给 Bob,她可以先取得 Bob 的加密密钥,通过加密函数 E_{Bob} 将信息加密成密文传递给 Bob,Bob 在收到 Alice 传来的密文后,便可通过自己的解密密钥(私钥),用解密函数 D_{Bob} 解密。

公钥密码体制是由几个部分组成的。首先,包括可能信息的集合 M(可能的明文和密文),还包括密钥的集合 K。对于每一个密钥 k,有一个加密函数 E_k 和解密函数 D_k,通常,E_k 和 D_k 被假定从 M 映射到 M,虽然可能出现一些变化,允许明文和密文来自不同的集合。这些部分必须满足下列要求:

(1) 对于每一个 $m \in M$ 和每一个 $k \in K$,$E_k(D_k(m)) = m$ 和 $D_k(E_k(m)) = m$;

(2) 对于每一个 m 和每一个 k,$E_k(m)$ 和 $D_k(m)$ 的值很容易计算出来;

(3) 对于几乎每一个 $k \in K$,如果某人仅仅知道函数 E_k,那么找到一个算法计算出 D_k,在计算上是不可行的;

(4) 已知 $k \in K$,很容易找到函数 E_k 和 D_k。

要求(1)说明加密和解密互相抵消了;要求(2)是必需的,否则有效地加密和解密是不可能的。由于(4),一个用户能够从 K 中选择一个秘密的随机数 k 并得到函数 E_k 和 D_k,要求(3)使该体制成为公钥密码体制。因为很难确定 E_k 和 D_k,所以公开 E_k 而不危及系统的安全性是可能的。

5.2 RSA 算法

1970 年,英国工程师兼数学家 James H. Ellis 研究了一个非秘密的加密算法,它是基于一个简单而巧妙的概念:上锁和解锁是一对相反的操作,Alice 可以买一把锁,保留钥匙,并将打开的锁送给 Bob;然后 Bob 将要发送给 Alice 的消息上锁,并送还给 Alice。注意在这个过程中他们没有交换钥匙。这意味着她可以广泛地发布她的锁,让任何人用它给她发送消息,只需要保留单个钥匙。这个想法基于将一个钥匙分为两部分:一个加密钥匙和一个解密钥匙。解密钥匙执行相反的操作,而且很难由加密密钥推导出来。

遗憾的是 Ellis 没有归纳出一个数学方法,尽管他直观地给出了工作原理。为了使该思想能够在实践中工作,另一个英国数学家兼密码专家 Clifford Christopher Cocks 发现了一个数学方法。

定义 5.1　(单向陷门函数,Trapdoor One-way Function)单向陷门函数是满足下列条件的函数 f:

(1) 正向计算容易,即如果知道了密钥 pk 和消息 x,容易计算 $y=f_{pk}(x)$。

(2) 在不知道密钥 sk 的情况下,反向计算不可行,即如果只知道消息 y 而不知道密钥 sk,则计算 $x=f_{sk}^1(y)$ 是不可行的(所谓计算不可行,是指计算上相当复杂,在有限时间和成本范围内很难得到想要的结果,已无实际意义)。

(3) 在知道密钥 sk 的情况下,反向计算是容易的,即如果同时知道消息 y 和密钥 sk,则计算 $x=f_{sk}^1(y)$ 是容易的。这里的密钥 sk 相当于陷门,它和 pk 是配对使用的。

也就是说,对于单向陷门函数而言,它是指除非知道某种附加的信息,否则这样的函数在一个方向上计算容易,在另外的方向上要计算是不可行的;有了附加信息,函数的逆就可以容易地计算出来。

注:

① 仅满足(1)、(2)两条的为单向函数;第(3)条为陷门性,其中的密钥 sk 称为陷门信息。

② 当用陷门函数 f 作为加密函数时,可将 pk 公开,此时加密密钥 pk 便称为公开密钥。f 函数的设计者将陷门信息 sk 保密,用做解密密钥,此时密钥 sk 称为秘密密钥。由于加密函数 f 是公开的,任何人都可以将信息 x 加密成 $y=f_{pk}(x)$,然后送给目的接收者(当然可以通过不安全信道传送)。由于目的接收者拥有 sk,自然可以解出 $x=f_{sk}^1(y)$。

③ 单向陷门函数的第(2)条性质表明窃听者由截获的密文 $y=f_{pk}(x)$ 推测消息的明文是不可行的。

1. 模的指数运算

Cocks 首先使用模的指数运算构建所需的单向陷门函数。模的指数运算曾被称为时钟算术,例如,$3^1\equiv3(\bmod17)$,$3^2\equiv9(\bmod17)$,$3^3\equiv10(\bmod17)$。

为什么使用模的指数运算呢? 假设 Bob 有一条消息,编码转换为 m,然后自乘 e 次(公开指数 e),最后他将这个数除以一个随机数 n,并得出除数的余数 $c\equiv m^e(\bmod n)$。这个计算很容易,但是如果仅仅给出 c、e、n,算出 m 则困难得多,因为需要借助某种形式的试错,所以这就是可以用在 m 上的单向函数。

模的指数运算就是 RSA 算法的数学锁,那么解密密钥呢? 此时需要算出 c 的某次方,比如 d 次方,将逆反原来对 m 的操作,并找回原始的消息 m,即 $m\equiv c^d(\bmod n)$。这两次操作的效果就等于 $m^{ed}\equiv m(\bmod n)$,e 是加密,d 是解密。此时需要第二个单向陷门函数来构建 e 和 d,使得由 e 很难推出 d。为此,Cocks 求助于素数因式分解。

2. 素数因式分解

定义 5.2　(素数因式分解)素数因式分解是指将一个正整数分解成几个素数的

乘积。

任何正整数都有独一无二的素数因式分解式(如 30＝5×3×2),而且素数因式分解是一个很难的问题。

对于很大的数字来说,乘法很容易计算,现在将乘法和素数因式分解比较。例如,求解 589 的素数因式分解,无论采用什么策略都需要试错,直到找到一个数能够整除 589,经过一番试错后才能找到 589＝19×31。如果对 437 231 进行素数因式分解呢?如果试着用计算机来分解越来越大的数字,完成计算所需时间会快速增加,因为涉及更多的试错步骤。随着数字变大,计算机需要几分钟、几小时,最后将是几百年或几千年来分解大数字。所以说素数因式分解是一个很难的问题,因为所需计算时间的增长速度很快。

所以 Cocks 采用素数因式分解来构建密钥陷门,步骤如下:

(1) 假设 Alice 随机生成两个互异的大素数,分别记作 p 和 q,将这两个大素数相乘得到 $n＝p×q$,然后隐藏 p 和 q,公布 n。

定义 5.3 (欧拉函数)在数论中,对于正整数 n,欧拉函数 $\varphi(n)$ 是小于或等于 n 的正整数中与 n 互质的所有数的个数。

欧拉函数具有两个很重要的性质:

① 任何素数 p 的欧拉函数值 $\varphi(p)＝p-1$;

② 欧拉函数可乘,即 $\varphi(p×q)＝\varphi(p)×\varphi(q)$。

定理 5.1 (欧拉定理)若正整数 m 和 n 互素,即 $\gcd(m,n)＝1$,则 $m^{\varphi(n)}\equiv1(\bmod\ n)$。

(2) 根据欧拉定理将欧拉函数和模的指数运算关联起来。根据同余运算的性质,对 $m^{\varphi(n)}\equiv1(\bmod\ n)$ 等式进行变形,可得到 $m^{k\varphi(n)+1}\equiv m(\bmod\ n)$。结合之前的 $m^{ed}\equiv m(\bmod\ n)$,于是 $ed\equiv1(\bmod\varphi(n))$。假设已知 n 的素数因式分解,那么计算 d 很容易。实际上 n 的素数因式分解很难获得,这意味着 d 可以作为 Alice 的私钥。

RSA 算法总结如下。

RSA 算法

1. Alice 选择秘密的两个互异大素数 p 和 q,并计算 $n＝p×q$。

2. Alice 选择 e 满足 $\gcd(e,(p-1)(q-1))＝1$。

3. Alice 计算 d 满足 $ed\equiv1(\bmod\ (p-1)(q-1))$。

4. Alice 将 (n,e) 作为公钥,(p,q,d) 作为私钥。

5. Bob 加密 m 为 $c\equiv m^e(\bmod\ n)$,发送 c 给 Alice。

6. Alice 解密 $m\equiv c^d(\bmod\ n)$。

例 5.1 Alice 选择

$$p＝885320963,\quad q＝238855417$$

那么

$$n＝p×q＝211463707796206571$$

加密指数是

$$e＝9007$$

将 (n,e) 发给 Bob。

Bob 的消息是 cat。这里从 $a=01$ 开始到 $z=26$ 结束对消息进行编码。消息因此是

$$m=30120$$

Bob 计算

$$c\equiv m^e\equiv 30120^{9007}\equiv 1135358590357228866\ (\mathrm{mod}\ n)$$

他将 c 发送给 Alice。

因为 Alice 知道 p 和 q，所以他知道 $(p-1)(q-1)$。他利用欧几里得扩展算法计算 d，满足

$$ed\equiv 1(\mathrm{mod}(p-1)(q-1))$$

解密密钥是

$$d=116402471153538991$$

Alice 解密

$$m\equiv c^d\equiv 1135358590357228866^{116402471153538991}\equiv 30120(\mathrm{mod}\ n)$$

这样她就得到了原始的信息。

注意 Eve 或其他人知道 c、n、e，只有当他能够算出 $\varphi(n)$ 时，才可以找到一个指数 d，而 $\varphi(n)$ 需要他们知道 n 的素数因式分解。如果 n 足够大，Alice 可以确信即使拥有最强大的计算机联网这个计算过程也需要几百年。因此找 $\varphi(n)$ 或者找解密指数 d 本质上和分解 n 的难度是一样的，陷门信息是 n 的因式分解。这个算法在发布后迅速被列为机密，直到 1977 年被 Ron Rivest、Adi Shamir 和 Leonard Adleman 三人重新独立发明，这就是为什么它被叫做 RSA 加密算法。

RSA 算法是世界上使用最多的公钥算法，其强度依赖于素数因式分解的难度，这个难度源自素数分布问题，这个分布问题数千年来尚未解决。另外还有许多地方需要做出解释：

(1) Eve 既然知道 $c\equiv m^e(\mathrm{mod}\ n)$，他为什么不简单地求 c 的 e 次方根呢？

在其他情况下这是行得通的，但是在模 n 下是很困难的。例如，如果知道 $m^3\equiv 3(\mathrm{mod}\ 85)$，你就不能计算成 3 的立方根 1.4422…，然后再模 85。当然，逐个地搜索最后也能找到 $m=7$，但是这种方法对 n 是不可行的。

(2) Alice 如何选择 p 和 q 呢？

应当随机独立地分别选取，长度应取决于需要的安全级别，其长度最好还略有不同，理由将在以后讨论。当讨论到素性测试的时候，可以看到找到这样的素数相当快。还要对 p 或者 q 做一些测试，去掉那些坏的选择。例如，如果 $p-1$ 只有一些小的素数因子，那么可以很容易用 $p-1$ 方法（见 5.5 节）对 n 进行分解，因此应拒绝这样的 p，用其他的素数代替。

(3) 为什么 Alice 要求 $\gcd(e,(p-1)(q-1))=1$ 呢？

数论中有这样一个结论：$ed\equiv 1(\mathrm{mod}(p-1)(q-1))$ 有解 d，当且仅当 $\gcd(e,(p-1)(q-1))=1$。因此为了确保 d 是存在的，需要这个条件，用 Euclid 扩展算法能够快速地计算出 d。因为 $p-1$ 是偶数，所以不能使用 $e=2$。有人也许会使用 $e=3$，但是使用小 e 会存在一些危险，通常推荐用大一些的 e。例如，取 e 为中等大的素数，这样不能保证

$gcd(e,(p-1)(q-1))=1$。

图 5-3 为使用 GnuPG 开源程序创建了有效期为 1 年的 RSA 公私钥对,其密钥长度为 2048 比特,私钥由创建者设置的口令来保护。只要导入他人的公钥,就可以实现文本的 RSA 加密,如图 5-4 所示。文本解密只需输入私钥保护口令即可。

图 5-3　公私钥对的生成

图 5-4　RSA 公钥加密文本信息

5.3

RSA 签名与协议验证应用

定义 5.4　（数字签名方案）一个数字签名方案由签名算法与验证算法两部分构成，可由 5 元关系组 (M, A, K, S, V) 来描述：

（1）M 是由一切可能消息所构成的有限集合；

（2）A 是一切可能签名的有限集合；

（3）K 是一切可能密钥的有限集合；

（4）任意 $k \in K$，有签名算法 $\text{sig}_k \in S$，且有对应的验证算法 $\text{ver}_k \in V$，对每一个 sig_k 和 ver_k 满足条件：任意 $x \in M, y \in A$，有签名方案的一个签名满足 $\text{ver}_k(x, y) = \{$真或假$\}$。

注：

① 任意 $k \in K$，函数 sig_k 和 ver_k 都为多项式时间函数，即容易计算。

② ver_k 为公开的函数，而 sig_k 为秘密函数。

③ 如果攻击者 Eve 要伪造 Alice 对 x 的签名，在计算上是不可能的。也即给定 x，仅有 Alice 能计算出签名 y 使得 $\text{ver}_k(x, y) =$ 真。

④ 一个签名方案不能是无条件安全的，有足够的时间，Eve 总能伪造 Bob 的签名。

5.3.1　RSA 的数字签名应用

对于 RSA 公开密钥密码算法来说，其签名方案是：Alice 选择秘密的两个互异大素数 p 和 q，并计算 $n = p \times q$，消息空间与签名空间均为整数空间，即 $M = A = Z_n$，定义密钥集合 $K = \{(n, e, p, q, d) \mid n = p \times q, ed \equiv 1 (\bmod (p-1)(q-1))\}$。这里 (n, e) 为公钥，(p, q, d) 为私钥。对 $x \in M$，Alice 要对 x 签名，取 $k \in K$，$\text{sig}_k(x) = x^d (\bmod n) = y$，于是 $\text{ver}_k(x, y) =$ 真 $\leftrightarrow x = y^e (\bmod n)$。通过计算后者即可验证签名的真实性。

例 5.2　若 Alice 选择了 $p = 7$ 和 $q = 17$，并计算 $n = p \times q = 119$，$\varphi(n) = (p-1) \times (q-1) = 6 \times 16 = 96$，假设 Alice 选择 $e = 5$，计算得到 $d = 77$，因此，相应的私钥 $(p, q, d) = (7, 17, 77)$，公钥 $(n, e) = (119, 5)$。如图 5-5 所示，假设 Alice 想对消息"19"进行数字签名并将其发送给 Bob，她计算：$19^{77} (\bmod 119) \equiv 66$，且在一个开放性信道上将消息与签名结果 $(19, 66)$ 一起发送给 Bob。当 Bob 接收到签名结果 66 时，他用 Alice 的公钥 $(119, 5)$ 进行验证：$66^5 (\bmod 119) \equiv 19$，与收到的消息一致，从而证实该签名。

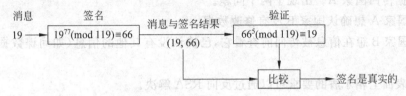

图 5-5　RSA 签名的例子

1. 签名消息的加密传递问题

假设 Alice 想把签了名的消息加密送给 Bob,她对明文 x 计算签名 $y = \text{sig}_{\text{Alice}}(x)$,然后用 Bob 的公钥算出 $z = E_{\text{Bob}}(x, y)$,Alice 将 z 传给 Bob,Bob 收到 z 后,第一步解密 $D_{\text{Bob}}(z) = D_{\text{Bob}}[E_{\text{Bob}}(x, y)] = (x, y)$,然后检验 $\text{ver}_{\text{Alice}}(x, y) = $ 真。

这里,先签名后加密的次序很重要,因为:若 Alice 首先对消息 x 进行加密,然后再签名,$z = E_{\text{Bob}}(x)$,$y = \text{sig}_{\text{Alice}}(z)$。Alice 将 (z, y) 传给 Bob,Bob 先将 z 解密,获得 x;然后用 $\text{ver}_{\text{Alice}}$

检验关于 x 的加密签名 y。这个方法的一个潜在问题是如果攻击者 Eve 获得了这对 (z, y),那么他就能用自己的签名代替 Alice 的签名:$y' = \text{sig}_{\text{Eve}}(z) = \text{sig}_{\text{Eve}}(E_{\text{Bob}}(x))$。特别值得一提的是,Eve 能签名密文 $E_{\text{Bob}}(x)$,即使他不知明文 x 也能这么做。Eve 传达 (z, y') 给 Bob,Bob 可能推断明文来自 Eve。这就给伪造签名者以可乘之机,所以要先签名后加密。

2. 盲数字签名问题

有时我们有一个文档 M 需要某个人签名但又不希望他知道文档的内容,例如某位科学家 Bob 发现了一个非常重要的理论需要公证人 Alice 进行公证签名,但又不希望 Alice 知道这个理论的内容,这就涉及盲数字签名问题。盲数字签名方案允许一个人对他不知道内容的文档进行数字签名。

基于 RSA 的盲数字签名方案是:在 RSA 方案中,假设 Alice 的私钥是 (p, q, d),对应的公钥是 (n, e)。Bob 选择一个随机数 r(也称为盲因子)并计算 $M' = M \times r^e \pmod{n}$,Bob 将 M' 发送给 Alice;Alice 对 M' 进行签名:$S_{\text{blind}} = (M')^d \pmod{n}$,得到消息 M 的盲数字签名 S_{blind}。原始消息的数字签名 S 与盲数字签名 S_{blind} 的关系为:$S = S_{\text{blind}} \times r^{-1} \pmod{n}$,因为

$$S \equiv S_{\text{blind}} \times r^{-1} \equiv (M')^d \times r^{-1} \equiv (M \times r^e)^d \times r^{-1} \equiv M^d \times r^{ed} \times r^{-1}$$

$$\equiv M^d \times r \times r^{-1} \equiv M^d \pmod{n} \tag{5-1}$$

可见 S 是原始消息的数字签名。

5.3.2 RSA 的协议验证应用

国家 A 和 B 已经签署了禁止核试验协议,现在每一方都想确认另一方没有试验任何炸弹。例如,国家 A 怎样用地震数据来监控国家 B 呢?国家 A 想把传感器放到国家 B,它能把数据传回国家 A。出现了两个问题。

(1)国家 A 想确认国家 B 没有修改数据。

(2)国家 B 想在信息被传回前查看它,已确认没有其他的信息(如间谍数据)正在被传输。

这些表面上相矛盾的要求可以通过反向 RSA 解决。

(1)首先,A 选择 $n = p \times q$ 为两个大素数的乘积,选择加密和解密指数 e 和 d,数字 n 和 e 公开给 B,但 p、q 和 d 保密。

(2)传感器(它被埋在地下很深的地方,假设是防篡改的)收集数据 x,并用 d 把 x 加

密为 $y \equiv x^d \pmod{n}$。

（3）x 和 y 都首先被传送到国家 B，由国家 B 核查 $y^e \equiv x \pmod{n}$。如果成立，那么它就知道加密信息 y 与数据 x 是相应的，并继续把组合 x、y 传送给国家 A。

（4）然后国家 A 也核查 $y^e \equiv x \pmod{n}$。如果成立，那么 A 就能确定数字 x 没有被修改（因为一旦 x 被选定，那么为了求 y 而解 $y^e \equiv x \pmod{n}$ 与破解 RSA 信息 x 是一样的，而且要确信这样做难度是很大的。当然 B 首先能够选择一个数 y，然后令 $x \equiv y^e \pmod{n}$，但是 x 可能不是一条有意义的信息，所以 A 就会意识到某些信息被改变了）。

前面的方法本质上是 RSA 的数字签名方案。

5.4　素性判定

RSA 公钥密码体制是依靠这样一个事实：我们能够很容易地将两个大素数（如两个百位素数）乘起来；反过来要分解一个大整数（如 200 位）则几乎不可能。因此 RSA 密码体制就与素数判定和大数分解有密切联系。

关于素数的一个基本问题是判定给定的一个数是否素数。假设要判定一个 200 位的整数是否为素数。为什么不用所有小于它的平方根的数去除它呢？小于 10^{100} 的素数大概有 4×10^{97} 个，这比宇宙所有的粒子的数量还要大。如果计算机每秒处理 109 个素数，这个大概要 1081 年。显然我们需要更好的方法，其中一些方法将在本节中讨论。

在讨论素性判定方法之前先看一下许多因式分解方法中的一个非常基本的思想。

基本原理　令 n 表示一个整数，假设存在整数 x 和 y 满足 $x^2 \equiv y^2 \pmod{n}$，但 $x \neq \pm y \pmod{n}$，那么 n 是合数，而且 $\gcd(x-y, n)$ 给出了 n 的一个非平凡因子。

证明：（反证法）令 $d = \gcd(x-y, n)$。如果 $d = n$，那么假定 $x \equiv y \pmod{n}$ 不会发生。假设 $d = 1$，结合关于整除性的一个基本结论：如果 $0 \equiv bc \pmod{a}$ 并且 $\gcd(a, b) = 1$，那么 $0 \equiv c \pmod{a}$。在我们的例子中，既然 $0 \equiv (x-y)(x+y) \equiv x^2 - y^2 \pmod{n}$，并且 $\gcd(x-y, n) = d = 1$，那么 $0 \equiv (x+y) \pmod{n}$，与 $x \neq \pm y \pmod{n}$ 矛盾。因此 $d \neq 1, n$。所以 d 为 n 的一个非平凡因子。

例如 $12^2 \equiv 2^2 \pmod{35}$，$12 \neq \pm 2 \pmod{35}$，35 是一个合数，$\gcd(12-2, 35) = 5$ 是 35 的一个非平凡因子。

可能有些令人吃惊，因式分解和素性判定是不一样的。证明一个数是合数比分解它要容易得多。有很多大数是合数，但是不知道如何分解它们。这怎么可能呢？我们给一个简单的例子。由 Fermat 定理可知，如果 p 是一个素数，那么 $2^{p-1} \equiv 1 \pmod{p}$。利用该定理证明 35 不是素数。通过连续的平方，我们发现

$$2^4 \equiv 16 \pmod{35}$$
$$2^8 \equiv 256 \equiv 11 \pmod{35}$$
$$2^{16} \equiv 12 \equiv 16 \pmod{35}$$
$$2^{32} \equiv 256 \equiv 11 \pmod{35}$$

因此

$$2^{34} \equiv 2^{32}2^2 \equiv 11 \times 4 \equiv 9 \ne 1 (\bmod 35)$$

Fermat 定理表明 35 不是素数,因此我们没有找到 35 的因子的情况下证明了它是个合数。

Fermat 素性判定 设 n 是一个整数。选择一个随机的 a 满足 $1 < a < n - 1$。如果 $a^{n-1} \not\equiv 1(\bmod n)$,那么 n 是一个合数。如果 $a^{n-1} \equiv 1(\bmod n)$,那么 n 可能是一个素数。

虽然这个和其他一些相似的判定方法通常称为"素性判定",它们实际上是"合数判定",因为这些方法只给出了对合数完全肯定的回答。Fermat 判定对大的 n 相当准确。如果它宣布一个数是合数,那么一定是正确的。如果宣布可能是素数,那么经验告诉我们这很可能是正确的。同时,模指数运算是很快的,Fermat 判定可以很快地执行。

回忆模指数运算可以用连续平方实现。如果注意到如何做连续平方,将 Fermat 定理和基本原理结合起来,就能得到以下更强的结论。

Miller-Rabin 素数判定[3] 设 n 是一个奇数,$n - 1 = 2^k m$,其中 m 是一个奇数。选择一个随机的 a,满足 $1 < a < n - 1$。计算 $b_0 \equiv a^m (\bmod n)$。如果 $b_0 \equiv \pm 1(\bmod n)$,那么停止,$n$ 可能为素数。否则,计算 $b_1 \equiv b_0^2 (\bmod n)$。如果 $b_1 \equiv 1(\bmod n)$,那么 n 是合数且 $\gcd(b_0 - 1, n)$ 是 n 的一个非平凡因子。如果 $b_1 \equiv -1(\bmod n)$,那么停止,n 可能是素数。否则,计算 $b_2 \equiv b_1^2 (\bmod n)$。如果 $b_2 \equiv 1(\bmod n)$,那么 n 是合数且 $\gcd(b_1 - 1, n)$ 是 n 的一个非平凡因子。如果 $b_2 \equiv -1(\bmod n)$,那么停止,n 可能是素数。如此继续,直到停止或者达到 b_{k-1}。如果 $b_{k-1} \ne -1(\bmod n)$,那么 n 是合数。

该算法的另一种表述是:设 n 是一个奇数,$n - 1 = 2^k m$,其中 m 是一个奇数。要测试 n 是否为素数,先随机选一个介于 $(1, n - 1)$ 的整数 a,之后如果对所有的 $r \in [0, k - 1]$,若 $a^m \bmod n \ne 1$ 且 $a^{2^r m} \bmod n \ne -1$,则 n 是合数,否则 n 可能为素数。算法流程如图 5-6 所示。

例 5.3 令 $n = 561$,那么 $n - 1 = 560 = 2^4 \times 35$,所以 $k = 4, m = 35$。令 $a = 2$,那么

$$b_0 = a^m = 2^{35} \equiv 263(\bmod 561)$$
$$b_1 = b_0^2 \equiv 166(\bmod 561)$$
$$b_2 = b_1^2 \equiv 67(\bmod 561)$$
$$b_3 = b_2^2 \equiv 1(\bmod 561)$$

因为 $b_3 \equiv 1(\bmod 561)$,所以结论是 561 是合数,并且 $\gcd(b_2 - 1, 561) = 33$ 是 561 的非平凡因子。

定义 5.5 (伪素数)如果 n 为合数,且 $a^{n-1} \equiv 1(\bmod n)$,那么我们认为 n 是一个基数为 a 的伪素数。如果 a 和 n 是这样的,且 n 通过了 Miller-Rabbin 测试,那么认为 n 是一个基数为 a 的绝对伪素数。

例 5.4 令 $n = 25$,那么 $n - 1 = 23 \times 3$,所以 $k = 3, m = 3$。令 $a = 7$,那么 $a^{n-1} \equiv 1(\bmod n)$,所以 25 是一个基数为 7 的伪素数,而且

$$b_0 = 7^3 \equiv 18(\bmod 25)$$
$$b_1 = b_0^2 \equiv -1(\bmod 25)$$

通过了 Miller-Rabbin 测试,则认为 25 是一个基数为 7 的强伪素数。

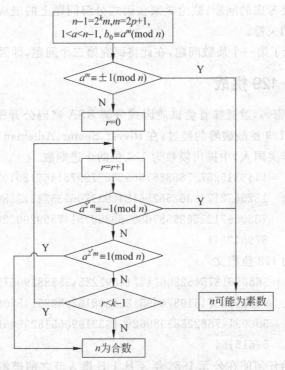

图 5-6　Miller-Rabin 素性判断

可以证明,若 a 是随机选取的,则 Miller-Rabin 判定将合数当成素数的概率不超过 $1/4$。事实上的概率要小得多[4]。如果我们将这个判定方法重复 10 次,那么对随机选择的 a,将合数当成素数的概率最多是 $(1/4)^{10} \approx 10^{-6}$。

Miller-Rabbin 判定的速度在实际中很快,但是该算法并没有严格地证明 n 是素数。大多数这样的方法都是概率算法,对每一个数的判定正确的概率极高,但是不能保证成功。2002 年,Agrawal、Kayal 和 Saxena[5] 给出了一种确定性的多项式时间算法,判定一个数是否为素数。这意味着计算时间总是以常数的 $\log n$ 次幂为界。这是一个很大的理论进展,但是他们的算法还没有改进到比概率算法更有优势。更多素性判定及其历史的信息,请参阅文献[6]。

5.5　RSA-129 挑战与因式分解

RSA 密码系统在本质上是双质数密码(Bi-prime Cipher),在实际操作中,必须关注以下两个质数问题:

(1) RSA 的模数 $n = p \times q$,其中 p、q 为相异质数,如何找到质数 p、q? 又如何判断所找到的数是质数?

(2) 在 RSA 密码系统中模数 n 是公开的,如果有人能因式分解 $n = p \times q$,任何以此模数 n 设计的 RSA 密码,都可破解,因此模数 n 能否容易地被因式分解成 RSA 密码系统在实际使用时最需要考虑的问题;数论学家在因式分解问题上的进展程度,成了 RSA 密码是否能继续使用的关键。

5.5 节已经讨论了第一个质数问题,在此将研究第二个问题,即因式分解问题。

5.5.1 RSA-129 挑战

试图破解 RSA 密码,就意味着尝试质因式分解 RSA 密码公开密钥的 RSA 模数 n。值得一提的是 RSA-129 挑战破解的经过,在 Rivest、Shamr、Adleman 的 RSA 算法初次发表之际[7],就在《科学美国人》中提出模数为 129 位的十进制数

$$n = 114381625757888867669235779761466120102$$
$$1829672124236256256184293570693524573389$$
$$7830597123563958705058989075147599290026$$
$$879543541$$

加密密钥 $e = 9007$ 的 128 位密文

$$c = 96869613754622061477140922254355882905759$$
$$9991124574319874695120930816298225145708$$
$$3569314766228839896280133919905518299451$$
$$57815154$$

悬赏 100 美元给任何能在公元 1982 年 4 月 1 日愚人节之前破解的人。以当时的质因式分解技术,他们推算应花 4×10^{16} 年方可破解成功。1982 年愚人节,这项 RSA-129 挑战未能破解。但在 1994 年,多位数论学家 Atkins、Craff、Lenstra 以及 Leyland[8] 改良了因式分解的技巧,提出改良版的二次筛法算法,结合全球 600 多人的团队用 1600 台计算机执行了 8 个月,当中尝试以高斯消去法(Gauss Elimination)[9] 找出了数十万项变量的关联,终于成功地将质因数 n 分解成 $n = p \times q$,即

$$p = 3490529510847650949014784961990389813341$$
$$76463849338784399082057 7,$$
$$q = 32769132993266709549961988190834461413177$$
$$6429679929425397982885 33$$

如此以广义辗转相除法计算解密密钥

$$d = e^{-1} \bmod ((p-1)(q-1))$$
$$= 10669861436857802444286877132892015478070$$
$$9906633937862801226224496631063125911774 4$$
$$7087334016859746230655396854451327710905 3$$
$$606095$$

明文数字代码为

$$m = e^d \pmod{n}$$
$$= 20080500130107090300231518041900011805 00$$
$$19172105011309190800151919090618010705$$

以代码 a=01,b=02,…,空白键=00 解读为

the magic words are squeamish ossifrage

即密语是一种神经质鹰(squeamish ossifrage 为一种生长在北美的易受惊吓的鹰),总共计算次数为 5000MIPS-年。另外公布在 RSA 信息安全公司首页 RSA-155 挑战也在 1999 年破解,计算次数为 800MIPS-年,而在 Singh 所著的密码故事(The Code Book)[10]附录中所录的第十个悬赏密文,也是 155 位十进制的 RSA 密文,也被瑞典一个研究团队于 2000 年首次破解。

5.5.2　因式分解

下面介绍因式分解。基本的分解方法是将整数 n 除以所有的素数 $p<\sqrt{n}$,但是速度太慢。多年以来,人们一直致力于研究更有效的分解算法,这里介绍其中的一些。

1. Fermat 因式分解法

其思想是用两个平方的差值来表示 $n=x^2-y^2$,那么 $n=(x+y)(x-y)$ 给出了 n 的因式分解。计算 $n+1^2$, $n+2^2$, $n+3^2$,…,直到找到一个完全平方数。

例如,求 $n=3127$ 的因式分解,$n+1^2=55.9285^2$, $n+2^2=55.9553^2$, $n+3^2=56^2$,所以 $x=56,y=3,n=(x-y)(x+y)=53\times59$。

当 n 是两个彼此非常接近的素数乘积时,Fermat 方法非常有效。如果 $n=p\times q$,那么将花费 $|p-q|/2$ 步才能找到它的因式分解,如果 p 和 q 是两个随机选择的 100 位的素数,那么很可能 $|p-q|$ 非常大,可能也接近 100 位。所以,Fermat 因式分解法不可能有效。作为 RSA 系数的素数经常被选为稍微不同的大小。

2. 通用指数因式分解法

主要分三步:

(1) 假设有一个指数 $r>0$,对于所有满足 $\gcd(a,n)=1$ 的 a 满足 $a^r\equiv1(\bmod\ n)$,令 $r=2^km$,其中 m 为奇数。

(2) 选择一个满足 $1<a<n-1$ 的随机数 a,如果 $\gcd(a,n)\neq1$,那么可以得到 n 的一个因子,所以假定 $\gcd(a,n)=1$。

(3) 令 $b_0\equiv a^m(\bmod\ n)$,并对于 $0\leqslant u\leqslant k-1$ 连续地定义 $b_{u+1}\equiv b_u^2(\bmod\ n)$。如果 $b_0\equiv1(\bmod\ n)$(n 可能为素数),那么停下来,尝试用一个不同的 a;如果对于某个 u,有 $b_u\equiv-1(\bmod\ n)$(n 可能为素数),那么停下来,尝试用一个不同的 a;如果对于某个 u 有 $b_{u+1}\equiv1(\bmod\ n)$,但 $b_u\neq\pm1(\bmod\ n)$,那么 $\gcd(b_u-1,n)$ 给出了 n 的一个非平凡因子。

算法流程如图 5-7 所示。这和 Miller-Rabbin 测试非常相似,差别在于 r 的存在性保证了对某个 u 有 $b_{u+1}\equiv1(\bmod\ n)$,这在 Miller-Rabbin 测试中不是经常发生的。

一般来讲,找到通用指数 r 很困难,所以该算法在实际中应用很难。但是知道指数 r 对一个值 a 是可行的,有时利用这些就可以分解 n 了,这就是下面的指数分解法。

1. 指数分解法

主要分两步:

(1) 假设有一个指数 $r>0$,和满足 $a^r\equiv1(\bmod\ n)$ 的整数 a,令 $r=2^km$,其中 m 为

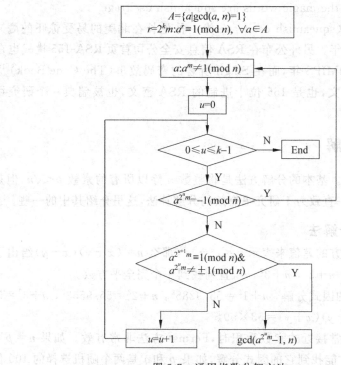

图 5-7　通用指数分解方法

奇数；

(2) 令 $b_0 \equiv a^m (\bmod\ n)$，并对于 $0 \leqslant u \leqslant k-1$ 连续地定义 $b_{u+1} \equiv b_u^2 (\bmod\ n)$。若 $b_0 \equiv 1 (\bmod\ n)$ (n 可能为素数)，那么停下来，这个过程因式分解 n 失败；如果对于某个 u，有 $b_u \equiv -1 (\bmod\ n)$ (n 可能为素数)，那么停下来，这个过程因式分解 n 失败；如果对于某个 u，有 $b_{u+1} \equiv 1 (\bmod\ n)$，但 $b_u \neq \pm 1 (\bmod\ n)$，那么 $\gcd(b_u - 1, n)$ 给出了 n 的一个非平凡因子。

2. $p-1$ 因式分解法

选择一个整数 $a > 1$，经常用 $a = 2$。选一个上限 B，像下面这样计算 $b \equiv a^{B!} (\bmod\ n)$。令 $b_1 \equiv a (\bmod\ n)$，$b_j \equiv b_{j-1}^j (\bmod\ n)$，那么 $b_B \equiv b (\bmod\ n)$。令 $d = \gcd(b-1, n)$，如果 $1 < d < n$，那么我们就得到了 n 的一个非平凡因子。

假设 p 是 n 的素数因子，并且 $p-1$ 只含有小的素数因子，那么很有可能 $p-1$ 整除 $B!$，设 $B! = (p-1)k$。用 Fermat 定理，$b \equiv a^{B!} \equiv (a^{p-1})^k \equiv 1 (\bmod\ p)$，因此 p 将在 $b-1$ 和 n 的最大公因子中出现。如果 q 是 n 的另一个素数因子，那么不大可能有 $b \equiv 1 (\bmod\ q)$，除非 $q-1$ 也仅仅含有小的素数因子。如果 $d = n$，并非什么都没有用了。在这种情况下，有指数 r (即 $B!$) 和 a 满足 $a^r \equiv 1 (\bmod\ n)$。很有可能用指数因式分解方法分解 n。我们可以选择一个更小的 B，然后重复这个计算。

如何选择上界 B 呢？如果选择一个小的 B，那么算法会很快终止，但是成功的概率很小；如果选择一个大的 B，那么算法将会很慢，实际采用的值取决于当时的情况。

除此之外,因式分解还有二次筛法、数域筛法,详细过程请参阅文献[11],其中有这两个方法的描述和关于因式分解方法的历史。

5.6　RSA 攻击

目前还没有发现针对 RSA 的破坏性攻击。已经预言了几种基于弱明文、弱参数选择或不当执行的攻击。图 5-8 所示就是这些潜在攻击的分类。

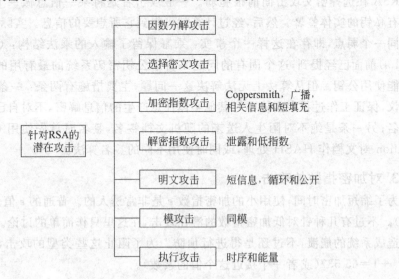

图 5-8　针对 RSA 的潜在攻击的分类

1. 因式分解攻击(Factorization Attack)[12]

RSA 的安全性基于这么一种想法,那就是模要足够大以至于在适当的时间内把它分解是不可能的。Bob 选择 p 和 q,并且计算出 $n = p \times q$。虽然 n 是公开的,但 p 和 q 是保密的。如果 Eve 能分解 n 并获得 p 和 q,她就可以计算出 $\varphi(n) = (p-1)(q-1)$。然后,因为 e 是公开的,Eve 还可以计算出 $d = e^{-1}(\mathrm{mod}\,\varphi(n))$。私密指数 d 是 Eve 可以用来对任何加密信息进行解密的陷门。

目前有许多种因式分解算法,但是没有一种可以多项式时间分解大整数。为了安全,目前的 RSA 要求 n 必须大于 300 个十进制数位,这就是说,模最小是 1024 比特。即使运用现在最大最快的计算机,分解这么大的整数所要花费的时间也是不可想象的。这就表明只要还没有发现更有效的因式分解算法,RSA 就是安全的。

2. 选择密文攻击(chosen-Ciphertext attack)

针对 RSA 的潜在攻击都基于 RSA 的乘法特性,我们假定 Alice 创建了密文 $c \equiv m^e(\mathrm{mod}\,n)$ 并且把 c 发送给 Bob。我们也假定 Bob 要对 Eve 的任意密文解密,除了密文 c。Eve 拦截 c 并运用下列步骤求出 m:

(1) Eve 选择 $\mathbb{Z}_n^*$ 中的一个随机整数 X。

（2）Eve 计算出 $Y\equiv c\times X^e(\bmod\ n)$。

（3）为了解密 Eve 把 Y 发送给 Bob 并得到 $Z\equiv Y^d(\bmod\ n)$；这个步骤就是选择密文攻击的一个例子。

（4）Eve 能够很容易地得到 m，因为

$$Z=Y^d\bmod n=(c\times X^e)^d\bmod n=(c^d\times X^{ed})\bmod n$$
$$=(m\times X)\bmod n\Rightarrow m=Z\times X^{-1}\bmod n$$

Eve 运用扩展的欧几里得算法求 X 的乘法逆，并最终求得。

RSA 在选择密文攻击面前很脆弱。一般攻击者是将某一信息做一下伪装（Blind），让拥有私钥的实体签署。然后，经过计算就可得到它所想要的信息。实际上，攻击利用的都是同一个弱点，即存在这样一个事实：乘幂保留了输入的乘法结构：$(XM)^d=X^dM^d$ $(\bmod\ n)$ 前面已经提到，这个固有的问题来自于公钥密码系统的最有用的特征——每个人都能使用公钥。但从算法上无法解决这一问题，主要措施有两条：一条是采用好的公钥协议，保证工作过程中实体不对其他实体任意产生的信息解密，不对自己一无所知的信息签名；另一条是绝不对陌生人送来的随机文档签名，签名时首先使用 One-Way Hash Function 对文档作 HASH 处理，或同时使用不同的签名算法。

3. 对加密指数的攻击

为了缩短加密时间，使用小的加密指数 e 是非常诱人的。普通的 e 值是 $e=3$（第二个素数）。不过有几种针对低加密指数的潜在攻击，在这里只作简单的讨论。这些攻击一般不会造成系统的崩溃，不过还是得进行预防。为了阻止这些类型的攻击，我们推荐使用 $e=2^{16}+1=65\ 537$（或者一个接近这个值的素数）。

1) Coppersmith 定理攻击

主低加密指数攻击称为 Coppersmith 定理攻击（Coppersmith theorem attack）[13]。该项定理表明在一个 e 阶的 modulo-n 多项式 $f(x)$ 中，如果有一个根小于 $n^{1/e}$，就可以运用一个复杂度 $\log n$ 的算法求出这些根。这个定理可以应用于 $c=f(m)=m^e\bmod n$ 的 RSA 密码系统。如果 $e=3$ 并且在明文当中只有三分之二的比特是已知的，这种算法可以求出明文中所有的比特。

2) 广播攻击

如果一个实体使用相同的低加密指数给一个接收者的群发送相同的信息，就会发动广播攻击（broadcast attack）[14]。例如，假设有如下的情节：Alice 要使用相同的公共指数 $e=3$ 和模 n_1、n_2 和 n_3 给三个接收者发送相同的信息。

$$c_1=m^3\bmod n_1,\quad c_2=m^3\bmod n_2,\quad c_3=m^3\bmod n_3$$

对这些等式运用中国剩余定理[15]，Eve 就可以求出 $c'=m^3\bmod n_1n_2n_3$ 的等式。这就表明 $m^3<n_1n_2n_3$。也表明 $c'=m^3$ 是在规则算法中（不是模算法）。Eve 可以求出 $m=c'^{1/3}$ 的值。

3) 相关信息攻击

相关信息攻击（related message attack）是由 Franklin Reiter 提出来的[16]，下面简单描述一下这种攻击。Alice 用 $e=3$ 加密两个明文 m_1 和 m_2，然后再把 c_1 和 c_2 发送给

Bob。如果通过一个线性函数把 m_1 和 m_2 联系起来,那么 Eve 就可以在一个可行的计算时间内恢复 m_1 和 m_2。

4) 短填充攻击

短填充攻击(short pad attack)是由 Coppersmith 提出来的[13],下面简单描述一下这种攻击。Alice 有一条信息 M 要发送给 Bob。她先用 r_1 对信息填充,加密的结果是得到了 c_1,并把 c_1 发送给 Bob。Eve 拦截 c_1 并把它丢掉。Bob 通知 Alice 他还没有收到信息,所以 Alice 就再次使用 r_2 对信息进行填充,加密后发送给 Bob。Eve 又拦截了这一信息。Eve 现在有 c_1 和 c_2,并且她知道 c_1 和 c_2 都是属于相同明文的密文。Coppersmith 证明如果 r_1 和 r_2 都是短的,Eve 也许就能恢复原信息 M。

4. 对解密指数的攻击

可以对解密指数发动攻击的两种攻击方式是:暴露解密指数攻击(revealed decryption exponent attack)和低解密指数攻击(low decryption exponent attack)。我们简单讨论一下这两种攻击。

1) 暴露解密指数攻击[17]

很明显,如果 Eve 可以求出解密指数 d,她就可以对当前加密的信息进行解密。不过,到这里攻击并还没有停止。如果 Eve 知道 d 的值,她就可以运用概率算法(这里不讨论)来对 n 进行因式分解,并求出 p 和 q 值。因此,如果 Bob 只改变了泄露解密指数但是保持模 n 相同,因为 Eve 有 n 的因式分解,所以她就可以对未来的信息进行解密。这就是说,如果 Bob 发现解密指数已经泄露,他就要有新的 p 和 q 的值且要计算出 n,并创建所有新的公钥和私钥。

在 RSA 中,如果 d 已经泄露,那么 p、q、n、e 和 d 就必须要重新生成。

2) 低解密指数攻击[17-19]

Bob 也许会想到,运用一个小的私钥 d 就会加快解密的过程。Wiener 表示:如果 $d < 1/3 \, n^{1/4}$,一种基于连分数(一个数论当中的问题)的特殊攻击类型就可以危害 RSA 的安全。要发生这样的事情,必须要有 $q < p < 2q$。如果这两种情况存在,Eve 就可以在多项式时间中分解 n。

在 RSA 中,我们推荐用 $d < 1/3 n^{1/4}$ 来防避低解密指数攻击。

5. 明文攻击(plaintext attack)

因为是相同间隔 $(0 \sim n-1)$ 的整数,RSA 中的明文和密文是相互置换的。也就是说,Eve 已经知道了有关明文的一些内容。这一特征也许会引起一些针对明文的攻击。下面介绍三种攻击:短信息攻击、循环攻击和公开信息攻击。

1) 短信息攻击(short message attack)[17]

在短信息攻击中,如果 Eve 知道可能的明文组,那么她除了知道明文是密文的转换之外,还知道一些别的信息。Eve 可以对所有可能的信息进行加密,直到结果和所拦截的信息相同。例如,如果知道 Alice 正在发送一个 4 位数的数字,Eve 就可以轻易地试验 0000~9999 的明文数字,来发现明文。为此,短信息必须要在开头和结尾用随机比特进行填充,来阻止这类攻击。

2) 循环攻击(cycling attack)[20, 21]

循环攻击是基于这样一个事实,即密文是明文的一个置换,密文的连续加密最终结果就是明文。也就是说,如果对所拦截的密文 c 连续加密,Eve 最终就得到了明文。不过 Eve 不知道明文究竟是什么,所以她就不知道什么时候要停止加密。她就要往前多走一步。如果她再次得到了密文 c,她只要返回一步就可得到明文。

拦截密文:c

$c_1 = c^e \bmod n$

$c_2 = c_1^e \bmod n$

...

$c_k = c_{k-1}^e \bmod n \rightarrow$ If $c_k = c_i$,停止:明文是 $P = c_{k-1}$

对于 RSA 来说,这种攻击很严重吗? 已经表明算法的复杂性和分解 n 的复杂性是相当的。也就是说,如果 n 足够大,就不会有一种有效的算法可以在多项式时间内发动这种攻击。

3) 公开信息攻击(unconcealed message attack)[22]

另一种基于明文和密文之间置换关系的攻击是公开信息攻击。公开信息就是自身加密(不被隐藏)的信息。已经证明,总有一些信息是自身加密的。因为通常加密指数是一个奇数,有一些明文,如 $m = 0$ 和 $m = 1$,都是自身加密的。如果加密指数是仔细选出来的,那就会有更多的这种信息被忽略。如果算出来的密文和明文相同,那么加密程序总要在提交密文之前阻止并拒绝明文。

6. 对模的攻击

正如前面讨论的那样,针对 RSA 的主要攻击就是因式分解攻击。因式分解攻击可以看成对低模的攻击。不过,这种攻击已经讨论过了,现在集中讨论一下针对模的另一种攻击:同模攻击(common modulus attack)[17]。

如果一个组织使用一个共同的模 n,那就有可能发动同模攻击。例如,一个组织中的人也许会让一个可信机构选出 p 和 q,计算出 n 和 $\varphi(n)$,并为每一个实体创建一对指数 (e_i, d_i)。现在假定 Alice 要发送一则信息给 Bob。发给 Bob 的密文是 $c = m^{e_{Bob}} (\bmod n)$。Bob 用他的私密指数 d_{Bob} 来对他的信息 $m = c^{d_{Bob}} (\bmod n)$ 解密。问题是如果 Eve 是该组织中的一个成员,并且像我们在"低解密指数攻击"那一部分中学过的那样,她也得到了分配的指数对 (e_{Eve}, d_{Eve}),这样她也就可以对信息解密。运用她自己的指数对(eE 和 dE),Eve 可以发动一个概率攻击来分解 n 并得到 e_{Bob} 和 d_{Bob}。为了阻止这种类型的攻击,模必须不是共享的。每一个实体都要计算她或他的模。

7. 执行攻击

前面所述的攻击都基于 RSA 的基本的结构。正像 Dan Boneh 所论述的那样,有几种针对 RSA 执行的攻击。这些攻击中我们讨论两种:时序攻击和能量攻击。

1) 时序攻击(timing attack)[23]

Paul Kocher 精密地论证了这种纯密文攻击,我们称之为时序攻击。如果私密指数 d 中的相关比特是 0,那么这种算法只应用平方;如果相关的位是 1,这种算法就既应用平方也应用乘法。也就是说,如果相关的比特是 1,那么完成每一个迭代需要的时序会更长。这种时序上的不同就可以使 Eve 逐一找出 d 中的比特值。

假定 Eve 已经拦截了一个密文的一个大数,$c_1 \sim c_k$。我们还假定 Eve 已经注意到 Bob 对密文进行解密所用的时间为 $T_1 \sim T_k$。由于 Eve 知道基本硬件处理乘法运算所用的时间,她就可以计算出 $t_1 \sim t_k$ 的值,这里 t_i 就是计算乘法运算 Result $=$ Result $\times c_i$ mod n 所需要的时间。

算法 5.1　针对 RSA 的时序攻击

RSA_Timing_Attack($[T_1 \cdots T_k]$)

{

$d_0 \leftarrow 1$　　　　　　　　　　　　　　　　　　　//因为 d 是奇数

计算 $[t_1 \cdots t_k]$

$[T_1 \cdots T_k] \leftarrow [T_1 \cdots T_k] - [t_1 \cdots t_k]$　　　　　　//更新 T_i 为下一个比特

for(j 从 i 到 $l-1$)

{

　　重新计算 $[t_1 \cdots t_k]$　　　　　　　　　　　//重新计算 t_i,设下一个比特是 1

　　$[D_1 \cdots D_k] \leftarrow [T_1 \cdots T_k] - [t_1 \cdots t_k]$

　　var $\leftarrow$ 方差($[D_1 \cdots D_k]$) $-$ 方差($[T_1 \cdots T_k]$)

　　if(var $>$ 0)$d_j \leftarrow 0$　　else　$d_j \leftarrow 0$

　　$[T_1 \cdots T_k] \leftarrow [T_1 \cdots T_k] - d_j \times [t_1 \cdots t_k]$　　　//更新 T_i 为下一个比特

}

}

Eve 可以运用算法 5.1,这是一个实践中所用算法的简化版,用来计算 d($d_0 \sim d_{l-1}$) 中所有的比特。

算法设置 $d_0 = 1$(因为 d 应该是奇数),并且计算出 T_i 的新值(与 $d_1 \sim d_{l-1}$ 有关的解密时间)。然后该算法假定下一个比特值是 1。并求出一些基于假定的 $D_1 \sim D_m$ 的新值。如果这个假定是正确的,那么每一个 D_i 也许就小于相应的 T_i。不过算法运用方差(或别的相关标准)来考虑 D_i 和 T_i 的所有变化。如果 $D_1, \cdots, D_k$ 的方差大于 $T_1, \cdots, T_k$ 的方差,算法就假定下一个比特为 1;否则,就假定下一个比特为 0。然后算法计算出新的 T_i 并用作冗余比特。

有两种方法可以阻止时序攻击:

(1) 把随机延迟加到指数上,使每一个指数所消耗的时间相同。

(2) 引入盲签名(blinding)[24]。这个概念就是在解密前用一个随机数乘以密文。过程如下:

---

(1) 选出一个 $1 \sim (n-1)$ 之间的秘密随机数 r。

(2) 计算 $c_1 = c \times r^e$ mod n。

(3) 计算 $m_1 = c_1^d$ mod n。

(4) 计算 $m = m_1 \times r^{-1}$ mod n。

---

2) 能量攻击(power attack)[25, 26]

能量攻击和时序攻击相似。Kocher 表示,如果 Eve 能够准确测量出解密过程中所消耗的能量,她就可以发动一个基于时序攻击原则的能量攻击。涉及乘法和平方的迭代所消耗的能量要比只涉及平方的迭代多。可以用来避免时序攻击的同类技术也可以用来阻止能量攻击。

📖 Shor 算法

Shor 算法是数学家 Peter Shor(见右图)于 1994 年提出的一个量子算法。它的作用就是找出给定整数 N 的质因数。众所周知 RSA 基于大整数素因子分解的困难性。而在一个量子计算机上面,要分解整数 N,Shor 算法的运作需要多项式时间——$O((\log N)^3)$($\log N$ 在这里的意义是输入的长度)。这就是说,目前广泛使用的 RSA 加密方案在量子计算机上是不安全的。非但如此,Shor 的算法在修改后也可以用来破解比 RSA 更强大的椭圆曲线加密方案。Shor 算法的提出迅速引起了世界各国对量子计算以及抗量子密码方案研究的高度关注。

思 考 题

1. RSA 算法中 $n = 11\,413$,$e = 7467$,密文是 5859,利用分解 $11\,413 = 101 \times 113$,求明文。

2. 指数 $e = 1$ 和 $e = 2$ 能不能用在 RSA 中?为什么?

3. 试分解 $n = 64\,2401$。假设你发现
$$516\,107^2 \equiv 7 \pmod{n}$$
$$187\,722^2 \equiv 2^2 \times 7 \pmod{n}$$
利用这些信息分解 n。

4. 假设 n 是一个大奇数,计算 $2^{(n-1)/2} \equiv k \pmod{n}$,其中 k 是一个整数满足 $k \neq \pm 1 \pmod{n}$。

(1) 假设 $k^2 \neq 1 \pmod{n}$,说明为何这表明 n 不是素数。

(2) 假设 $k^2 \equiv 1 \pmod{n}$,说明如何利用这个信息分解 n。

5. 假设 Alice 和 Bob 两名用户有相同的 RSA 模数 n,并且他们的加密指数 e_A 和 e_B 是互素的,Charles 要发送消息 m 给 Alice 和 Bob,他加密得到 $c_A \equiv m^{e_A}$ 和 $c_B \equiv m^{e_B} \pmod{n}$。说明如果 Eve 截获到了 c_A 和 c_B,他就能恢复 m。

参 考 文 献

[1] Diffie W, M E Hellman. New directions in cryptography. Information Theory, IEEE Transactions on, 1976. 22(6): p. 644-654.

[2] Rivest R L, A Shamir, L Adleman. A method for obtaining digital signatures and public-key cryptosystems. Communications of the ACM, 1978. 21(2): p. 120-126.

[3] Hurd J. Verification of the Miller-Rabin probabilistic primality test. The Journal of Logic and Algebraic Programming, 2003. 56(1): p. 3-21.

[4] Damgård I, P Landrock, C Pomerance. Average case error estimates for the strong probable prime test. Mathematics of Computation, 1993. 61(203): p. 177-194.

[5] Agrawal M, N Kayal, N Saxena. PRIMES is in P. Annals of mathematics, 2004: p. 781-793.

[6] Williams H. Edouard Lucas and Primality Testing. 1998: Wiley-Intrscience.

[7] Rivest R. RSA-129-Challenge. Scientific American, August, 1977.

[8] Atkins D, et al. The magic words are squeamish ossifrage, in Advances in Cryptology—ASIACRYPT'94. 1995, Springer. p. 261-277.

[9] Bathe K. Finite element procedures. 2006: Klaus-Jurgen Bathe.

[10] Singh S. The code book: the science of secrecy from ancient Egypt to quantum cryptography. 2011: Random House LLC.

[11] Pomerance C. A tale of two sieves. Biscuits of Number Theory, 2008. 85.

[12] Hostalot D L. Factorization attack on RSA. 2007, hakin9.

[13] Coppersmith D. Small solutions to polynomial equations, and low exponent RSA vulnerabilities. Journal of Cryptology, 1997. 10(4): p. 233-260.

[14] Hastad J. Solving simultaneous modular equations of low degree. siam Journal on Computing, 1988. 17(2): p. 336-341.

[15] Quisquater J, C Couvreur. Fast decipherment algorithm for RSA public-key cryptosystem. Electronics letters, 1982. 18(21): p. 905-907.

[16] Coppersmith D, et al., Low-exponent RSA with related messages. in Advances in Cryptology—EUROCRYPT'96. 1996: Springer.

[17] Boneh D. Twenty years of attacks on the RSA cryptosystem. Notices of the AMS, 1999. 46(2): p. 203-213.

[18] Coppersmith D. Finding a small root of a univariate modular equation. in Advances in cryptology—EUROCRYPT'96. 1996: Springer.

[19] Wiener M J. Cryptanalysis of short RSA secret exponents. Information Theory, IEEE Transactions on, 1990. 36(3): p. 553-558.

[20] Maurer U M. Fast generation of prime numbers and secure public-key cryptographic parameters. Journal of Cryptology, 1995. 8(3): p. 123-155.

[21] Williams H C, B Schmid. Some remarks concerning the MIT public-key cryptosystem. BIT Numerical Mathematics, 1979. 19(4): p. 525-538.

[22] Blakley G R, I Borosh. Rivest-Shamir-Adleman public key cryptosystems do not always conceal messages. Computers & Mathematics with Applications, 1979. 5(3): p. 169-178.

[23] Kocher P C. Timing attacks on implementations of Diffie-Hellman, RSA, DSS, and other systems. in Advances in Cryptology—CRYPTO'96. 1996: Springer.

[24] Menezes A J, P C, Van Oorschot, S A Vanstone. Handbook of applied cryptography. 2010: CRC press.

[25] Kocher P, et al., Introduction to differential power analysis. Journal of Cryptographic Engineering, 2011. 1(1): p. 5-27.

[26] Kocher P, J Jaffe, B Jun. Differential power analysis. in Advances in Cryptology—CRYPTO'99. 1999: Springer.

第6章

离散对数与数字签名

在 RSA 算法中,我们看到了大整数分解的困难性对构建密码系统的作用。还有一个数论问题,即离散对数,也具有类似的应用。我们将花大量的时间讨论这个重要问题。本章主要讨论基于离散对数问题的公钥密码体制。

本章讨论如下内容:

- 离散对数问题。
- Diffie-Hellman 密钥交换协议。
- ElGamal 公钥体制。
- 比特承诺。
- 离散对数计算。
- 生日攻击。
- 散列函数。
- 数字签名。

6.1 离散对数问题

ElGamal 密码体制基于离散对数问题[1]。

定义 6.1 离散对数问题 选择一个素数 p,设 α 和 β 为模 p 的非 0 整数,令 $\beta \equiv \alpha^x (\bmod p)$,求 x 的问题称为离散对数问题。如果 x 是满足 $\alpha^x \equiv 1 (\bmod p)$ 的最小正整数,假设 $0 \leqslant x < n$,我们记 $x = L_\alpha(\beta)$,并称之为与 α 相关的 β 的离散对数(素数 p 可从符号中忽略)。

例如,令 $p=11, \alpha=2$。由于 $9 \equiv 2^6 (\bmod 11)$,于是 $L_2(9)=6$。

α 通常取为模 p 的一个本原根,这表明每一个 β 都是 $\alpha (\bmod p)$ 的一个幂。如果 α 不是一个本原根,那么对于某些 β 而言离散对数会没有定义。

离散对数在很多方面很像通常的对数。特别地,如果 α 是模 p 的一个本原根,那么

$$L_\alpha(\beta_1\beta_2) \equiv L_\alpha(\beta_1) + L_\alpha(\beta_2)(\bmod p-1)$$

α 是模 p 的一个本原根,那么 $p-1$ 就是使 $\alpha^n \equiv 1(\bmod p)$ 成立的最小正指数 n,这隐含着

$$\alpha^x \equiv \alpha^y(\bmod p) \Leftrightarrow x \equiv y(\bmod p-1)$$

当 p 较小时,可以通过穷举搜索所有的指数而很容易地计算离散对数。然而,当 p

很大时这是不可行的。后面我们会给出一些攻击离散对数问题的方法,但一般都认为离散对数的计算在通常情况下是很困难的。这个假设是一些密码系统的基础。所以离散对数问题在公钥密码学中有着广泛的应用,如下面将要介绍的 Diffie-Hellman 密钥交换协议以及 ElGamal 密码。

6.2　Diffie-Hellman 密钥交换协议

Diffie-Hellman 密钥交换协议(Diffie-Hellman key exchange agreement)简称"D-H 协议",是 1976 年 Whitfield Diffie 和 Martin Hellman 合作发明的安全协议[2],它可以让双方在完全没有对方任何预先信息的条件下通过不安全信道创建起一个密钥。这个密钥可以在后续的通信中作为对称密钥来加密通信内容。

算法描述及举例为:

(1) Alice 和 Bob 确定两个大素数 p 和 q,这两个数不必保密,因此 Alice 和 Bob 可以用不安全信道确定这两个数。

$$设 p=11, \quad q=7$$

(2) Alice 选择另一个大的随机数 r_1,并计算:$A \equiv q^{r_1} \bmod p$。

$$设 r_1=3, \quad 则 A=7^3 \bmod 11=2$$

(3) Alice 将 A 发送给 Bob。

(4) Bob 选择另一个大的随机数 r_2,并计算:$B \equiv q^{r_2} \bmod p$

$$设 r_2=6, \quad 则 B=7^6 \bmod 11=4$$

(5) Bob 将 B 发送给 Alice。

(6) Alice 计算密钥:$k_1=B^{r_1} (\bmod p)$

$$k_1=4^3 \bmod 11=9$$

(7) Bob 计算密钥:$k_2=A^{r_2} (\bmod p)$。

$$k_2=2^6 \bmod 11=9$$

D-H 协议的安全性在于我们上面说过的,在有限域中计算离散对数远远难于在同一个域中计算指数。但 D-H 协议也存在缺陷,即容易受到**中间人攻击**(**Man-in-the-Middle Attack**,简称"**MITM 攻击**")[3],就是通过拦截正常的网络通信数据,并进行数据篡改和嗅探,而通信的双方却毫不知情。

中间人攻击过程[9]如下:

(1) 第一步总是相同,Alice 和 Bob 确定两个大素数 p 和 q,这两个数不必保密,因此 Alice 和 Bob 可以用不安全信道确定这两个数。

$$设 p=11, \quad q=7$$

(2) Alice、Bob 都不知道窥探者 Eve 在监听他们的会话。E 取得 p 和 q 值。

(3) Alice、Bob、Eve 同时选择随机数。

$$设 A 选择的 r_1=3, \quad B 选择的 r_2=6, \quad E 选择的 r_1'=8, \quad r_2'=9$$

(4) Alice、Bob、Eve 分别计算 $q^r (\bmod p)$ 的值。

$$A、B 的值分别是 2 和 4, \quad E 的值 A' 是 9, \quad B' 是 8$$

（5）此时精彩的内容开始了。Alice 将 A 发送给 Bob，Eve 截获这个 A，将自己的 A' 发送给 Bob，Bob 对这一过程并不知情。

（6）Bob 将 B 发送给 Alice，Eve 截获这个 B，将自己的 B' 发送给 Alice，Alice 对这一过程也不知情。

（7）此时 Eve 可以根据截获的 A、B 计算出 Alice 和 Bob 的密钥。分别和 Alice、Bob 共享不同的密钥。

如此，Eve 就可以和 Alice、Bob 分别通信，而 Alice 和 Bob 还不知情。

请读者思考如何修改 D-H 协议来防御中间人攻击。

6.3　ElGamal 公钥体制

ElGamal 算法是一种较为常见的加密算法，它是基于公钥密码体制和椭圆曲线加密体系的，于 1985 年被 Taher ElGamal（见右图，SSL、ElGamal 算法的发明者）提出。它既能用于数据加密，也能用于数字签名，其安全性依赖于计算有限域上离散对数这一难题。

ElGamal 加密是利用 D-H 密钥交换的思想，产生随机密钥加密，然后传递生成随机密钥的部件，接收方利用该部件和自己的私钥生成随机密钥进行解密，利用了可交换单向函数的性质。通过本节将看出：ElGamal 算法的加密是非确定性的（概率加密），依赖于随机数 r，相同明文可能产生不同的密文。同时在加密过程中，生成的密文长度是明文的两倍，这也是 ElGamal 算法的一个不足之处，即它的密文成倍扩张。

本章介绍 ElGamal 公钥体制。ElGamal 公钥体制的安全性依赖于计算离散对数的困难性。下面介绍 ElGamal 公钥加密方案，步骤如下：

（1）Bob 向 Alice 发送信息 m，Alice 选择一个大素数 p 和本原根 α，同时选择一个秘密的整数 x 并且计算 $\beta \equiv \alpha^x \pmod p$。Alice 公布其公钥 (p, α, β)，保留私钥 x。

（2）Bob 选择随机数 k 并计算 $r \equiv \alpha^k \pmod p$ 和 $t \equiv \beta^k m \pmod p$，向 Alice 发送密文 (r, t)。

（3）Alice 解密：$m \equiv tr^{-x} \pmod p$，因为 $tr^{-x} \equiv \beta^k m \ (\alpha^k)^{-x} \equiv (\alpha^x)^k m \alpha^{-xk} \equiv m \pmod p$。

上述加密方案总结如表 6-1 所示。

表 6-1　ElGamal 加密方案

公钥	p：大素数； α：p 的本原根； $\beta \equiv \alpha^x \pmod p$
私钥	x：$x < p$
加密	k：随机选择，与 $p-1$ 互素； 密文 (r, t)：$r \equiv \alpha^k \pmod p$，$t \equiv \beta^k m \pmod p$
解密	明文：$m \equiv tr^{-x} \pmod p$

ElGamal 密码体制的工作方式可以非正式地描述为：明文 m 通过乘以 β^k"伪装"起来，产生 t。值 α^k 也作为密文的一部分传送。Alice 知道密钥 x，可以从 α^k 计算出 β^k。最后用 t 除以 β^k 除去伪装得到 m。

下面的这个简单例子能够说明在 ElGamal 密码体制中所进行的计算。

例 6.1 设 $p=2579$，$\alpha=2$。α 是模 p 的本原根。令私钥 $x=765$，所以

$$\beta \equiv 2^{765} \equiv 949 (\bmod\ 2579)$$

假设 Bob 现在想要传送消息 $m=1299$ 给 Alice。比如 $k=853$ 是他选择的随机数，那么他计算密文：

$$r \equiv 435 \equiv 2^{853} (\bmod\ 2579), t \equiv 2396 \equiv 949^{853} \times 1299 (\bmod\ 2579)$$

当 Alice 收到密文 $(r,t)=(435,2396)$ 后，计算：

$$m \equiv 1299 \equiv 2396 \times 435^{-765} (\bmod\ 2579)$$

这正是 Bob 加密过的明文。

接下来分析该加密方案的安全性。既然 k 是一个随机的整数，β^k 就是一个随机的模 p 非零整数。因此 $t \equiv \beta^k m (\bmod\ p)$ 等于 m 乘以一个随机的非零整数，且 t 是一个模 p 随机数（除非 $m=0$，当然这种情况应该避免）。所以 t 并没有给 Eve 任何关于 m 的信息。即使知道了 r，也不能给 Eve 足够的辅助信息。由于这也是一个关于离散对数的问题，所以很难从 r 求得 k。

如果 Eve 知道了 k，那么她就可以通过计算 $t\beta^{-k}$ 得到 m，所以每一个传送的信息都使用一个不同的随机数 k，这非常重要。假设 Bob 加密信息 m_1 和 m_2 给 Alice，Bob 使用相同的 k。那么对于这两个信息而言，r 是相同的，因此密文是 (r,t_1) 和 (r,t_2)，如果 Eve 知道了 m_1，那么她能够根据 $m_2 \equiv t_2 m_1/t_1 (\bmod\ p)$ 很快地计算出 m_2。

如果 Eve 可以计算 $x=L_\alpha(\beta)$，那么她可以使用和 Alice 相同的过程来解密，因此 ElGamal 公钥密码体制安全的一个必要条件就是离散对数问题很难处理。这里大素数 p 的选取是关键，为了防止已知攻击，p 应该至少有 300 个十进制数位，$p-1$ 应该具有至少一个较"大"的素数因子。

虽然目前离散对数问题不存在已知的多项式时间算法，但是当大素数 p 选取不当时，有没有算法能够破解上述 ElGamal 加密体制呢？我们将在 6.5 节中进行讨论。

📖 **椭圆曲线公钥密码（ECC）**

1985 年，Neil Koblitz 和 Victor Miller 分别独立提出了椭圆曲线密码系统，其安全性依赖于将离散对数问题应用于有限域上椭圆曲线的点。与相同安全强度的 RSA 相比，ECC 所需要的密钥长度要短得多。

6.4 比特承诺

Alice 声称她有方法预测乒乓球比赛的结果，她希望将方法卖给 Bob。Bob 不相信 Alice 的能力，让她预测今晚的比赛结果来证明自己。Alice 不同意，因为 Bob 可以利用

她的预测赌钱,并且不付钱给她。Alice 向 Bob 提议,不如让她预测上周的比赛结果。而这显然是不科学的。

作为解决办法,二人可以建立一个公信处,Alice 在比赛开始前将结果放在公信处,并且一旦确定,此结果就无法更改,而且 Bob 无权在比赛结束前知晓放置在公信处的结果。同时 Bob 如若没有 Alice 的帮助,自己是无法判断比赛结果的。

根据以上的事例,我们可以建立起一个密码学模型:

(1) Alice 和 Bob 就一个大素数 $p \equiv 3 \pmod 4$ 和它的一个本原根 α 达成一致。

(2) Alice 选择一个随机数 $x < p-1$(x 形如 $x_0 x_1 x_2 \cdots$),x_1 是 b。

(3) Alice 发送 $y \equiv \alpha^x \pmod p$ 给 Bob。

假设 Bob 不能计算 p 的离散对数,即不能计算模 4 离散对数,也就是不能确定 $b = x_1$ 的值。

当 Bob 想知道 b 时,Alice 发送给他 x,通过计算 $x \bmod 4$,Bob 求得 b。

因为只有一个 $x < p-1$ 使 $y \equiv \alpha^x \pmod p$ 成立,所以 Alice 不可能临时更改 x 的值。

返回到乒乓球比赛。对于结果,若 Alice 预测这个人将取得胜利,就发送 $b = 1$,反之,发送 $b = 0$。比赛结束后,Bob 查看预测。用这种方法,Bob 无法提前利用预测购买彩票,同时,Alice 也不能根据比赛情况随机变更自己的预测。[11]

6.5　离散对数计算

离散对数问题可以表达成下面的形式:给定一个素数 p,α 是模 p 的一个本原根,β 是模 p 的非零整数,找出唯一元素 $x \in [0, p-1)$ 使得 $\beta \equiv \alpha^x \pmod p$。本节给出一些计算离散对数的方法。另外 6.6 节将单独给出另一个比较有趣的求解方法——生日攻击。

6.5.1　离散对数奇偶性判定

很容易判定离散对数 x 的奇偶性。由 $\alpha^{p-1} \equiv \alpha^{((p-1)/2) \cdot 2} \equiv 1 \pmod p$ 可得到 $\alpha^{(p-1)/2} \equiv \pm 1 \pmod p$。根据 6.1 节的介绍可知,$p-1$ 是使 $\alpha^n \equiv 1 \pmod p$ 成立的最小正指数 n,所以 $\alpha^{(p-1)/2} \equiv -1 \pmod p$。$\beta \equiv \alpha^x \pmod p$ 两边的幂指数同乘以 $(p-1)/2$,得到

$$\beta^{(p-1)/2} \equiv \alpha^{x(p-1)/2} \equiv (-1)^x \pmod p$$

如果 $\beta^{(p-1)/2} \equiv +1$,那么 x 是偶数;否则 x 是奇数。

例 6.2　假设要求解 $2^x \equiv 9 \pmod{11}$。由于

$$\beta^{(p-1)/2} \equiv 9^5 \equiv 1 \pmod{11}$$

x 一定是偶数,实际上 $x = 6$。

6.5.2　Pohlig-Hellman 算法

前一节的思想被 Pohlig 和 Hellman 推广到当只有小素数因子时给出一个计算离散对数的算法[4]。假定

$$p - 1 = \prod_{i=1}^{k} q_i^{r_i}$$

是 $p-1$ 的因数分解，q_i 是不同的素数因子。值 $a=L_\alpha(\beta)$ 是模 $p-1$ 唯一确定的($0 \leqslant a <$ $p-1$)，如果能够对每个 $i(1 \leqslant i \leqslant k)$ 计算出 $a \bmod q_i^{r_i}$，就可以利用中国剩余定理计算出 a 了。

对于 q_i，有 $p-1 \equiv 0 (\bmod\ q_i^{r_i})$，$p-1 \not\equiv 0 (\bmod\ q_i^{r_i+1})$。如何计算 $x=a \bmod q_i^{r_i}$，$0 \leqslant x \leqslant q_i^{r_i}-1$？把 x 以 q_i 的幂表示为

$$x = \sum_{j=0}^{r_i-1} a_j q_i^j, 0 \leqslant a_j \leqslant q_i-1$$

于是，可以把 a 表示为

$$a = x + a_{r_i} q_i^{r_i} = \sum_{j=0}^{r_i} a_j q_i^j$$

(1) 计算 a_0。$\beta^{(p-1)/q_i} = (\alpha^a)^{(p-1)/q_i} = (\alpha^{a_0+q_i K})^{(p-1)/q_i} = \alpha^{a_0(p-1)/q_i} \alpha^{K(p-1)} = \alpha^{a_0(p-1)/q_i}$。下面确定 a_0 就很简单了，可以计算 $\gamma = \alpha^{(p-1)/q_i}, \gamma^2, \cdots$，直到对某个 $j \leqslant \gamma_i-1$，有 $\gamma^i = \beta^{(p-1)/q_i}$，这时 $a_0=i$。

(2) 如果 $r_i=1$，事情已解决。否则 $r_i > 1$，继续确定 $a_1, \cdots, a_{r_i-1}$，计算过程类似于计算 a_0。记 $\beta_0=\beta$，定义 $\beta_j = \beta \alpha^{-(a_0+a_1 q_i+\cdots+a_{j-1} q_i^{j-1})} = \alpha^{a-(a_0+a_1 q_i+\cdots+a_{j-1} q_i^{j-1})}$，$1 \leqslant j \leqslant r_i-1$。于是有

$$\beta_j = \beta_{j-1} \alpha^{-a_{j-1} q_i^{j-1}}$$

$$\beta_j^{(p-1)/q_i^{j+1}} = (\alpha^{a-(a_0+a_1 q+\cdots+a_{j-1} q^{j-1})})^{(p-1)/q_i^{j+1}} = (\alpha^{(a_j q_i^j+\cdots+a_{r_i} q_i^{r_i})})^{(p-1)/q_i^{j+1}} = (\alpha^{(a_j q_i^j+K q_i^{j+1})})^{(p-1)/q_i^{j+1}}$$

$$= \alpha^{a_j(p-1)/q_i} \alpha^{K_j(p-1)} = \alpha^{a_j(p-1)/q_i}$$

交替使用上述两式，可以计算出 $a_0, \beta_1, a_1, \beta_2, \cdots, \beta_{r_i-1}, a_{r_i-1}$。所以能够得到 $x=a \bmod q_i^{r_i}$。

(3) 对所有 $p-1$ 的素数因子，重复上述过程，可得到对所有 i，$a \bmod q_i^{r_i}$ 的值。根据中国剩余定理将这些组合成 $a (\bmod\ p-1)$ 的同余式。因为 $0 \leqslant a < p-1$，就可以确定 a 的值了。

例 6.3 令 $p=41$，$\alpha=7$，$\beta=12$，求解：$7^a \equiv 12 (\bmod\ 41)$。

解：$p-1=2^3 \times 5$，$q_1=2$，$r_1=3$，$q_2=5$，$r_2=1$。

$$q_1 = 2: x = \sum_{j=0}^{r_1-1} a_j q_1^j = 2^0 a_0 + 2^1 a_1 + 2^2 a_2 (0 \leqslant a_j \leqslant q_i-1)$$

(1) 计算 a_0。$\beta^{(p-1)/q_1} \equiv -1 (\bmod\ 41)$，$\alpha^{a_0(p-1)/q_1} \equiv -1 (\bmod\ 41) \Rightarrow a_0=1$。

(2) 计算 a_1。$\beta_1 = \beta_0 \alpha^{-a_0} \equiv 31 (\bmod\ 41) \Rightarrow \beta_1^{(p-1)/q_1^2} \equiv 1 (\bmod\ 41) \equiv \alpha^{a_1(p-1)/q_1} \Rightarrow a_1=0$

计算 a_2。$\beta_2 = \beta_1 \alpha^{-a_1 q_1} \equiv 31 (\bmod\ 41) \Rightarrow \beta_2^{(p-1)/q_1^3} \equiv -1 (\bmod\ 41) \equiv \alpha^{a_2(p-1)/q_1} \Rightarrow a_2=1$

能够得到 $x \equiv 2^0 a_0 + 2^1 a_1 + 2^2 a_2 \equiv 5 \bmod q_1^{r_1}$，即 $a \equiv 5 \bmod 8$。

同理对于 $q_2 = 5: x = \sum_{j=0}^{r_2-1} b_j q_2^j = b_0 (0 \leqslant b_j \leqslant q_i-1)$。

计算 b_0。$\beta^{(p-1)/q_2} \equiv 18 \pmod{41}$，$\alpha^{b_0(p-1)/q_2} \equiv 37^{b_0} \equiv 18 \pmod{41} \Rightarrow b_0 = 3$。能够得到 $x \equiv 3 \bmod q_2$，即 $a \equiv 3 \bmod 5$

最后，根据中国剩余定理可得 $\left.\begin{array}{l} a \equiv 5 \bmod 8 \\ a \equiv 3 \bmod 5 \end{array}\right\} \Rightarrow a = 173 + 40k = 13$，通过快速计算可以验证 $7^{13} \equiv 12 \pmod{41}$ 正是所要的结果。

只要前面算法中的素数 q_i 是合理地小的，那么计算就可以很快完成；当 q_i 很大时对 $k = 0, 1, 2, \cdots, q_i\text{-}1$ 计算 $\alpha^{k(p-1)/q_i}$ 就变得不可行了，因此这个算法也不再实际了。这意味着为了使得离散对数难以计算，就要保证 $p-1$ 至少有一个很大的素数因子。

6.5.3　指数微积分

当 p 的大小适当时，指数微积分方法求解离散对数问题比较有效[5]。首先看一个定义。

定义 6.2 （分解基）分解基是由一些小素数组成的集合。设 B 是上限值，$q_1, q_2, \cdots, q_m$ 是小于 B 的素数，这个素数的集合成为分解基。

利用指数微积分方法求解离散对数问题主要分为以下两步：

（1）（预处理步）计算分解基中 m 个素数的离散对数。

对不同的 k 值，计算 $\alpha^k \pmod{p}$，对每一个数字试着表示为小于 B 的素数乘积，如果无法表示就将 α^k 舍弃。如果 $\alpha^k = \prod q_i^{a_i} \pmod{p}$，那么 $k = \sum a_i L_\alpha(q_i) \pmod{p-1}$。当我们得到足够多的关系式后，就能对每个 i 求出 $L_\alpha(q_i)$。

（2）利用这些离散对数，计算所要求的离散对数。

对任意的整数 r，计算 $\beta \alpha^r \pmod{p}$。对每一个这样的数，试着将其写成小于 B 的素数的乘积的形式。如果能够写成这种形式，就有 $\beta \alpha^r \equiv \prod q_i^{b_i} \pmod{p}$，即

$$L_\alpha(\beta) = -r + \sum b_i L_\alpha(q_i) \pmod{p-1}$$

例 6.4 设 $p = 131$，$\alpha = 2$，$B = 10$，分解基为 $\{2, 3, 5, 7\}$，对于不同的 k 值计算 $\alpha^k \pmod{p}$，并试着表示为分解基中元素的乘积，可得：

$$
\left.\begin{array}{l}
2^1 \equiv 2 \pmod{131} \\
2^8 \equiv 5^3 \pmod{131} \\
2^{12} \equiv 5 \times 7 \pmod{131} \\
2^{34} \equiv 3 \times 5^2 \pmod{131}
\end{array}\right\} \Rightarrow
\left\{\begin{array}{l}
1 \equiv L_2(2) \pmod{130} \\
8 \equiv 3L_2(5) \pmod{130} \\
12 \equiv L_2(5) + L_2(7) \pmod{130} \\
34 \equiv L_2(3) + 2L_2(5) \pmod{130}
\end{array}\right. \Rightarrow
\left[\begin{array}{l}
1 \equiv L_2(2) \pmod{130} \\
46 \equiv L_2(5) \pmod{130} \\
96 \equiv L_2(7) \pmod{130} \\
72 \equiv L_2(3) \pmod{130}
\end{array}\right.
$$

假设 $\beta = 37$，$\beta \alpha^{43} \equiv 3 \times 5 \times 7 \pmod{131}$，所以 $L_\alpha(\beta) = -43 + L_2(3) + L_2(5) + L_2(7) = 41 \pmod{130}$。

6.5.4　小步大步算法

小步大步算法（Baby-Step Giant-Step Algorithm） 由 Shank 提出[8]，故也称为 Shank 算法。

设 p 是素数，α 是 p 的一个本原根。对于给定的 y，求 x 的值，使得 $y \equiv \alpha^x (\bmod\ p)$，其中 $1 < x < p-1$。

假设 $p=41$，$\alpha=6$，取 $y=26$，求等式 $6^x \equiv 26 (\bmod\ 41)$。

(1) 令 $s = \lfloor \sqrt{p} \rfloor$，则

$$s = \lfloor \sqrt{41} \rfloor = 6$$

(2) 计算序列 $(y\alpha^r, r)$，$r=0,1,\cdots,s-1$。

$$(26,0),(33,1),(34,2),(40,3),\cdots$$

(3) 计算序列 (α^{ts}, t)，$t=1,2,\cdots,s$。

$$(39,1),(4,2),(33,3),(15,4),\cdots$$

(4) 在两个序列中找到第一个坐标相同的序列。

$$(33,1) \text{ 和 } (33,3)$$

(5) 由 $y\alpha^r = \alpha^{ts}$，计算得到 $x=ts-r$。

$$x = 6 \times 3 - 1 = 17$$

验证：$6^{17} \equiv 26 (\bmod\ 41)$。

序列"$(y\alpha^r, r)$，$r=0,1,\cdots,s-1$"走的是小步，从 y 开始走，相邻两步的比值是 α，总共走了 α^s 长度。而序列"(α^{ts}, t)，$t=1,2,\cdots,s$"走的是大步，从 0 开始走，相邻两步比值是 α^s。在经过适当的步数后两个序列会踏上同一个脚印，由此解出 x 的值。

6.6 生日攻击

用来求解离散对数问题还有一个很有用的方法是生日攻击。在具体讨论生日攻击如何求解离散对数问题之前先看一下什么是生日悖论。

1. 生日悖论

考虑这个问题：你准备办一场聚会，那么要随机叫上多少人才能保证屋子里至少有两人的生日是相同一天？实际上，当屋子里有 23 个人时，其中两人生日相同的概率略大于 50%。如果是 30 人，概率大约是 70%。这个看起来有些让人吃惊的结论，称为生日悖论(birthday paradox)[6]。现在看看这个结论为什么是正确的。假设生日的可能性有 365 个，都是等概率的。

考虑 23 个人的情况，计算他们生日互不相同的概率。将他们列成一行。第一个人的生日用了一天，第二个人生日是另一天的概率是 $(1-1/365)$。对第三人来说，已有两天用过了，其生日与前两个不同的概率是 $(1-2/365)$。因此三人生日互不相同的概率是 $(1-1/365)(1-2/365)$。于是可推出 23 个人生日互不相同的概率是

$$\left(1-\frac{1}{365}\right)\left(1-\frac{2}{365}\right)\cdots\left(1-\frac{22}{365}\right) = 0.493$$

因此,至少有两个人有相同生日的概率是

$$1-0.493=0.507$$

推广到一般情况,假设有 N 个对象,其中 N 是一个大数。有 r 个人,每个人选择一个对象(可以重复选择)。那么

$$\text{Prob}(重复出现)\approx 1-e^{-r^2/2N}$$

这个近似值只对大的 N 成立;对小的 N 最好用上面的乘积得到精确的答案。当 $r^2/2N=\ln 2$ 时,即 $r\approx 1.177\sqrt{N}$ 时,那么至少有两个人选择同一对象的概率是 50%。于是可得出这样一个结论:如果每一项有 N 种可能性,我们列一个长为 $\sqrt{N}$ 的表,那么很有可能出现重复的元素。如果想增加重复的概率,可以列一个长为 $2\sqrt{N}$ 或者 $5\sqrt{N}$ 的表。建议是长度为 $\sqrt{N}$ 的常数倍(而不是 N 之类的)就足够了。

再考虑一个场景。假设有两个屋子,每个屋子 30 人。那么第一个屋子中的人的生日和第二个屋子中的人的生日重复的概率多少?一般地,假设有 N 个对象,两组人每组 r 人。每组中的每一个人选择一个对象(可重复)。那么第一组选择的对象和第二组重复的概率是多少?如果 $\lambda=r^2/N$,那么概率是 $1-e^{-\lambda}$。出现 i 对重复的概率是 $\lambda^i e^{-\lambda}/i!$。这个问题的分析和推广,请参阅文献[7]。

同样,如果每一项有 N 种可能性,我们有两个长为 $\sqrt{N}$ 的表,那么很有可能出现重复的元素。如果想增加重复的概率,可以列一个长为 $2\sqrt{N}$ 或者 $5\sqrt{N}$ 的表。建议是长度为 $\sqrt{N}$ 的常数倍(而不是 N 之类的)就足够了。

例 6.5 如果 $N=365,r=30$,那么

$$\lambda=r^2/N=2.466$$

因为 $1-e^{-\lambda}=0.915$,所以大约有 91.5% 的概率第一组中某个人的生日和第二组中某个人的生日是相同的。

2. 对离散对数的生日攻击

假设有一个大素数 p,要计算 $L_\alpha(\beta)$。换句话说,我们要解 $\beta\equiv\alpha^x\pmod{p}$。下面用生日攻击法以高概率解决这个问题。

列两个表,长度都是 $\sqrt{p}$:

(1) 第一个列表包含 $\alpha^k\pmod{p}$,通过随机选取大概 $\sqrt{p}$ 个 k 得到;

(2) 第一个列表包含 $\beta\alpha^{-l}\pmod{p}$,通过随机选取大概 $\sqrt{p}$ 个 l 得到。

第一个列表中的数和第二个列表中的数很有可能重复出现。如果是这样的,则有 $\alpha^k\equiv\beta\alpha^{-l}$,因此 $\alpha^{k+l}\equiv\beta\pmod{p}$,那么 $x\equiv k+l\pmod{p-1}$ 就是要找的离散对数。

生日攻击是一个概率算法,无法保证一定能输出结果。

6.7 散列函数

在前面讨论的 ElGamal 加密方案中，可以看到，加密后的密文成倍扩张，这就拖延了传递速度。为了解决这个问题，可以使用散列函数，有效压缩密文的长度。

散列函数(hash function)也称为哈希函数、杂凑函数，是一个将任意长度的输入变换为固定长度的输出的单向函数。其计算过程可表示为：

$$h = H(x)$$

其中映射值 $H(x)$ 称作**消息摘要**(message digest)或者数字指纹、杂凑值、散列值。

对散列函数的要求[10]：

(1) 能够接受任意长度的消息作为输入。

(2) 能够生成较短的固定长度的输出。

(3) 对于任何消息的输入都能够容易和快速地计算出消息摘要。

(4) 是一个单向函数，又称为抗原像性，只能加密，不能或者很难解密。

(5) 能够**抵抗弱冲突**(collision free)，又称为抗第二原像性，即如果有 $m_1 \neq m_2$，那么不应该有 $H(m_1) = H(m_2)$。

(6) 能够抵抗强冲突，即不应该存在两个有意义的消息 m_1、m_2，使得 $H(m_1) = H(m_2)$。

上述后三条就是散列函数的安全性所在，即单向性、抗弱冲突性、抗强冲突性。并且，如果函数满足抗强冲突性，那么它一定也满足抗弱冲突性。

散列函数主要有消息摘要(MD)系列、安全散列算法(Security Hash Algorithm，SHA)系列，等等。

散列函数的应用：首先是保证数据完整性；其次散列函数和对称加密体制相结合，可以提供消息鉴别码，用于鉴别消息的来源；最重要的是散列函数可以应用于数字签名，先将消息散列后再签名，有效提高签名的速度。

散列函数的应用在日常生活中是比较常见的，例如为下载的软件提供完整性校验(软件的发布者提供一个包含十六进制字符串的文件以供下载者校验)，图 6-1 为使用 MD5

图 6-1　生成散列值并校验

算法生成 128 比特散列值并成功校验文件的完整性。另外,版本控制工具(例如 git、Mercurial 等)把用户改动记录的散列值作为其索引的标识。

> 📖　**MD5、SHA-1 的破译——密码学界的一次"地震"。**
>
> 　　MD5、SHA-1 是国际上广泛应用的两大密码算法。2004 年 8 月,在美国加州圣芭芭拉召开的国际密码年会 Crypto 上,王小云(见右图)破译了 MD5、HAVAL-128、MD4 和 RIPEMD 共 4 个著名密码算法。会议结果公布之后,NIST 即宣布他们将逐渐减少使用 SHA-1,改以 SHA-2 取而代之。2005 年,王小云提出针对 SHA-1 的碰撞攻击,攻击复杂度为 2^{63}。从 2010 年开始,很多公司、组织开始建议使用 SHA-2、SHA-3 算法。微软、谷歌、Mozilla 宣布将在 2017 年停止接受 SHA-1 SSL 证书。

下面让我们来一起了解数字签名的工作过程。

6.8　数字签名

首先提出一个场景:Alice 用其私钥加密消息,并把加密后的消息发送给 Bob[9]。

这个场景有什么用处呢? 由于 Alice 的公钥是公开的,任何人都可以解密,消息处于不安全的状态。但是用 Alice 的私钥加密并不是要保密,而是另有用途。

当 Bob 收到消息,假如可以用 Alice 的公钥加密,那么他就可以肯定这则消息是 Alice 发送过来的,并且 Alice 无法否认这个消息是她发送的。假如有窥探者 Eve 中途拦截了消息,她可以用公钥解密后更改消息的内容,不过那也毫无意义,因为 Eve 无法再将消息加密。即使发送给 Bob,Bob 也不会误以为消息是 Alice 发送过来的。

因为我们默认 Alice 的私钥是保密的,除了 Alice 再无人知晓。并且公钥和私钥一一对应,用一个私钥加密的消息只能用对应的公钥解密,反之亦然。

现在我们知道,这个场景是用来进行消息认证的,而 Alice 用私钥加密消息就是得到了数字签名。

数字签名(Digital Signature,又称**公钥数字签名、电子签章**)是一种类似写在纸上的普通的物理签名,但是使用了公钥加密领域的技术实现,用于鉴别数字信息的方法。一套数字签名通常定义两种互补的运算,一个用于签名(加密),另一个用于验证(解密)。手机、计算机上安装的文件一般都带有数字签名,用于验证文件的真实性和完整性,如图 6-2 所示。

图 6-2　QQ 安装包的数字签名

📖　**签名的注意事项**

　　纸质签名和数字签名在中国都是有法律效力的,数字签名比纸质签名更容易验证文件的完整性。在生活中,签名需要注意以下几个问题。

　　(1) 在签名笔画中要设置一些只有自己才能分辨出的痕迹。

　　(2) 不要轻易在空白纸上签名,如确有需要签名,务必在签名旁边注明用途。

　　(3) 借条内容由借款人自行书写。借条出具后由借款人保留一份复印件,并要求出借人在复印件上签字。交易记录有迹可循。

　　(4) 多页文件最好在每一页上签名,并在署名处注明,曾在所有页上都签了名。

---

1. RSA 数字签名[8]

准备过程:

　　(1) 选择两个大素数 p、q,计算 $n=p \times q$,$\phi(n)=(p-1) \times (q-1)$,其中 $\phi(n)$ 是欧拉函数。

　　(2) 选择一个整数 $e(1<e<\phi(n))$ 且 $\gcd(\phi(n), e)=1$,通过 $d \times e \equiv 1(\bmod \phi(n))$,计算出 d。

　　(3) 以二元组 (e, n) 为公钥,(d, n) 为私钥。

签名过程:

　　签名者为 Alice,则只有 Alice 知道密钥。假设需要签名的消息为 m,则 Alice 通过 $s \equiv m^d(\bmod n)$ 对 m 签名,那么 (m, s) 就是签名。

验证过程:

　　Bob 利用公钥 (e, n) 验证计算 $m \equiv s^e(\bmod n)$ 是否成立。若成立,则签名有效,且内容没有被篡改。

2. 数字签名算法(DSA)

准备过程:

　　素数 p 长度为 l 比特,$512<l<1024$,且 l 是 64 的倍数。q 长度是 160 比特,且是 $p-1$

的素因子。整数 g、h，$1 < h < p-1$，$g > 1$，且 $g \equiv h^{(p-1)/q} (\bmod\ p)$。

x 是私钥，是小于 q 的正整随机数。y 是公钥，满足：$y \equiv g^x (\bmod\ p)$。安全散列算法 H。

签名者 Alice 公开 (p, q, g, y) 以及 H，保密 x。

签名过程：

Alice 选取随机正整数 k，$k < q$，计算：

$$r \equiv (g^k (\bmod\ p)) (\bmod\ q)$$
$$s \equiv (k^{-1}(H(m) + xr)) (\bmod\ q)$$

(r, s) 就是对消息 m 的签名。

验证过程：

Bob 收到消息 m 和签名 (r, s) 后，计算：

$$w \equiv s^{-1} (\bmod\ q)$$
$$u_1 \equiv H(m)w (\bmod\ q)$$
$$u_2 \equiv rw (\bmod\ q)$$
$$v \equiv (g^{u_1} y^{u_2} (\bmod\ p)) (\bmod\ q)$$

如果 $v = r$，则签名有效。

从上面的过程可以看出，DSA 算法是 ElGamal 算法的变形，所以对 ElGamal 算法的攻击也可以实施到 DSA 算法上。但就目前的攻击来看，DSA 算法还是安全的。

3. 对签名方案中的生日攻击[8]

(1) Alice 事先准备两份不同的消息：一份对 Bob 有利，一份却会使 Bob 破产。

(2) Alice 分别对这两份文件做一些改变，如增减空格等。假设 Alice 在对 Bob 有利的文件中能够改动 k 个位置，每个位置改或不改都有两种选择，因此她能得到 2^k 个本质上与原始文档相同的文档，同时可以得到 2^k 个使 Bob 破产的文档，然后分别计算散列值。

(3) Alice 比较这两份文件的散列值集合，找出相同的一组，即 $m_1 \neq m_2$，但 $H(m_1) = H(m_2)$。

(4) Alice 将第一份文件发送给 Bob，并让他签字。再将文件返回给 Alice。

(5) Alice 同时使公证人员相信 Bob 签字的那份文件是使 Bob 破产的文件，因为他们的散列值相同。

设单向散列函数 $y = H(x)$，x, y 均是有限长度，且 $|x| \geqslant 2|y|$。记 $|x| = n$，$|y| = m$。那么散列函数有 2^m 个可能的输出。如果 H 的 k 个随机输入中至少有两个产生相同输出的概率大于 50%，那么 $k \approx 2^{m/2}$。也就是说，当改动位置大于 $m/2$ 处时，就有可能实现生日攻击。

如果散列值的长度是 64 比特，则 Alice 攻击成功所需的时间复杂度是 $O(2^{32})$，太不安全。所以大多数单向散列函数产生 128 比特的输出。

思　考　题

1. 什么是离散对数？

2. 为什么要求 ElGamal 中的随机数是一次性的？

3. 设 $p=5,m=8$,构造一个 ElGamal 密码,并用它对 m 加密。

4. 为什么数字签名能够保证数据的真实性?

5. 说明 DSA 签名方案与 ElGamal 体制有何不同。

6. 什么是散列函数? 散列函数与一般的压缩函数有什么不同?

7. 密码学要求散列函数有哪些安全性?

8. 说明 RSA 数字签名和 RSA 公钥加密有什么不同。

9. 在数字签名中建立信任的重要内容是什么?

参 考 文 献

[1] ElGamal T. A public key cryptosystem and a signature scheme based on discrete logarithms. In Advances in Cryptology. 1985：Springer.

[2] Diffie W, M E Hellman. New directions in cryptography. Information Theory, IEEE Transactions on, 1976. 22(6)：p. 644-654.

[3] Desmedt Y. Man-in-the-middle attack, in Encyclopedia of Cryptography and Security. 2011, Springer. p. 759-759.

[4] Pohlig S C, M E Hellman. An improved algorithm for computing logarithms over and its cryptographic significance (corresp.). Information Theory, IEEE Transactions on, 1978. 24(1)：p. 106-110.

[5] Buchmann J, D Weber. Discrete logarithms：Recent progress. 2000：Springer.

[6] Flajolet P, D Gardy, L Thimonier. Birthday paradox, coupon collectors, caching algorithms and self-organizing search. Discrete Applied Mathematics, 1992. 39(3)：p. 207-229.

[7] Girault M, R Cohen, M Campana. A generalized birthday attack. in Advances in Cryptology—EUROCRYPT'88. 1988：Springer.

[8] 张仕斌,万武南,张金全,等. 应用密码学[M]. 西安：西安电子科技大学出版社,2009.

[9] Atul Kahate. 密码学与网络安全(第 2 版)[M]. 北京：清华大学出版社,2009.

[10] 张焕国,王张宜. 密码学引论(第 2 版)[M]. 武汉：武汉大学出版社,2009.

[11] Wade Trappe, Lawrence C. Washington. 密码学概论[M]. 北京：人民邮电出版社,2004.

第7章　密钥管理技术

7.1　概述

"密钥"的概念引自生活中用于开锁的"钥匙",拿到了开锁的"钥匙"就可以打开加密"锁"。第1章中已经学习了现代密码学的基本原理,知道了现代密码体制要求加密和解密算法是可以公开评估的,因此整个密码系统的安全性由密钥的安全性来决定,而非对密码算法的保密或是对加密设备等的保护。密钥一旦丢失,加密信息就有可能被窃取,这才是威胁密码安全的根本。

现代密码学除了密码编码学和密码分析学外,又加入了新的分支——密钥密码学,它是以现代密码学的核心内容密钥及密钥管理作为研究对象的学科。密钥设计的一系列规程中包括密钥的产生、分配、存储、使用、备份/恢复、更新、撤销和销毁等环节。

密钥管理是指在授权各方之间实现密钥关系的建立和维护的一整套技术和程序,它作为提供数据机密性、数据完整性、数据源认证、实体认证和不可抵赖性等安全密码技术的基础,在保密系统中起着至关重要的作用。此外,密钥管理不仅基于技术性因素,还需要有科学的管理技术,与管理人员的素质因素也有很大的关系。整体密码系统的安全性是由系统最薄弱的环节决定的,因此,除了应提高密钥管理的技术水平外,还应积极提升密钥管理人员的教育、培训。

但是,一个优秀的密钥管理系统更应做到尽量不依赖于人的因素,而应进一步提高密钥管理的自动化水平,从而提高系统的安全程度。因此,密钥管理系统应能满足:密钥难以被非法窃取,在一定条件下窃取了密钥也不能形成危害,以及密钥的分配和更换过程在用户看来是透明的,用户本身不一定要掌握密钥。

随着密码系统中的用户数量逐渐增多,对于密钥数量和用户数量巨大的密钥系统,单层的密钥系统已经很难管理,其安全性也受到了质疑,因此如图7-1所示的层次式密钥管理结构就进入了人们的视野。这种层次化的密钥结构与整个系统的密钥控制关系相对应,按照密钥的作用和类型以及它们之间的相互控制关系,可以将它们划分为多级密钥系统。计算机网络系统和数据库系统的密钥设计大都采用多层密钥体制的形式。

其中,密钥结构中最上层的密钥,我们称之为主密钥(Master Key),它是对密钥加密密钥(Key Encrypting Key)进行加密的密钥。它是整个密钥管理系统中最核心、最重要的部分,通常主密钥都受到了严格的保护。而密钥加密密钥位于中间层,用来对下层传送的会话密钥或文件加密密钥进行加密,也可以被称为二级密钥。在通信网络中,一般在每

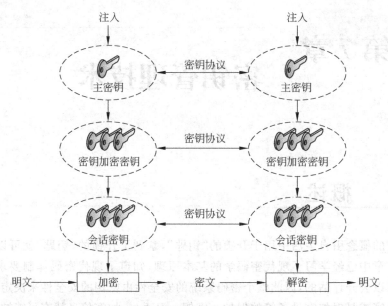

图 7-1　密钥管理的层次结构

个节点都会分配一个这类密钥,同时各节点的密钥加密密钥应互不相同。节点间的密钥协商的过程是通过密钥加密密钥来完成的。

位于密钥系统最下层的就是会话密钥(Session Key),也称为数据加密密钥,是在一次通信或数据交换中,用户之间所使用的密钥,可由通信用户之间协商得到。会话密钥的生命周期一般较短,仅在需要进行会话数据加密时产生,使用完毕即被清除(或由用户双方预先约定清除)。此外,还有一种密钥被称为基本密钥(Base Key),又称为初始密钥或用户密钥,可在较长时间内与会话密钥相结合对消息进行加密。它一般由用户选定或由系统分配给用户,在某种程度上还起到了标识用户的作用。

层次化的密钥结构实现了用密钥来保护密钥,使得大量的数据可以被少量动态产生的会话密钥进行保护,而会话密钥又可以由更少量的、相对不变的密钥加密密钥来保护。最后,位于结构最上层的主密钥又对密钥加密密钥进行保护,这样可使除主密钥以明文形式存储在有严密物理保护的主机密码器件中之外,其他的密钥则以加密后的密文形式存储,这样密钥的安全性就得到了改善。

拥有了层次式结构的密钥系统,就使原本静态的系统变成了动态的系统。对于一个静态的密钥管理系统,若一份保密的信息被破解了,则使用该密钥系统的所有信息均可能被泄露;但是,对于动态系统来说,由于系统内的密钥处于不断变化之中,敌人能获取的密钥信息有限,在底层密钥受到攻击之后,高层密钥仍可以有效地保护底层密钥的更换。这样的动态特性最大限度地削弱了底层密钥被攻破后的影响,使得敌人无法轻易击溃整个密钥系统。而且,主密钥多被严密的物理方法保护着,所以整体的密钥系统安全性得到了大幅提升。

由此可知,对密钥实行分层管理是十分必要的,分层管理采用了密码算法,上一级对下一级进行保护,底层密钥的泄露不会危及上层密钥的安全,当某个密钥泄露时,最大限度地减少损失。

在层次化的密钥架构中,除了主密钥需要人工注入以外,其他各层的密钥均可设计为由密钥管理系统按照某种协议进行自动分配、更换、销毁等,实现了密钥管理的自动化。这既大大提高了工作效率,也提高了数据的安全性。此外,最核心的信息主密钥仅被少数的安全管理人员知晓,减少了核心密钥的扩散面,更有助于提高密钥的安全性。

7.2 密钥生成

密钥的大小与产生机制直接影响密码系统的安全性,因此如何产生好的密钥对于密码体制是很重要的问题。要设计出好的密钥,应当注意保持密钥良好的随机性和密码特性,同时避免弱密钥的出现。

例如,对于数据加密标准 DES 来说,有 56 比特密钥,若任何 56 比特的数据随机用作密钥,则共有 2^{56} 种可能的密钥。但在具体实现时,一般仅允许使用 ASCII 码的密钥,并强制每一字节的最高位为零。这样,在某些实现中可能仅是将大写字母转化为小写字母,这些密钥程序使得 DES 的攻击难度比正常情况下低了上万倍。因此,密钥的生成方法应该受到高度的重视。

密钥的长度是影响加密安全性的重要因素。但是要决定密钥长度,需要综合考虑数据价值、数据的安全性需求和攻击者的资源情况等因素。此外,计算机的计算能力和加密算法的发展也是需要参考的重要因素。根据摩尔定律粗略估计,计算机的计算能力每 18 个月就可以翻一番或者以每 5 年 10 倍的速度增长。因此现在选取的密钥长度应该满足应对数据安全期内计算机的计算能力提高后的考验。不同场合可能需要不同的密钥长度安全要求,如表 7-1 所示。

表 7-1　不同安全需求的密钥长度

信息类型	时　间	最小密钥长度
战场军事信息	数分钟/小时	56～64bit
产品发布、合并、利率	几天/几周	64bit
贸易秘密	几十年	112bit
氢弹秘密	＞40 年	128bit
间谍身份	＞50 年	128bit
个人隐私	＞50 年	128bit
外交秘密	＞65 年	至少 128bit

密钥的生成一般与生成的算法也有关。密钥的产生应有严格的技术和行政管理措施,技术上确保生成的密钥具有良好的随机性,管理上要确保密钥在严格的保密环境下生成,不会被泄露和篡改。不同的密码体制的密钥生成方法一般是不相同的,与相应的密码体制或标准相联系。其基本原理多是选用合理的随机数产生器来产生随机密钥,一般都

先通过密钥生成器借助于光标和鼠标的位置、内存状态、上次按下的键、声音大小等噪声源产生具有较好统计分布特性的序列,然后再对这些序列进行各种随机性检验以确保其具有较好的密码特性。

现有的密钥产生器主要分为随机数发生器和伪随机数发生器。随机数发生器采用客观世界中存在的随机现象如物理噪声、放射性衰减等作为信号源来产生随机数。由于这种产生随机数的方法在客观上是随机的,因此理论上可能产生出真正的随机数。伪随机数发生器则使用数学方法或算法技术来动态产生随机数。如果算法很好,则产生的序列可以通过随机的合理测试,但由于算法是确定性的,因此产生的序列实际上并不是统计随机的,这些数经常被称为伪随机数。关于这部分内容,可以回顾第 2 章中关于伪随机序列产生的介绍。

若密钥生成的密码强度并不相等,即采用某种特殊保密形式的密钥会进行正常的加解密(称为强算法密钥),而其他的密钥都会引起加解密设备采用非常弱的算法加解密(称为弱算法密钥),则该算法生成的密钥就是属于非线性密钥空间的,否则属于线性密钥空间。非线性密钥空间仅在算法中是安全的,并且攻击者不能对其进行反控制,或者密钥强度的差异非常细微,以至于敌人不能感觉或计算出来时才是可行的。

7.3　密钥维护

密钥产生后,密钥的管理和维护对于密钥的安全性有很重要的影响。下面介绍密钥维护的一般过程,包括密钥分配、密钥更新、密钥存储、密钥使用、密钥备份与恢复等。

7.3.1　密钥分配

密钥分配技术解决的是网络环境中需要进行安全通信的实体间建立共享的密钥问题,最简单的解决办法是生成密钥后通过安全的渠道送到对方。这对于密钥量不大的通信是合适的,但随着网络通信的不断增加,密钥量也会随之增加,此时密钥的传递与分配会成为严重的负担。在当前的实际应用中,用户之间的通信并没有安全的通信信道,因此有必要对密钥分配做进一步的研究。

密钥分配技术引入了自动密钥分配机制来减轻负担、提高网络效率,此外还应尽可能减少系统中驻留的密钥量以提高安全性。为满足上述需求,目前已有两种类型的密钥分配方案,分别是集中式密钥分配方案和分布式密钥分配方案。集中式密钥分配方案是指由密钥分配中心(Key Distribution Center,KDC)或者由一组节点组成层次结构负责密钥的产生并分配给通信双方。分布式密钥分配方案是指网络通信中各个通信方具有相同的地位,它们之间的密钥分配取决于它们之间的协商,不受任何其他方的限制,此时每个通信方同时也是密钥分配中心。上述两种分配方式也可以被混合使用,上层(主机)采用分布式密钥分配方案,而上层对于终端或它所属的通信子网采用集中式密钥分配方案。

1. 密钥分配的基本方法

使用对称密码技术的两个用户(主机、进程、应用程序)在用单钥密码体制进行保密通信时,首先必须有一个双方共享的秘密密钥,而且为防止攻击者得到密钥还应时常更新密钥。因此,密码系统的强度将依赖于密钥分配技术。对于通信用户 Alice 和 Bob,他们获得共享密钥有以下几种方法:

(1) 密钥由 Alice 选取并通过物理手段安全地发送给 Bob。

(2) 密钥由可信任的第三方选取并通过物理手段安全地发送给 Alice 和 Bob。

(3) 如果 Alice 和 Bob 事先已有一个密钥,则其中一方选取新密钥后,用已有的密钥加密新密钥并发送给另一方。

(4) 如果 Alice 和 Bob 与第三方 CA 分别有一个保密信道,那么 CA 就可以为 Alice 和 Bob 选取密钥,再分别在两个保密信道上安全地发送给 Alice、Bob。

(5) 若 Alice 和 Bob 都在第三方 CA 发布了自己的公钥,则他们可用彼此的公钥进行保密通信。

前两种方法称为人工发送。在通信网中,若只有个别用户想进行保密通信,密钥的人工发送还是可行的。然而如果所有用户都要求支持加密服务,则任意一对希望通信的用户都必须有一个共享密钥。如果有 n 个用户,则密钥数目为 $n(n-1)/2$。因此当 n 很大时,密钥分配的代价非常大,密钥的人工发送是不可行的。

对于第(3)种方法,攻击者一旦获得一个密钥就可获取以后所有的密钥;而且用这种方法对所有用户分配初始密钥时,代价仍然很大,同样不适用于现代通信。

第(4)种方法比较常用,其中的第三方通常是一个负责为用户分配密钥的密钥分配中心 KDC。这时每一用户必须和密钥分配中心有一个共享密钥,称为主密钥。通过主密钥分配给一对用户的密钥称为会话密钥,用于这一对用户之间的保密通信。这种分配方式常用于对称密码技术的密钥分配。通信完成后,会话密钥即被销毁。如上所述,如果用户数为 n,则会话密钥数为 $n(n-1)/2$。但主密钥数却只需 n 个,所以主密钥可通过物理手段发送。

第(5)种方法采用密钥认证中心技术,可信赖的第三方 CA 作为证书授权中心,常用于非对称密码技术的公钥分配。

2. 对称密码技术的密钥分配方案

1) 集中式密钥分配

集中式密钥分配是指由密钥分配中心 KDC 或由一组节点组成层次结构负责密钥的产生和分配给通信双方的任务。这样的分配方式可减少用户需要保存的会话密钥数量,用户仅需保存同 KDC 通信的加密密钥即可。但是,这样的分配方式会有通信量大和要求系统具有较好的鉴别 KDC 和通信方的功能。如图 7-2 所示,为集中式密钥分配的一般方式,其中 A 和 B 分别代表 Alice 和 Bob。

① Alice 向 KDC 发送会话密钥请求。请求的消息包含 Alice 和 Bob 的身份信息及一个用于唯一标识本次业务的随机数 N_1。N_1 由会话密钥请求发起人每次请求时随机生成,常用一个时间戳、一个计数器和一个随机数作为这个标识符。并且为防止攻击者对 N_1 的猜测,用随机数作为这个标识符最合适。

② KDC 对 Alice 的请求发出了应答。应答包含密钥 K_A 加密的信息,因此只有 Alice

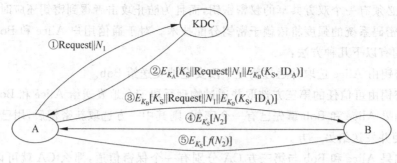

图 7-2　集中式密钥分配

才能成功地对这一信息解密,并且 Alice 可以相信信息的确是由 KDC 发出的。

信息中包括 Alice 希望得到的一次性会话密钥 K_S 和①中 Alice 发送的请求中的随机数 N_1。这样 Alice 可验证应答与请求是否匹配,并验证自己发出的请求在被 KDC 收到之前,是否被他人篡改。此外,Alice 还可以根据一次性随机数相信自己收到的应答是否为重放的过去的应答。

除了 Alice 需要的必要信息,②中还包括 Bob 希望得到的两项内容:Alice 的身份 $\mathrm{ID_A}$ 和一次性会话密钥 K_S。这两项则用 K_B 加密,并由 Alice 转发给 Bob,以建立 Alice、Bob 之间的连接并用于向 Bob 证明 Alice 的身份。

③ Alice 存储会话密钥后,向 Bob 转发其所需的两项内容。因为转发的内容是由 K_B 加密后的密文,所以转发过程不会被窃听。Bob 收到后,可以获得会话密钥 K_S 和 Alice 的身份确认,并且还可从 E_{K_B} 得知 K_S 的确来源于 KDC。

④ Bob 用 K_S 加密另一个一次性随机数 N_2 后,将其发送给 Alice。

⑤ Alice 以 $f(N_2)$ 作为对 Bob 的应答,其中 f 是对 N_2 进行某种变换的函数,并将应答用会话密钥加密后发送给 Bob。

上述过程中,前三步已经安全地完成了会话密钥的分配,后两步工作则是为了使 Bob 相信第③步收到的信息不是一个重放,起到了认证功能。

2) 分布式密钥分配

分布式密钥分配方案则是指网络通信中各个通信方具有相同的地位,它们之间的密钥分配取决于它们之间的协商,不受任何其他方的限制,这种密钥分配也被称为无中心的密钥控制。这种密钥分配方案要求有 n 个通信方的网络需要保存 $[n(n-1)/2]$ 个主密钥,显然这种方案对于较大型的网络就不再适用了,但是在一个小型网络或一个大型网络的局部范围内,这种方案还是有用的。

若采用分布式密钥分配方案,通信双方 Alice 和 Bob 建立会话密钥的过程如图 7-3 所示,包括 3 个步骤:

① Alice 向 Bob 发送建立会话密钥的请求和一个一次性随机数 N_1。

② Bob 用于 Alice 共享的主密钥 MK_m 对应答的消息加密,并发送给 Alice。应答的消息中有 Bob 选取的会话密钥、Bob 的身份 $f(N_1)$ 和另一个一次性随机数 N_2。

③ Alice 使用新建立的会话密钥 K_S 对 $f(N_2)$ 加密后再返回给 Bob。

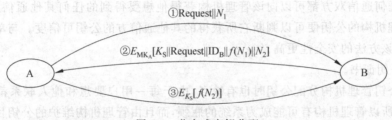

①Request$\|N_1$

②$E_{MK_A}[K_S\|Request\|ID_B\|f(N_1)\|N_2]$

③$E_{K_S}[f(N_2)]$

图 7-3 分布式密钥分配

3. 非对称密码技术的密钥分配方案

对称密码技术的密钥分配方案是单钥加密体制的密钥分配方案,而非对称密码技术的密钥分配方案和对称密码技术的密钥分配方案有着本质的区别,它是公钥加密体制的密钥分配方案。在对称密码技术的密钥分配方案中,要求将一个密钥从通信的一方通过某种方式发送到另外一方,只有通信双方知道密钥,而其他任何人都不知道密钥;而在非对称密码技术的密钥分配方案中,用户分别拥有自己的私钥和公钥,其中私钥只有通信一方知道,而其他任何方都不知道,与私钥匹配使用的公钥则是公开的,任何人都可以使用该公钥和拥有私钥的一方进行保密通信。

非对称密码技术还可以用来分配对称密码技术中使用的密钥。下面介绍公钥密码技术的密钥分配方案。

1) 公钥的分配

非对称密码技术使得密钥分配变得较简单,但是也存在一些问题。网络系统中的每个人都只有一个公钥,获得公钥的途径有很多种,如下:

(1) 公开发布。

公开发布是指用户将自己的公钥发给每一其他用户,或向某一团体广播。但是这种方式有一个很大的缺点,就是易被其他人伪造发布。

(2) 公用目录表。

公用目录表是一个公用的公钥动态目录表,该表的建立、维护及公钥的分布由某个可信的实体或组织承担,称为公用目录的管理员。首先,管理员为每一用户在目录表中建立一个目录,包含{用户名,公钥}。之后,每个用户均亲自或以某种安全的认证通信在管理员那里为自己的公钥注册。若用户自己的公钥用过的次数太多,或与公钥相关的私钥已被泄露,则应将其替换为新的密钥。管理员则负责定期公布或更新目录表,之后用户可以通过电子手段访问目录表,这时从管理员到用户必须有安全的认证通信。但是这种分配方式也有一个致命的弱点,如果攻击者成功得到了目录管理员的私钥,就可以伪造公钥,并发送给其他人以达到欺骗的目的。

(3) 公钥管理机构。

为了更严格地控制从目录分配出去的公钥的安全性,需要引入一个公钥管理机构来为各个用户建立、维护和控制动态的公用目录。公钥管理机构在公钥目录表中对公钥的分配施加更严密的控制,其安全性将更强。为了实现上述功能,需要对系统提出以下要求,即:每个用户都可靠地知道管理机构的公钥,但只有管理机构自己知道相应的私钥。

这样任何通信双方都可以向该管理机构获得他想要得到的任何其他通信方的公钥，通过该管理机构的公钥便可以判断它所获得的其他通信方的公钥可信度。与单纯的公用目录相比，该方法的安全性更高。

（4）公钥证书。

上述公钥管理机构分配公钥时也有缺点，由于每一用户要想和他人联系都需求助于管理机构，所以管理机构有可能成为系统的瓶颈，而且由管理机构维护的公钥目录表也易被敌手篡改。为了解决公钥管理机构的瓶颈问题，可以通过公钥证书来实现。用户通过公钥证书来互相交换自己的公钥，而无须与公钥管理机构联系，同时还能证明其他通信方的公钥的可信度。实际上，这完全解决了公开发布机构公用目录的安全问题。

公钥证书即数字证书是由证书管理机构 CA（Certificate Authority）颁发的，其中的数据项有与该用户的密钥相匹配的公钥及用户的身份和时戳等，所有的数据项经 CA 用自己的私钥签字后就形成证书，证书的格式遵循 X.509 标准，即：

$$C_A = E_{SK_{CA}}[T, ID_A, PK_A]$$

其中 ID_A 是用户 Alice 的身份，PK_A 是 Alice 的公钥，T 是当前时戳，SK_{CA} 是 CA 的秘密钥，C_A 是为用户 Alice 产生的证书。时戳保证了接收方收到证书的新鲜性，用于防止发送方或敌方重放一个旧证书。因此时戳可当作截止日期，证书若过旧，则被吊销。

> 📖 **PKI**
>
> 公钥算法的应用需要解决公钥有效性的认证，以防止他人恶意替换或篡改等攻击。公钥基础设施（Public Key Infrastructure，PKI）是一种以公钥算法为基础，统一解决密钥发布、管理和使用的系统。它不是一个单一的对象或软件，而是由许多互相联系的组件共同协作来提供一套服务，这些服务使得用户可以简单方便地使用公开密钥系统来解决存在的安全问题。它将用户的信息与他的公钥绑定为一个整体，然后使用可信的第三方 CA 对其进行数字签名，使用者就是通过验证数字签名来保证公钥的有效性。公钥证书使公钥密码真正进入到了我们的日常生活中，为相关领域的飞速发展（特别是电子商务的变革）提供了坚实的安全技术基础服务。

2）用非对称密码技术分配对称密码技术的密钥

公钥分配完成后，用户就可用公钥加密体制进行保密通信。利用非对称密码技术进行保密通信可以很好地保证数据的安全性，然而由于公钥加密的速度过慢，一般不适用于"长信息"的加密，但用于分配单钥密码体制的密钥却非常合适。这种分配方式把非对称密码技术和对称密码技术的优点整合在一起，即用非对称密码技术来保护对称密码技术密钥的传送，保证了对称密码技术密钥的安全性。此外，用对称密码技术进行保密通信，由于密钥是安全的，因而通信的信息也是安全的，同时还利用了对称密码技术加密速度快的特点。因此这种方法有很强的适应性，在实际应用中已被广泛采用。

（1）简单分配。

图 7-4 表示简单使用公钥加密算法建立会话密钥的过程，图中如果 Alice 希望与 Bob 通信，则可以通过以下几步建立会话密钥：

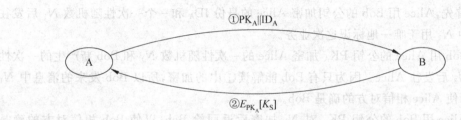

图 7-4 简单实用公钥加密算法建立会话密钥

① Alice 产生自己的一对密钥 $[PK_A, SK_A]$，并将 $[PK_A \parallel ID_A]$ 发送给 Bob，其中 ID_A 表示 Alice 的身份标识符。

② Bob 产生会话密钥 K_S，并用 Alice 的公钥 PK_A 对 K_S 加密后发往 Alice。

③ Alice 由 $D_{SK_A}[E_{PK_A}[K_S]]$ 恢复会话密钥，因为只有 Alice 能解读 K_S，所以仅 Alice 和 Bob 知道这一会话密钥。

④ Alice 销毁 $[PK_A, SK_A]$，Bob 销毁 PK_A。

Alice、Bob 现在可以用单钥加密算法以 K_S 作为会话密钥进行保密通信，通信完成后，又都将 K_S 销毁。这种分配法尽管简单，但由于 Alice 和 Bob 双方在通信前和完成通信后，都未存储密钥，因此，密钥泄露的危险性为最小，且可防止双方的通信被敌手监听。但是这一协议易受到主动攻击，如果敌手 Eve 已接入 Alice、Bob 双方的通信信道，就可通过以下不被察觉的方式截获双方的通信：

① 与上面的步骤①相同。

② Eve 截获了 Alice 的发送后，建立自己的一对密钥 $\{PK_E, SK_E\}$，并将 $PK_E \parallel ID_A$ 发送给 Bob。

③ Bob 产生会话密钥 K_S 后，将 $E_{PK_E}[K_S]$ 发送出去。

④ Eve 截获 Bob 发送的消息后，由 $D_{SK_E}[E_{PK_E}[K_S]]$ 解读 K_S。

⑤ Eve 再将 $E_{PK_A}[K_S]$ 发往 Alice。

现在 Alice 和 Bob 知道 K_S，但并未意识到 K_S 已被 Eve 截获。则 Alice 和 Bob 在用 K_S 通信时，Eve 就可以实施监听。

(2) 具有保密性和认证性的密钥分配。

针对简单分配密钥的缺点，人们设计了图 7-5 所示的密钥分配过程，该过程具有保密性和认证性，因此既可防止被动攻击，又可防止主动攻击。假定 Alice 和 Bob 双方已经完成公钥交换，并按以下步骤建立共享会话密钥：

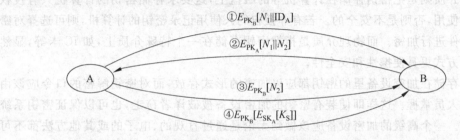

图 7-5 具有保密性和认证性的密钥分配

① 首先,Alice 用 Bob 的公钥加密 Alice 的身份 ID_A 和一个一次性随机数 N_1 后发往 Bob,其中 N_1 用于唯一地标识这次业务。

② Bob 用 Alice 的公钥 PK_A 加密 Alice 的一次性随机数 N_1 和 Bob 新产生的一次性随机数 N_2 后发往 Alice。因为只有 Bob 能解读①中的加密,所以 Bob 发来的消息中 N_1 的存在可使 Alice 相信对方的确是 Bob。

③ Alice 用 Bob 的公钥 PK_B 对 N_2 加密后返回给 Bob,以使 Bob 相信对方的确是 Alice。

④ Alice 选一个会话密钥 K_S,然后将 $M = E_{PK_B}[E_{SK_A}[K_S]]$ 发给 Bob,其中用 Bob 的公钥加密是为保证只有 Bob 能解读加密结果,用 Alice 的私钥加密是保证该加密结果只有 Alice 能发送。最后,Bob 以 $D_{PK_A}[D_{SK_B}[E_{PK_B}[E_{SK_A}[K_S]]]]$ 恢复会话密钥。

这样 Bob 即可获得与 Alice 共享使用对称密码技术的密钥,且通过 K_S 可安全地通信。上述密钥分配过程既具有保密性,又具有认证性,因此既可以防止被动攻击,也可以防止主动攻击。

> **📖 基于身份的密码系统 IBE**
>
> 建立和维护基于目录的公钥认证设施,如 PKI 的系统复杂度高而且成本高昂。1984 年,Adi Shamir 提出了基于身份的密码系统 IBE(ID-Based Encryption)的思想,为解决身份与公钥的绑定问题开辟了新的空间。在身份密码系统中,用户的身份信息就直接作为公钥使用。用户的私钥由一个可靠的私钥生成机构(Private Key Generator,PKG)根据用户的身份信息生成,然后通过可靠信道秘密传给用户。

7.3.2 密钥的使用与存储

密钥的使用是指从存储介质上获得密钥进行加密和解密的技术活动。在密钥的使用过程中需要防止密钥泄露,还要在密钥过期而信息保密期未过时更换新的密钥。在密钥的使用过程中,若密钥的使用期已到,或者确信或怀疑密钥已经被泄露出去或被非法更换等,就应立即停止密钥的使用,并从存储介质上删除密钥。

密钥的存储分为无介质、记录介质和物理介质等。无介质就是不存储密钥,或靠记忆来存储密钥。显然这种方法在一定意义上是最安全的,但是一旦密钥被遗忘就是最不安全的了。对于短时间通信使用的简单密钥,我们可以采用这种方式。

记录介质则是把密钥存储在计算机等的磁盘上,这要求存储密钥的计算机只有授权人才可以使用,否则是不安全的。若有非授权的人使用记录密钥的计算机,则可选择对密钥存储文件进行加密。而物理介质是指把密钥存储在一个特殊介质上,如 IC 卡等,显然这种存储方式更具便携性和安全性。

所有存储在加密设备里的密钥都应以加密的形式存放,而对密钥解密的口令应该由密码操作人员掌握。这样即使装有密钥的加密设备被破译者窃走,也可以保证密钥系统的安全性。一个高级的加密设备应该做到无论是通过直观的、电子的或其他方法都不可能从密码设备中读出信息。

加密设备在硬件上还应有一定的物理保护措施。重要的密钥信息要采用掉电保护措施,在紧急情况下应有清除密钥的设计,使得在任何情况下只要一经拆开加密设备,密钥就会自动消失。若采用软件加密也应有一定的软件保护措施,在可能的条件下,对加密设备应有进行非法使用审计的设计,并把非法输入的口令、输入时间甚至输入者的特征等记录下来,以便日后追查。

7.3.3　密钥更新及生命周期

密钥的使用是有寿命的,且即便现代密码系统的计算安全性很高,但是一旦出现密钥泄露就会给密码系统带来毁灭性的灾难,因此密钥更新对于密码系统的安全是十分必要的。在密钥有效期将要结束时,若需要继续对该密钥加密的内容进行保护,则需要产生一个新的密钥来替代原密钥,这个过程即为密钥更新。一般采用对密钥原存储区的清除或对其用随机产生的噪声进行重写,但是一般情况下会将密钥设计成新密钥生成后,旧密钥还可继续保持一段时间,防止在更换密钥期间出现不能解密的现象。

会话密钥更换得越频繁,系统的安全性就越高。因为当会话密钥更新足够频繁时,敌手即使获得一个会话密钥,也只能获得很少的密文。但另一方面,会话密钥更换得太频繁,又将延迟用户之间的交换,同时还造成网络负担。所以在决定会话密钥的有效期时,应权衡矛盾的两个方面。

对面向连接的协议,在连接未建立前或断开时,会话密钥的有效期可以很长。而每次建立连接时,都应使用新的会话密钥。如果逻辑连接的时间很长,则应定期更换会话密钥。

无连接协议(如面向业务的协议)无法明确地决定更换密钥的频率。为安全起见,用户每进行一次交换,都用新的会话密钥。然而这又失去了无连接协议主要的优势,即对每个业务都有最少的费用和最短的延迟。比较好的方案是在某一固定周期内或对一定数目的业务使用同一会话密钥。

7.3.4　密钥备份与恢复

密钥一旦丢失或被破坏,密钥系统的损失可能是十分巨大的,因此密钥备份技术同样重要。密钥备份是指在密钥使用期内,存储一个受保护的副本,用于恢复遭到破坏的密钥。密钥的恢复则是在密钥由于某些原因被破坏或丢失,且未被泄露时,从它的一个备份重新得到密钥的过程。密钥的备份和恢复保证了即使密钥丢失,由该密钥加密保护的信息也能够得以恢复。密钥的备份和恢复通常使用秘密共享技术和密钥托管技术。

为了保证安全性,密钥的备份应该以两个或两个以上的密钥分量形式存储,当需要恢复密钥时必须知道该密钥的所有分量。密钥的每个分量应交给不同的人保管,保管密钥分量的人的身份应该被记录在安全日志上。密钥恢复时,所有保存该密钥分量的人都应该到场,并负责自己保管的那份密钥分量的输入工作。密钥的恢复工作同样也应该被记录在安全日志上。

7.4　密钥托管技术

7.4.1　简介

密钥托管技术提供了一种密钥备份与恢复的途径,也称为托管加密。密钥托管技术的目的是保证对个人没有绝对的隐私和绝对不可跟踪的匿名性,即在强加密中结合突发事件的解密能力。政府机关可以在需要时通过密钥托管提供(解密)一些特定信息,在用户的密钥丢失或损坏的情况下通过密钥托管技术恢复出自己的密钥。通常与已加密的数据和数据恢复密钥联系起来,数据恢复密钥由所信托的委托人(一般为政府机构、法院或有合同的私人组织)持有,可用于解出密钥。一个密钥也有可能被拆分为多个分量,分别由多个委托人持有。密钥托管技术提供了一个备用的解密途径。

7.4.2　EES 介绍

密钥托管技术的出现引发了很多争议,有人认为这项技术侵犯了个人隐私权。但是,由于这种密钥备份与恢复手段不仅对政府机关有用,对用户个人也有积极作用,因此,许多国家制定了相关的法律法规。1993 年 4 月,美国政府为了满足其电信安全、公众安全和国家安全,提出了美国托管加密标准(Escrowed Encryption Standard,EES)。该标准所使用的托管加密技术不仅提供了强加密功能,同时也为政府机构提供了实施法律授权下的监听功能。该标准体现了一种对密钥实行法定托管代理机制的新思想。

1. 核心内容

这一技术是通过一个防窜扰的托管加密芯片(称为 Clipper 芯片)来实现的,它有 Skipjack 算法和法律实施存取域(Law Enforcement Access Field,LEAF)两个核心内容。

1) Skipjak 算法

Skipjack 算法是由国家安全局(National Security Agency,NSA)设计的,用于加解密用户间通信的消息。Skipjack 算法是一个对称密码分组加密算法,密钥长度为 80 比特,输入和输出分组长度均为 64 比特。该算法实现的方式采用供 DES 使用的联邦信息处理标准中定义的 4 种实现方式,分别为电码本(ECB),密码分组链接(CBC),64 比特输出反馈(OFB)和 1、8、16、32 或 64 比特密码反馈(CFB)模式。

2) LEAF

为法律实施提供"后门"的部分——法律实施存取域(Law Enforcement Access Field,LEAF)。通过这个域,法律实施部门可在法律授权下,实现对用户通信的解密,也可以被看做一个"陷门"。

2. 实施过程

EES 密钥托管技术的实施有 3 个主要环节,分别为生产托管 Clipper 芯片、用芯片加密通信和无密钥存取。

1) 生产托管 Clipper 芯片

Clipper 芯片主要包含 Skipjack 加密算法、80 比特的族密钥 KF(Family Key,同一芯片的族密钥相同)、芯片单元标识符 UID(Unique Identifier)、80 比特的芯片单元密钥 KU(Unique Key,由两个 80 比特的芯片单元密钥分量(K_{U1},K_{U2})异或而成)和控制软件。以上内容均固化在 Clipper 芯片上。

2) 用芯片加密通信

通信双方为了通信都必须有一个装有 Clipper 芯片的安全防篡改设备,该设备主要实现建立安全信道所需的协议,包括协商或分配用于加密通信的 80 比特秘密会话密钥 KS。

3) 无密钥存取

在需要对加密的通信进行解密监控时(即在无密钥且合法的情况下),可通过一个安装好的同样的密码算法、族密钥 K_F 和密钥加密密钥 K 的解密设备来实现。由于被监控的通信双方使用相同的会话密钥,解密设备不需要将通信双方的 LEAF 及芯片的单元密钥都取出,而只需取出被监听一方的 LEAF 及芯片的单元密钥。

> 📖 **门限密钥托管思想**
>
> 门限密钥托管的思想是将(k,b)门限方案的密钥托管算法相结合的一个领域。这个思想的出发点是:将一个用户的私钥分为 n 个部分,在其中的任意 k 个托管代理参与下,可以恢复出用户的私钥,而任意少于 k 的托管代理都不能够恢复出用户的私钥。如果 $k=n$,那么这种密钥托管就退化为(n,n)密钥托管,即在所有的托管机构的参与下才能恢复出用户私钥。

7.4.3 密钥托管密码体制的组成成分

EES 提出以后,密钥托管密码体制受到了普遍关注,目前已提出了各种类型的密钥托管密码体制,包括软件实现的、硬件实现的、有多个委托人的、防用户欺诈的、防委托人欺诈的等。密钥托管密码体制从逻辑上可分为 3 个主要部分:用户安全成分(User Security Component,USC)、密钥托管成分(Key Escrow Component,KEC)和数据恢复成分(Data Recovery Component,DRC)。三者的关系如图 7-6 所示,USC 用密钥 K 加密明

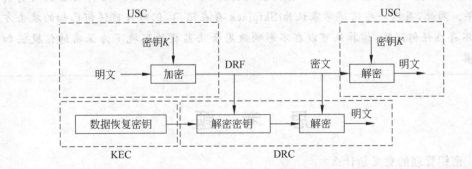

图 7-6 密钥托管密码体制的组成成分

文数据,并且在传送密文时,一起传送一个数据恢复域(Data Recovery Field,DRF)。DRC 使用包含在 DRF 中的信息及由 KEC 提供的信息恢复明文。

用户安全成分 USC 是提供数据加解密能力以及支持密钥托管功能的硬件设备或软件程序。USC 可用于通信和数据存储的密钥托管,通信情况包括电话通信、电子邮件及其他一些类型的通信,由法律实施部门在获得法院对通信的监听许可后执行对突发事件的解密。数据的存储包括简单的数据文件和一般的存储内容,突发解密由数据的所有者在密钥丢失或损坏时进行,或者由法律实施部门在获得法院许可证书后对计算机文件进行。USC 使用的加密算法可以是保密的、专用的,也可以是公钥算法。

密钥托管成分 KEC 用于存储所有的数据恢复密钥,通过向 DRC 提供所需的数据和服务以支持 DRC。KEC 可以作为密钥管理系统的一部分,密钥管理系统可以是单一的密钥管理系统(如密钥分配中心),也可以是公钥基础设施。如果是公钥基础设施,托管代理机构可作为公钥证书机构。托管代理机构也称为可信赖的第三方,负责操作 KEC,可能需要在密钥托管中心注册。密钥托管中心的作用是协调托管代理机构的操作或担当 USC 或 DRC 的联系点。

数据恢复成分 DRC 是由 KEC 提供的用于通过密文及 DRF 中的信息获得明文的算法、协议和仪器。它仅在执行指定的已授权的恢复数据时使用。要想恢复数据,DRC 必须获得数据加密密钥,而要获得数据加密密钥则必须使用与收发双方或其中一方相联系的数据恢复密钥。如果只能得到发送方托管机构所持有的密钥,DRC 还必须获得向某一特定用户传送消息的每一方的被托管数据,此时可能无法执行实时解密,尤其是在各方位于不同的国家并使用不同的托管代理机构时。如果 DRC 只能得到收方托管机构所持有的密钥,则对从某一特定用户发出的所有消息也可能无法实时解密。如果能够使用托管代理机构所持有的密钥恢复数据,那么 DRC 一旦获得某一特定 USC 所使用的密钥,就可对这一 USC 发出的消息或发往这一 USC 的消息实时解密。对两方同时通信(如电话通信)的情况,如果会话双方使用相同的数据加密密钥,系统就可实时地恢复加密数据。

  📖 **Skipjack 算法的陷门**

    Skipjack 算法已于 1998 年 3 月公布。据密码专家们推算,若采用价值 100 万美元的机器攻破 56 比特的密钥需要 3.5 小时,而攻破 80 比特的密钥则需要 2000 年;若采用价值 10 亿美元的机器攻破 56 比特的密钥需要 13 秒,而攻破 80 比特的密钥则需要 6.7 年。因此,虽然一些密码学家认为 Skipjack 存在陷门,但对目前任何已知的攻击方法还不存在任何风险,该算法可以在不影响政府合法监视的环境下为保密通信提供加密工具。

思 考 题

1. 密钥管理的意义是什么?
2. 密钥的种类有哪些?

3. 为什么要在密钥管理中引入层次式结构？

4. 密钥安全存储的方法有哪些？

5. 密钥管理的整个生存周期包括哪些环节？

6. 为什么 EES 中使用的 Skipjack 加密算法存在陷门，却不影响 EES 的使用？

参 考 文 献

[1] 张仕斌，万武南，张金全，等. 应用密码学[M].西安：西安电子科技大学出版社，2009.

[2] 杨波. 现代密码学[M]. 北京：清华大学出版社，2007.

[3] 胡向东，魏琴芳，胡蓉. 应用密码学[M].北京：电子工业出版社，2011.

[4] 李永田. 密钥管理技术[J].计算机与网络，2001，(4).

[5] 黄志荣，范磊，陈恭亮. 密钥管理技术研究[J].计算机应用与软件，2005，(11)：112-114.

[6] 张勇. 密钥管理中的若干问题研究[D].上海：华东师范大学，2013.

第8章
几个重要的密码学话题

今天你觉得很无聊，所以你约了几个好友玩起了扑克。你们已经厌恶死了那些无聊的玩法，决定设计一个新的方案。经过激烈的争吵后，你们决定玩"炸金花"（假设这是你们设计的新玩法）。充满欢乐气息的游戏很快就过去了，不幸的是天公不作美，你输得很惨。现在你很怀疑游戏的公平、公正性，为此你伤透了脑筋。现在你想找个人去倾诉，把这件事告诉他，又不想他在你转身之后把你的秘密泄露给别人，因为你已经为这样的事情痛心疾首很多次了。那么该怎么办呢？秘密之所以为秘密，就在于没有什么人知道。相信大家很多都为这样的事情担忧、烦恼过，请不用担心，本章就为你解决这些类似的事情，并介绍关于秘密共享、游戏博弈以及零知识证明的问题。

8.1 秘密共享

核威胁一直是世界的一个主要安全问题。假定一个场景：2020年，人类终于酿成了苦果，由于爆发了世界大战，中国也遭受到核攻击。为了确保国家安全，我们需要发射核弹保卫祖国。现在由谁掌握核弹发射权成了关键，发射权由单人控制是危险的，我们不能确定他是否会在某天想不开的时候按下了发射按钮。为此我们可以将发射权拆分开来，由五位高级别官员保存，只有当其中的至少三位官员一同按下发射键时才行。在这个简单的场景描述中，你是否还能发现什么问题？这样的设置能否保障不会让疯子毁了世界？现在假设你是国家安全顾问，你将怎样设计才能保障核弹的安全。本节将讨论和处理类似的问题。

8.1.1 秘密分割

我们非常关心核弹的问题，你总不想一天早上你醒来的时候世界已经变成了一片废墟。既然简单的发射权由单人掌管成了非常危险的事情，我们很容易考虑到将发射权分配给多人掌控。我们先考虑最简单的一种情况，即秘密分割。将秘密分割成许多碎片，每个单独的碎片不会具有任何意义，只有当所有的碎片合在一起的时候，它们才会显露价值，如图8-1中重组藏宝图碎片。当消息是核弹发射密码的时候，每个官员掌握的只是一个消息碎片，只有所有的碎片结合后才会获得发射密码。

由最简单的两个人拆分秘密开始，假设秘密是 M，你想将其拆分成两个部分，分别给 Alice 和 Bob，下面是具体的操作步骤：

（1）首先随机生成一个与 M 相同长度的比特串 R。

图 8-1　英国"任性"老人用藏宝图分割遗产

(2) 使用 R 异或 M 得到 S。

$$R \oplus M = S$$

(3) 将 R 给 Alice，S 给 Bob。

(4) 如果想获得最终的秘密，Alice 需要和 Bob 合作，将 $R \oplus S$ 即可得到 M。

$$R \oplus S = M$$

同样，我们可以将秘密分拆给多个人。为了在多个人中分享秘密消息，将此消息与多个随机比特异或成混合物即可。下面的例子中信息被划成四部分，具体过程如下：

(1) 使用前面的思想，随机生成两个比特串 R、S、T。

(2) 用这三个比特串和 M 异或得到 U。

$$R \oplus M \oplus S \oplus T = U$$

(3) 将 R 分给 Alice，S 分给 Bob，U 分给 David，T 分给 Carol。

(4) 只有他们四人通力合作才能获得最终的秘密 M。

$$R \oplus U \oplus S \oplus T = M$$

如果保密适当，这会是绝对安全的。每一部分的信息都是没有价值的，只有所有的信息合在一块才能重现秘密。前述协议的实质是使用一次一密的方式加密消息，并将密文给一个人，密钥给另一个人。一次一密的加密方式，该协议具有完全的保密性。无论你有多强的计算能力都不可能根据消息碎片之一就确定出秘密消息来。

到此为止，你可能都认为这样分割秘密是非常安全的，然而现实却可能存在很多意外。例如，战争期间，敌国特工知道了本国的核弹发射规则，他们精心策划了一起谋杀案，掌握核弹发射密码碎片的官员"黑狐"被他们无情地杀害了。我们会丢失他所掌握的密码碎片，如果密码分拆者也不在，我们就会丢失核弹发射密码，相信这会对战争的态势有极大的影响。还存在其他的问题，由于需要一个分拆者将秘密分拆给多人，秘密分拆者就会拥有绝对裁判的权利。他会拥有整个秘密，可能会做一些不好的事情。他可能会分配错误的没有意义的碎片给其他参与者，这么可怕的事将导致对他的绝对依赖，战争期间我们可能会付出极大的代价。当然还有其他的问题，我们没有办法避免掌握核弹发射秘密的官员突然成了一位"和平主义者"而给出错误的发射子密码。

8.1.2 门限方案

在上一节中我们展示了一种最简单的秘密共享方案,也说明了这种方法存在的一些漏洞。我们不会采用上述的方法,因为我们并不想因为核弹而毁灭了世界。所以接下来我们将探索一种将秘密分给多人,但是可以由其中一部分人恢复秘密的方法。

1. Shamir 门限方案

将秘密分给多人,但可以由其中一部分人恢复秘密的方法存在很多。广泛使用的就是门限方案,其中(t,w)门限方案是很多普遍的共享方案的关键构成模块。

定义:令 t,w 为正整数且 $t \leqslant w$。(t,w) 门限方案是这样的一种方案:在 w 个参与者组成的集体中共享秘密 M,这样由任何 t 个参与者组成的子集都能够重构秘密 M,但少于 t 个的参与者组成的子集不能够重构秘密 M。

1979 年 Shamir 发明了一种秘密共享方法,称为 Shamir 门限方案(Shamir threshold scheme)或拉格朗日插值方法[1]。下面具体介绍 Shamir 门限方案。

选定一个素数 p,它大于所有的可能的消息且大于参与者个数 w,所有的计算都是执行模 p 操作。消息 M 用一个模 p 数来表示,想要在 w 个人中拆分秘密,按照这种方式重构消息就需要不少于 t 个参与者。现在需要随机选定 $t-1$ 个模 p 数,分别为 $S_1, S_2, \cdots, S_{t-1}$,这样得到多项式

$$S(x) = M + S_1 x + S_2 x^2 + \cdots + S_{t-1} x^{t-1} (\bmod\ p)$$

该多项式满足 $S(0) = M(\bmod\ p)$。随机选取 w 个不同的值 $x_1, x_2, \cdots, x_w$,通过计算多项式可获得 w 对二元组

$$(x_1, S(x_1)), (x_2, S(x_2)), \cdots, (x_{t-1}, S(x_w))$$

将这些二元组依次对应分发给 w 个参与者。由于多项式有 t 个未知系数

$$M, S_1, S_2, \cdots, S_{t-1}$$

所以任意 t 个参与者或者多于 t 个的参与者都能构建 t 个方程,也就能重构出秘密。

例如,创建一个$(3,5)$门限方案。有 5 个人并且希望任意 3 个人能够重构秘密,而少于 3 个人是无法确定消息的。假设秘密 M 是 11,选择一个素数 p,如 $p=13$(仅需要选择一个模 p 稍大的数即可)。随机选择模 p 数 S_1, S_2,构造多项式

$$S(x) = M + S_1 x + S_2 x^2 (\bmod\ p)$$

可以取 $S_1 = 8, S_2 = 7$,现在计算

$$S(x) = 11 + 8x + 7x^2 (\bmod\ 13)$$

给 5 个人 5 个二元组,可以随机选取 x 的值,为了方便计算,分别选取 $x=1,2,3,4,5$,子秘密可以通过计算多项式在几个不同点上的值得到:

$$\begin{cases} S(1) = M + S_1 + S_2 = 11 + 8 + 7 \equiv 0 (\bmod\ 13) \\ S(2) = M + 2S_1 + 4S_2 = 11 + 16 + 28 \equiv 3 (\bmod\ 13) \\ S(3) = M + 3S_1 + 9S_2 = 11 + 24 + 63 \equiv 7 (\bmod\ 13) \\ S(4) = M + 4S_1 + 16S_2 = 11 + 32 + 112 \equiv 12 (\bmod\ 13) \\ S(5) = M + 5S_1 + 25S_2 = 11 + 40 + 175 \equiv 5 (\bmod\ 13) \end{cases}$$

最后获得二元组为 $(1,0),(2,3),(3,7),(4,12),(5,5)$。假设第 $2,3,5$ 人想通过合作获得秘密，为了重构秘密，建立方程组

$$\begin{cases} 3 \equiv M+2S_1+4S_2 (\bmod\ 13) \\ 7 \equiv M+3S_1+9S_2 (\bmod\ 13) \\ 6 \equiv M+5S_1+25S_2 (\bmod\ 13) \end{cases}$$

解得 $M=11, S_1=8, S_2=7$，这样就恢复了 M。

如果只有两个人合作，那么他们会获得什么？假设第 4、5 个人合作，他们分别有二元组 $(4,12),(5,5)$，且 C 是任意可能的秘密，$C+S_1x+S_2x^2$ 是唯一通过 $(0,C),(4,12),(5,5)$ 三点的多项式，因此任何秘密都有可能出现。

同样他们也不可能猜到其他人所持有的部分，比如第 2 个人，任何一个点 $(2,S(2))$ 产生一个唯一的秘密 C，而唯一的秘密生成一个唯一的多项式 $C+S_1x+S_2x^2$，对应的就是 $S(2)=C+2S_1+4S_2$。因此 $S(2)$ 就可能是任何值，秘密 C 也会对应的是任何值。可以看出只有第 4，5 人的时候是不会获得秘密的。

这个共享方案对于较大的数也很容易实现，如果你想把消息分成 30 个等份，使得其中任意 6 个人在一起能够重构消息，那么则需要为 30 个人每人分配一个六次多项式

$$S(x) = (M+S_1x+S_2x^2+S_3x^3+S_4x^4+S_5x^5+S_6x^6)\ \bmod\ p$$

对这些未知数 6 个人才能理解，只有 6 个人或者 6 个以上的人的通力合作，他们才能获得秘密。

从上我们了解了门限方案的基本概念，并且学习认识了 Shamir 门限方案，不知你是否有了对它比较深刻的认识。门限方案并不止一种，接下来讨论学习一种新的门限方案。

2. 矢量方案

George Blakey 同样于 1979 年提出了一个秘密共享方案[2]。Blakey 方案与 Shamir 方案极其相似，它仍然是通过一定数量的成员合作才能获得秘密，不同的是新的方案是通过在 t 维空间使用 $t-1$ 维的超平面构建 (t,w) 门限方案。方案中消息被定义为 t 维空间中的一个点，任何参与者持有的都是包含这个点的 $(w-1)$ 维超平面方程，任意 t 个这样的超平面交点刚好确定这个点。

考虑构建一个 $(3,w)$ 的矢量方案，选择一个素数 p，令 x_0 为秘密，随机选择 $y_0\ \bmod\ p$，$z_0\ \bmod\ p$，因此我们在三维空间内可以确定一个点 $Q(x_0,y_0,z_0)$。现在给每个参与者一个通过 Q 点的平面方程，首先随机选定两个模 p 数 a,b，令

$$c \equiv z_0 - ax_0 - by_0 (\bmod\ p)$$

则平面为

$$z = ax+by+c$$

3 个人来推导秘密，共有 3 个等式，如下：

$$a_ix+b_iy-z = -c(\bmod\ p), 1 \leqslant i \leqslant 3$$

这样产生一个矩阵：

$$\begin{bmatrix} a_1 & b_1 & -1 \\ a_2 & b_2 & -1 \\ a_3 & b_3 & -1 \end{bmatrix} \begin{bmatrix} x_0 \\ y_0 \\ z_0 \end{bmatrix} \equiv \begin{bmatrix} -c_1 \\ -c_2 \\ -c_3 \end{bmatrix}$$

只要矩阵的行列式模 p 非零，矩阵就是模 p 可逆的，而当矩阵是可逆的，就可以找到秘密 x_0。

例如，创建一个 $(3,5)$ 的适量方案，选择 $p=73$，分别给 5 个参与者以下平面方程，

$$\begin{cases} A: z = 4x + 19y + 68 \\ B: z = 52x + 27y + 10 \\ C: z = 36x + 65y + 18 \\ D: z = 57x + 12y + 16 \\ E: z = 34x + 19y + 49 \end{cases}$$

如果 A、B、C 这 3 个参与者想重构秘密，则进行下面的操作：

$$\begin{bmatrix} 4 & 19 & -1 \\ 52 & 27 & -1 \\ 36 & 65 & -1 \end{bmatrix} \begin{bmatrix} x_0 \\ y_0 \\ z_0 \end{bmatrix} \equiv \begin{bmatrix} -68 \\ -10 \\ -18 \end{bmatrix} \pmod{73}$$

计算结果是 $(x_0, y_0, z_0) = (42, 29, 57)$，所以最后获得秘密是 $x_0 = 42$。同理，5 名参与者中的任意 3 个合作都可以获得最后的秘密。

3. Asumth-Bloom 门限方案

1980 年 Asumth 和 Bloom 提出了一个基于中国剩余定理的 (t, n) 门限秘密共享方案。我们在此仅介绍一个简化的 Asumth-Bloom 门限方案，该方案如下：

1) 初始化系统参数

假设 s 是秘密，选取 n 个整数 $m_1, m_2, \cdots, m_n$，使得：

第一，$m_1 < m_2 < \cdots < m_n$；

第二，对 $i \neq j$，$\gcd(m_i, m_j) = 1 (i, j = 1, 2, \cdots, n)$；

第三，$m_1 m_2 \cdots m_n > s > m_{n-t+2} m_{n-t+3} \cdots m_n$。

2) 子秘密的产生与分发

计算 $s_i = s \pmod{m_i} (i = 1, \cdots, N)$，将 (m_i, s_i) 作为子秘密分配给参与者。

3) 秘密的恢复

当 k 个参与者提供了子秘密后，就可以建立方程组，

$$\begin{cases} s \equiv s_{i1} \pmod{m_{i1}} \\ s \equiv s_{i2} \pmod{m_{i2}} \\ \vdots \\ s \equiv s_{ik} \pmod{m_{ik}} \end{cases}$$

由中国剩余定理求得 $s \equiv s' \bmod N$，N 为 k 个 m_i 的乘积，显然，当 $s < N$ 时可以唯一确定。

下面先通过一个例子具体认识一下 Asumth-Bloom 门限方案。

例如，现在构建一个 $(2,3)$ Asumth-Bloom 门限方案，其中 $m_1 = 9, m_2 = 11, m_3 = 13$。

因为 $9\times11=99>s>13$，所以在此范围选取 $s=74$。

我们为 3 个参与者分发子秘密

$$\begin{cases} s\equiv2(\bmod\ 9) \\ s\equiv8(\bmod\ 11) \\ s\equiv9(\bmod\ 13) \end{cases}$$

分别为 $(9,2)(11,8)(13,9)$。如果已知 $(9,2)$ 和 $(11,8)$，建立方程组

$$\begin{cases} s\equiv2(\bmod\ 9) \\ s\equiv8(\bmod\ 11) \end{cases}$$

可以求得 $s\equiv(11\times5\times2+9\times5\times8)\ \bmod\ 99\equiv74$。

4. 秘密共享的几个问题

前面简单介绍了什么是秘密共享，以及秘密共享中典型的门限方案是怎么实施的。伴随着密码学的学习，你现在的头脑里应该有了一个对任何事物都要怀疑的理念。现在你就在思考这些问题：上述的秘密共享方案是否存在漏洞，它们会出现在什么情况下，我们又该如何解决。接下来解答你的疑惑。

1) 有骗子的秘密共享

秘密共享还可能存在一些问题。在早期的秘密共享方案中，所有参与者和秘密分发者都是假定诚实的，在现实生活中这是难以实现的。这样的方案应用到一些问题上，可能会带来重大的损失。前面我们已经了解到了秘密分割中存在欺骗问题，那么欺骗是怎么发生的，我们带你进入它的神秘世界。

假设一个场景，某国按照 Shamir 门限方案设计了一个核弹密码保存的方法，密码是由五个人共同保存。现在其中的三位刚好同在一个掩体内，他们分别是 Alice、Bob、Carol。一天，他们接收到发射核弹的密令。按照设计，需要至少三位成员输入各自掌握的子密码才能获得发射权。Alice 和 Bob 输入了自己的子密码，而由于 Carol 是一个和平主义者，她故意输错了子密码，因此他们获得的密码是错误的，导弹最终也没有发射出去。没有人知道这是为什么，因为即使是 Alice 和 Bob 也不能证明 Carol 的密码是错误的。这是一种很简单的欺骗行为，Shamir 方案却对它无能为力。更有甚者，Carol 可能是间谍。Alice、Bob 和混入的间谍 Carol 都在地下掩体内，他们接收到发射核弹的密令。同样，每个人都出示了自己的密码。Carol 会很高兴，因为发射密令是她伪造的，并且她通过这个过程知晓了其余两个发射密码。现在核弹发射权似乎保不住了，为了防止世界被恐怖分子毁灭，我们又该怎么做？

McEliece 和 Sarwate 在 1981 年最早研究了门限秘密共享方案的防欺骗问题，他们利用纠错码理论构造了一种门限秘密共享方案，使得最多含有 e 个欺骗者的 $t+2e$ 个参与者能够正确地恢复秘密[3]。另外一个可以防止欺骗行为的协议，基本思想是创建一系列的 k 个秘密，使参与者中任何人都不知道哪一个是正确的秘密。除了真正的秘密外，每一个秘密都比前面一个秘密大，参与者组合他们各自的子秘密产生一个又一个的秘密，直到他们能够产生一个比前面的秘密小的秘密，这便是一个正确的秘密。该方法虽然可以阻止欺骗者获得秘密，但也存在一些问题，这些都有待我们自己去探讨。在门限方案中检测

和防止骗子的还有很多文章，有兴趣的读者可以参考[4,5]文献。

2）没有中间人的秘密共享

从前面的门限方案，可以看出这些门限方案要求存在一个中间人，为所有的参与者分配秘密。这个可能导致危险的行为，并且在很多时候并不会存在这样的人物来分配秘密。是否可以有一个方法，在没有中间人的情况下就可以将秘密拆分给多人。Simmos 于 1991 提出了一个解决方案，具体内容不在本书内介绍，感兴趣的读者可以查阅相关文献[6]。门限方案中的中间人，我们还可以将其理解为一个可信中心。没有中间人的秘密共享可以认为是没有可信中心的秘密共享。它们也得到了广泛的研究，此处列出几篇相关文献[7,8]，仅供参考。

3）可验证的秘密共享

前面我们了解到了有骗子的秘密共享问题，但不止如此，可验证的秘密共享也与此紧密相关，一个可验证的秘密共享也可以有效地防止欺骗问题。如果秘密分发者或者参与者中有不诚实的，就可能会导致两方面问题：一方面，秘密分发者分发子秘密的时候可能故意给参与者错误的子秘密，而由于参与者不能验证子秘密的真实性，从而导致参与者不能恢复秘密；另一方面，一些恶意的参与者或者外部攻击者会给出假的子秘密，在秘密重构阶段骗取别的参与者的子秘密，这同样是由于事先不能验证参与者子秘密的真实性导致的。

1985 年，Chor、Goldwasser 以及 Micali 提出了可验证秘密共享概念[9]。这种秘密共享方案具有两个特征：一是参与者能够有效地检验分发者是否有欺骗行为，二是在恢复秘密的过程中参与者可以相互检验对方是否提供了正确的子秘密。1987 年，Feldman 提出了一个基于拉格朗日多项式的非交互式的可验证秘密共享方案[10]。该方案利用一个公开的验证信息来识别欺骗者。当然对可验证秘密共享方案的研究并不止于此，以下列出了一些参考文献[4,5,10,11]可供读者参考。接下来简单介绍 Feldman 的秘密共享方案，方案描述如下：

（1）设 D 为秘密分发者，$P=\{p_1,p_2,\cdots,p_n\}$ 为 n 个参与者，t 为门限值，M 为秘密。分发者选取一个大素数 p，q 为 $p-1$ 的大素数因子，g 是有限域 Z_P 上的 q 阶生成元。

（2）秘密分发者 D 在有限域 Z_P 上，随机选取 $t-1$ 个数 $a_1,a_2,\cdots,a_{t-1}$，构造一个 $t-1$ 次多项式，

$$f(x)=M+a_1x+a_2x^2+\cdots+a_{t-1}x^{t-1}\bmod p$$

秘密分发者计算

$$S(i)=f(x_i)\bmod q,i=1,2,\cdots,n$$

将 $S(i)$ 作为参与者 P_i 的秘密份额。

（3）秘密分发者将 S_i 发送给相应的参与者，并广播验证信息。

$$V_i=g^{a_i}\bmod p,i=1,2,\cdots,t-1$$

（4）参与者可以互相验证秘密份额，如果下面的公式成立，那么秘密份额就是真实的。

$$g^{S_i}=\prod_{j=0}^{t-1}(V_j)^{i^j}\bmod p$$

（5）t 或者 t 个以上的参与者根据拉格朗日插值算法可以恢复秘密 M。

Feldman 方案的安全性是基于离散对数的难解问题，能够抵御 $(n-1)/2$ 个攻击者的攻击。

关于秘密共享的问题还有很多，如带预防的秘密共享、多秘密共享等，而且门限方案也存在很多的变化，限于篇幅本书不做详细介绍。我们从秘密分割一直到各种不同的门限方案，最后还紧紧地抓住了秘密共享的尾巴，从几个方面了解、认识了秘密共享。或许你不喜欢它们，但我们不得不承认它们是密码学中的重要组成部分。经过一段理论学习，下面通过几个门限方案的应用从感性上认识秘密共享。

5. 应用

除了在核弹发射上的应用，一个经过精心设计的门限方案在很多方面都有应用。

秘密共享最初用于密钥管理，即将一个主密钥在多个参与者之间共享，使得参与者之间对于主密钥的恢复形成某种制约，解决了主密钥的遗失和信息泄露的问题。如今，秘密共享日臻完善，人们发现了它在密码学上的更多应用，它被广泛使用在数字签名、电子选举、电子拍卖以及承诺方案中。下面以电子选举为例简单说明其应用。

选举是现实生活中经常遇到的事情，小到组长，大到国家领导人。一般的选举是由候选人、选民、唱票人组成，每个选民递交一张选票，唱票人在收到所有的选票之后进行计算统计，按照相关规定决定当选人。所谓电子选举，就是现实生活中选举的电子化，选民可以通过互联网等进行投票。电子选举必须满足一些基本要求，如选举匿名、唱票过程以及选举公正性可以被选民监督，每个选民的投票都是合法的，等等。秘密共享在电子选举中就有应用。

我们简化一个选举问题，设有 N 个候选人 $\{1,2,\cdots,N\}$，为了简单起见，考虑为候选人依次投票。就是选民每次只投一个候选人，以 0 表示不同意，1 表示同意。下面介绍基于 Shamir 门限共享方案的电子选举协议，主要步骤如下：

（1）系统参数选定。设有一个候选人，m 个选民 $V_1,V_2,\cdots,V_M$，n 个唱票人 T_1，$T_2,\cdots,T_n$，选定一个素数 $p>n+m$，所有运算均是在 Z_p 中进行的，在 Z_p^* 中选取互不相同的数 $x_1,x_2,\cdots,x_n$，x_i 是唱票人 T_i 的身份，$1 \leqslant i \leqslant n$；

（2）投票。第一步，每个选民 V_i，针对候选人确定自己的选票 $V_i=1$ 或 0，构造 Z_p 上的随机多项式

$$f_i(x)=V_i+a_1x+\cdots+a_{i-1}x^{t-1}$$

并将 $V_{ij}=f_i(x_j)$ 秘密发送给唱票人 T_j，$1 \leqslant j \leqslant n$，$1 \leqslant i \leqslant m$；第二步，每个选民 V_i 向所有的唱票人证明他发送的 $V_{i1},V_{i2},\cdots,V_{in}$ 是合法的。详细的证明过程不在此叙述。

（3）唱票。收集到选票信息后，每个唱票人 T_j 将得到消息相加，即计算

$$Z_j=\sum_{i=1}^{m}V_{ij}$$

然后 t 个唱票人，根据拉格朗日插值法计算

$$s=\sum_{i=1}^{t}Z_i\prod_{j=1,j\neq i}^{t}\frac{-x_j}{x_i-x_j}$$

s 即为候选人的最终的选票。

8.2 博弈

上一节我们认识了什么是秘密共享并了解了典型的门限方案,接下来进入另一个神秘的世界。相信大家都玩过掷硬币或者扑克游戏吧,那么你们有没有发现它们有什么规律。掷硬币或者扑克游戏,它们都可以归结为博弈。什么是博弈,这就涉及另一个在很多领域都有应用的学科了。由于本书是密码学书籍,因此不在此详细介绍,有兴趣的读者可以查阅博弈论的相关书籍。下面通过掷硬币与扑克游戏认识密码学中博弈的重要性。

8.2.1 掷硬币博弈

在一些密码协议中要求通信双方在没有第三方的情况下,产生一个随机序列,因为协议中的两方可能互相不信任,所以随机序列不可能由一方产生并通过电话或者网络等告诉另一方。这个问题可以通过掷硬币协议来实现,而这与通常我们所熟知的掷硬币(见右图)的区别就是协议的双方是地理隔离的。

假设一个场景,Bob 打电话想约 Alice 一块去旅游,Alice 想去墨尔本,但 Bob 却想去东京,经过一番讨论后,他们还是不能决定去什么地方,于是他们决定通过掷硬币游戏解决纠纷。游戏规则很简单,任何猜出硬币朝上面的人将获得决定权。现在 Bob 投出了一枚硬币,Alice 猜测是正面,但 Bob 却说是反面,Bob 赢了。在 Alice 看不到投币现场的情况下,怎么才能确定 Bob 没有欺骗 Alice。掷硬币协议有很多种,我们为大家展示两种常见的掷硬币协议。

1. 采用单向函数的掷硬币协议

前面介绍过什么是单向函数,现在假设 Alice 和 Bob 对使用一个单向函数达成了一致的意见,那么协议将非常简单。

(1) Alice 选取一个随机数 x,计算 $y=f(x)$,其中 $f(x)$ 是单向函数。最后 Alice 将 y 发送给 Bob。

(2) Bob 猜测 x 是偶数还是奇数,并将结果发送给 Alice。

(3) Alice 告知 Bob 他的猜测是否正确,并将 x 发送给 Bob。

由于 Bob 不知道 $f(x)$ 的逆函数,因此他无法通过 Alice 发送过来的 y 得出 x,只能猜测,如果 Alice 在 Bob 猜测后改变 x,Bob 可以通过 $y=f(x)$ 检测出 Alice 的欺骗行为。

在学习密码学之前,你可能会认为这样就已经天衣无缝了,其实不然。这个简单的协议的安全性取决于选择的单向函数,假设 Alice 找到 x_1 和 x_2,满足 x_1 为偶数,x_2 为奇数,且 $y=f(x_1)=f(x_2)$,那么她每次都能获得胜利。或者还有其他可能,会不会存在一个单向函数,出现奇数的概率比偶数的概率更大,这样就会带来不公平。密码学就是这样让人感兴趣,不经意间它总会打破你的幻想。

2. 采用平方根的掷硬币协议

掷硬币游戏并不会在此结束,Alice 说我们还有很多玩法,于是采用新方法掷硬币的游戏又开始了。

游戏过程如下:

(1) Alice 选择两个大素数 p,q,她将 $n=pq$ 发送给 Bob。

(2) Bob 在 1 和 $n/2$ 之间,随机选择一个整数 u,计算 $z \equiv u^2 \bmod n$,并将 z 发送给 Alice。

(3) Alice 计算模 n 下 z 的 4 个平方根 $\pm x$ 和 $\pm y$,设 x' 是 $x \bmod n$ 和 $-x \bmod n$ 中的较小者,同样 y' 是 $y \bmod n$ 和 $-y \bmod n$ 中的较小者,由于 $1<u<n/2$,所以 u 为 x' 和 y' 之一。

(4) Alice 猜测 $u=x'$ 或者 $u=y'$,之后 Alice 将猜测结果发送给 Bob。

(5) Bob 告诉 Alice 猜测是否正确,并将 u 值发送给 Alice。

(6) Alice 公开 n 的因子。

你可能还会有些迷惑,接下来的例子会有助于你的理解。

例如:

(1) Alice 取 $p=3,q=7$,之后将 $n=21$ 发送给 Bob。

(2) Bob 在 1 和 $21/2$ 之间,随机选择一个整数 $u=2$,计算 $z \equiv 2^2 \bmod 21=4$,之后将 $z=4$ 发送给 Alice。

(3) Alice 计算模 21 下 $z=4$ 的 4 个平方根 $x=2,-x=19,y=5,-y=16$,取 $x'=2$,$y'=5$。

(4) Alice 猜测 $u=5$ 并将猜测发送给 Bob。

(5) Bob 告诉 Alice 猜测错误,并将 $u=2$ 发送给 Alice,Alice 检测 $u=2$ 在 1 和 $21/2$ 之间且满足 $4 \equiv 22 \bmod 21$,Alice 就确定自己输了。

(6) Alice 公开 $n=21$ 的因子 $p=3,q=7$,Bob 通过检验 $n=pq$,就知道自己赢了。

掷硬币的游戏到此结束了,但是我们一颗探索其中秘密的好奇心却愈发强烈,你很想知道其中是否有什么奥秘可以让你在这种游戏中获得主动权,抑或你想知道有什么方法可以让你获得游戏的胜利,这些归根结底还是要探究协议具有欺骗的可能性。我们已经说明了采用单向函数的掷硬币的协议可能存在的问题,那么接下来探讨采用平方根的掷硬币的协议中存在的问题。因为 u 是 Bob 随机选取的,Alice 是不知道的,所以要猜测 u 只能是计算模 n 下的 z 的 4 个平方根,猜中的概率是 1/2。Bob 是否可以欺骗 Alice,如果 Bob 在 Alice 猜测后改变 u 的值,由于 Alice 可以通过 $z \equiv u^2 \bmod n$ 检测出 Bob 是否改变了 u 的值,这样 Alice 就可以知道 Bob 是否有欺骗行为。

8.2.2 扑克博弈

Alice 和 Bob 还是对上述的掷硬币有所怀疑,他们决定换个新的游戏玩法,那就是传统的扑克牌游戏。Bob 拿出了一副特殊处理过的扑克牌。游戏规则是这样的：

（1）Bob 拿出了 52 个完全相同的盒子，并且每个盒子中都有一张扑克牌，现在他将每个盒子都锁上。这些盒子将邮寄给 Alice。

（2）Alice 在收到盒子后，从中随机选取 5 个盒子，用自己的锁将盒子锁上。现在盒子拥有了两层保险锁了。Alice 之后把选取的 5 个盒子寄给 Bob。

（3）Bob 收到盒子后，将自己的锁打开，并将盒子再次寄给 Alice。

（4）Alice 收到盒子后，也将自己的锁打开。现在 Alice 能够获得盒子中的 5 张扑克牌了。

（5）Alice 从剩余的 47 个盒子中再次随机地选取 5 个盒子，并将盒子寄给 Bob。

（6）Bob 收到这批盒子后，使用自己的钥匙将盒子解锁，他现在也可以获得 5 张扑克牌。

（7）最后 Bob 和 Alice 出示自己的牌即可获得游戏结果了。

现在假设 Bob 赢了游戏，Alice 请求换几张牌，Bob 欣然同意了。Alice 想换 3 张牌，她把 3 张牌放在一个使用过的空盒子，用自己的锁锁上，之后将它寄给 Bob。Alice 在剩余的 42 个盒子中选取 3 个盒子并锁上，寄给 Bob。Bob 打开他的锁并将盒子寄给 Alice，Alice 打开自己的锁就可以重新获得 3 张牌了。同样 Bob 也可以换牌。

我们可能会怀疑游戏的公平、公正性。因为上面介绍的扑克牌游戏是在没有第三方的情况下进行的，游戏中存在两个参与方 Alice 和 Bob。为了确保游戏公正的实施，游戏过程中应满足以下要求：

（1）发到参赛人员手中的牌是等可能的。

（2）发给 Alice 与 Bob 的牌是没有重复的。

（3）每个参与方可以知道自己的牌，但对对方的牌却是不知道的。

（4）比赛结束后，每一方都可以发现对方的欺骗行为。

为满足这些要求，参与方之间必须以加密的形式交换一些信息。这也是与上述情况相吻合的，Alice 和 Bob 分别对盒子上锁可以看作是对信息的加密操作。设 E_A 和 E_B、D_A 和 D_B 分别表示 Alice 和 Bob 的加密变换和解密变换，游戏结束之前这些都是保密的，比赛结束后将予以公布用以证明游戏的公正性。其中要求加密变换满足交换律，对任意信息 M 都有：

$$E_A(E_B(M)) = E_B(E_A(M))$$

现在将上述的扑克游戏进行形式化表达，游戏规则如下：

（1）Alice 与 Bob 协商之后确定以 $w_1, w_2, \cdots, w_{52}$ 表示 52 张牌，并设定由 Alice 为每个人发 5 张牌。而且 Alice 和 Bob 都产生一个公钥/私钥对。

（2）Bob 先洗牌，他通过自己的公钥使用加密操作 E_A 对 52 个信息分别加密，之后将结果 $E_B(w_i)$ 发送给 Alice。

（3）Alice 从收到的 52 个加密信息中随机选择 5 个 $E_B(w_i)$，并使用加密操作 E_A 对信息加密，生成 $E_A(E_B(w_i))$，之后回送给 Bob。

（4）Bob 不能阅读回送给他的信息，他会使用他的私钥对它们解密

$$D_B(E_A(E_B(w_i))) = E_A(w_i)$$

然后再发送给 Alice。

(5) Alice 使用解密操作获得她的 5 张牌。

$$D_A(E_A(w_i))=w_i$$

(6) Alice 从剩余的 47 张牌中再次随机选取 5 张牌 $E_B(w_i)$，并将它们发送给 Bob。

(7) Bob 利用他的解密操作 D_B 解密信息获得他的 5 张牌。

$$D_B(E_B(w_i))=w_i$$

(8) 博弈结束后，Alice 和 Bob 出示他们的牌和他们的密钥，以便每人都确信没有人作弊。

如果 Bob 赢了，那么他出示自己牌和密钥，Alice 能够用 Bob 的私钥确认 Bob 合法地进行了第(2)步。Alice 还可以通过用 Bob 的公钥加密 Bob 的牌，并验证与她在第(6)步中发送给 Bob 的牌是相同的，从而确认 Bob 没有欺骗自己。

Carol 听说 Alice 和 Bob 在玩这么有趣的游戏，也想加入其中。于是他们开始了新的一轮的游戏，其实这很简单。三个人参与的博弈与之前类似，如下：

Alice 在第(7)步后将剩余的 42 张牌送给 Carol，由于 Carol 不能读取任何信息，她也随机选取 5 个消息，使用加密算法 E_C 加密信息，生成 $E_C(E_B(w_i))$ 送给 Bob。Bob 也不能读取信息，他使用解密算法对它们解密 $D_B(E_C(E_B(w_i)))=E_C(w_i)$，之后发送给 Carol。Carol 使用个人的解密算法解密信息 $D_C(E_C(w_i))=w_i$，这样就获得了她的牌了。

那么有三个人参与的游戏，是否会导致游戏的公平、公正性发生变化。答案是的，当多余两个人参加时，如果有恶意的牌手相互串通，这个游戏就不公正了。Bob 和别的牌手可以有效地联合对付第三方，可以在不引起怀疑的情况下骗取其所有的东西。Crepeau 曾于 1986 年提出了一个可以消除信息泄露问题的 n 方扑克协议，有兴趣的读者可以自行查阅文献[12]。

8.2.3　匿名密钥分配

我们已经认识了密码学中关于博弈的问题，虽然说掷硬币和扑克游戏也可以算作密码学的应用，但是我们更加想了解博弈在其他方面的应用。

密钥分配是一个在密码学中常见的问题，它在通信、交通等领域都有广泛的应用。考虑密钥分配问题，假设人们不能生成他们自己的密钥。采用传统的密钥分配中心(KDC)，用来生成和分配密钥，我们需要找出一些密钥分配方法使得每个人分配到的密钥是保密的。

下面的协议解决了这个问题：

(1) Alice 生成一个公钥/私钥密钥对，这对密钥是保密的。

(2) KDC 产生连续的密钥流，使用它自己的公钥，一个一个地将这些密钥加密。之后 KDC 将这些加密后的密钥传送到网上。

(3) Alice 从这些密钥中随机选择一个密钥，并用她的公钥加密所选的密钥。在一段足够长的时间后，将这个双重加密的密钥发送给 KDC。

(4) KDC 用私钥解密双重加密的密钥，得到一个用 Alice 的公开密钥加密的密钥。最后将此加密密钥送给 Alice。

（5）Alice 使用她的私钥解密这个密钥。

Eve 在这个协议过程中也不知道 Alice 选择了什么密钥，她看到了连续的密钥流通过。当 Alice 在第（3）步将密钥送回给 KDC 时，是用她的保密的公钥加密的。Eve 没法将它与密钥流关联起来。但服务器在第（4）步将秘密送回给 Alice 时，也是用 Alice 的公开密钥加密的。仅当 Alice 在第（5）步解密密钥时，才知道密钥。

> 📖 **密钥分配中心（KDC）**
>
> KDC 在密钥分配过程中充当可信任的第三方。KDC 保存有每个用户和 KDC 之间共享的唯一的密钥，以便进行分配。在密钥分配过程中，KDC 按照需要生成各对端用户之间的会话密钥，并由用户和 KDC 共享的密钥进行加密，通过安全协议将会话密钥安全地传送给需要进行通信的双方。

8.3 零知识

引言小故事：

Alice："我知道肯德基的炸鸡配方。"

Bob："不，你不知道。"

Alice："我知道。"

Bob："那请你证实这一点！"

Alice："好吧，我告诉你！"（她悄悄地告诉了 Bob 肯德基的炸鸡配方。）

Bob："太有趣了！现在我也知道这个配方了。"

Alice："糟糕！说漏嘴了。"

不幸的是，Alice 要向 Bob 证明自己知道一些秘密的方法是告诉 Bob，但这样一来 Bob 也知道了这些秘密。现在 Bob 就可以告诉他想要告诉的其他人，而 Alice 对此毫无办法。Alice 怎样才能不泄露她的秘密，同时又让 Bob 相信她确实拥有这一秘密呢？

Alice 可以和 Bob 进行零知识证明（zero knowledge proof）。零知识证明是一种协议，协议的一方称为证明者，通常用 Peggy 表示；另一方称为验证者，通常用 Victor 表示。

> 📖 **零知识证明概念**
>
> 零知识证明这一概念是由 Goldwasser（见右图）等人于 20 世纪 80 年代初提出，它起源于最小泄露证明。在交互证明的系统中，设 Peggy 知道某一秘密，并向 Victor 证明自己掌握这一秘密，但又不向 Victor 泄露这一秘密，这就是最小泄露证明。进一步地，如果 Victor 除了知道 Peggy 能证明某一事实外，不能得到其他任何信息，则称 Peggy 实现了零知识证明。
>
>

8.3.1 零知识证明模型和实例

1. 零知识证明模型

关于零知识证明最经典的模型是 Jean-Jacques Quisquater 和 Louis Guillou 提出的一个洞穴模型,见图 8-2。洞穴里有一个秘门,知道咒语的人能打开 C 和 D 之间的秘门。而对于其他不知道咒语的人来说,两条通道都是死胡同。

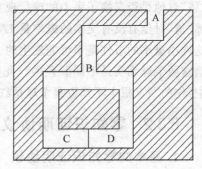

Peggy 知道这个洞穴的咒语。她想向 Victor 证明这一点,但她不想泄露咒语让 Victor 知道。于是 Peggy 和 Victor 进行如下协议:

(1) Victor 站在 A 点;Peggy 站在 B 点。

(2) Peggy 一直走进洞穴,到达 C 点或 D 点。

(3) 当 Peggy 进洞之后,Victor 走到 B 点。

(4) Victor 向 Peggy 喊叫:让 Peggy (a)从左边出来,或者(b)从右边出来。

图 8-2 零知识洞穴

(5) Peggy 按照要求实现(如果有必要她就用咒语打开密门)。

(6) Peggy 和 Victor 重复执行(1)~(5)步 n 次。

协议中,如果 Peggy 不知道密门的咒语,就只能从来路返回 B,而不能走另外一条路。此外,Peggy 每次猜对 Victor 要求走哪条路的概率是 $1/2$,因此每一轮中 Peggy 能够欺骗 Victor 的概率是 $1/2$。如果协议进行 n 轮,则 Peggy 能够欺骗 Victor 的概率是 $1/2^n$。当 n 很大时,Peggy 冒充知道咒语成功的概率就会很小。例如假定 $n=16$,Peggy 能够欺骗 Victor 的概率为 $1/65\,536$。在某种意义上,Victor 大概就可以相信 Peggy 知道通过密门的咒语。

假设 Victor 有一个摄像机能记录下他所看到的一切。他记录下 Peggy 消失在洞中的情景,记录下他喊叫 Peggy 从他选择的地方出来的时间,记录下 Peggy 走出来。他记录下所有 n 次实验。如果他把这些记录给 Eve 看,Eve 会相信 Victor 知道打开密门的咒语吗?肯定不会。因为 Peggy 可能和 Victor 事先商量好出来的左右顺序,这样即使 Peggy 不知道咒语,他也能按照 Victor 要他出来的通道出来。这说明了 Victor 不可能使第三方相信这个证明的有效性。

此外,在协议执行的过程中,Victor 始终站在洞穴的 B 点以外,他只能根据一系列的挑战和响应得到 Peggy 是否知道通过密门的咒语这一结论,除此之外他没有获得任何知识。因此协议必定是零知识的。

2. 零知识证明小例子——红绿色盲和红绿球的零知识证明

假如你的一个朋友是红绿色盲,你有两个球:一个是红色的,一个是绿色的,除此之外这两个球完全相同,但对你的朋友而言他们似乎完全相同,在不告诉他哪一个是红色哪一个是绿色的情况下,你如何向他证明这两个球是不同颜色的?

你可以这样去证明:使你的朋友每个手中各拿一个球,与你面对面站着。你自然可以看到这两个球的颜色,但你不告诉他哪个手里是红色的,哪个手里是绿色的。然后你让他将两只手放在他的背后。下一步,他要么交换手里的球要么不交换,交换与不交换的概率各占1/2。最后,他把手从背后拿出来,让你"猜"他是否交换了。从他手中球的颜色,你一眼就可以看出来他是否交换了;如果这两个球颜色是相同的,那么你只有一半的机会"猜"对他是否交换了手中的球。现在你和你的朋友将此过程反复进行 n 次,那么你 n 次都"猜"对他有没有交换的概率是 $1/2^n$。假如 $n=16$,你"猜"对的概率将会小到 $1/65\ 536$,这样小概率的事件是不可能发生的。而这 n 次都被你"猜"出来了,你的朋友则不得不相信这两个球确实是不同颜色的。此外,这个证明必定是零知识的,因为在整个证明过程中,你的朋友根本不知道哪个球是红色的,哪个球是绿色的。

8.3.2 零知识证明协议

1. 基本的零知识证明协议

在介绍基本的零知识证明协议前,我们先介绍一下分割选择技术,它类似如下将任何东西等分的经典协议:

(1) Peggy 将东西切成两半。

(2) Victor 给自己选择一半。

(3) Peggy 拿走剩下的一半。

Peggy 最关心的是第(1)步中的等分,因为 Victor 可以在第(2)步选择他想要的那一半。

洞穴的比喻并不完美,如果 Peggy 知道咒语,他可以简单地从一边走进去,并从另一边出来。这里并不需要分割选择技术,但是数学上的零知识证明需要使用分割选择技术,假设证明者 Peggy 知道一部分信息而且这部分信息是一个难题的解法(例如图的哈密尔顿回路),基本的零知识协议由下面几轮组成。

(1) Peggy 用所知道的信息和一个随机数将这个难题转变成另一难题,新的难题和原来的难题同构。然后用自己的信息和这个随机数解这个新的难题。

(2) Peggy 利用比特承诺的方案提交这个新的难题的解法。

(3) Peggy 向 Victor 透露这个新的难题,Victor 不能用这个新难题得到关于原难题或其解法的任何信息。

(4) Victor 要求 Peggy:

    (a) 向他证明新、旧难题是同构的,或者:

    (b) 公开证明者在第(2)步中提交的解法并证明是新难题的解法。

(5) Peggy 同意。

(6) Peggy 和 Victor 重复第(1)~(5)步 n 次。

这类证明的数学问题很复杂。难题和随机变换一定要仔细挑选,使得甚至在难题的多次迭代之后,验证者仍不能得到关于原难题解法的任何信息。

2. 并行零知识证明协议

基本的零知识证明协议包括 Peggy 和 Vector 之间的 n 次交换,可以把它们全部并行完成：

(1) Peggy 用所知道的信息和 n 个随机数将这个难题转变成 n 个不同的同构难题，然后用自己的信息和随机数解决这 n 个新难题。

(2) Peggy 提交这 n 个新难题的解法。

(3) Peggy 向 Victor 透露这 n 个新难题，Victor 不能用这些新难题得到关于原难题或其解法的任何信息。

(4) 对这 n 个新难题的每一个，Victor 要求 Peggy：

　　(a) 向他证明新、旧难题是同构的，或者：

　　(b) 公开证明者在第(2)步中提交的解法并证明它是这个新难题的解法。

(5) Peggy 对这 n 个新难题的每一个都表示同意。

在实际应用中，这个协议似乎是安全的，但是没有人知道怎么证明它。我们已经知道的是：在某些环境下，针对某些问题的某些协议可以并行运行，并同时保留它们的零知识性质。

3. 非交互式零知识证明协议

前面讨论的零知识证明协议都是交互式的，协议运行的过程是 Peggy 和 Victor 进行交互的过程。其实早在 1988 年，人们就已经发明了非交互式零知识的证明。这些协议不需要任何的交互，证明者 Peggy 可以公布协议，从而向任何花时间对此进行验证的人证明协议是有效的。

这个基本协议类似于并行零知识证明，只是它利用单向函数代替了 Victor：

(1) Peggy 用所知道的信息和 n 个随机数将这个难题转变成 n 个不同的同构难题，然后用自己的信息和随机数解决这 n 个新难题。

(2) Peggy 提交这 n 个新难题的解法。

(3) Peggy 把所有这些提交的解法作为一个单向散列函数的输入（这些行为其实是一系列比特串），然后保存这个单向散列函数输出的头 n 个位。

(4) Peggy 取出在第(3)步中产生的 n 个位，针对第 i 个新难题依次取出这 n 个位中的第 i 个位，并且：

　　(a) 如果它是 0，则证明新、旧难题是同构的，或者：

　　(b) 如果它是 1，则公布在第(2)步中提交的解法并证明它是这个新难题的解法。

(5) Peggy 将第(2)步中的所有约定以及第(4)步中的解法都公之于众。

(6) Victor 或者其他感兴趣的人，可以验证第(1)步至第(5)步是否能被正确执行。

从这个非交互式协议可以看出，在第(4)步 Peggy 用随机数自己挑选难题，从而代替了前面交互式协议中依靠 Victor 选择难题。

这个协议起作用的原因在于单向散列函数扮演了一个无偏随机位发生器的角色。如果 Peggy 要进行欺骗，他必须能预测这个单向散列函数的输出。但是他没有办法强迫这个单向函数产生哪些位或猜中它将产生哪些位。这个单向散列函数在协议中实际上是 Victor 的代替物——在第(4)步中随机选择两个证明中的一个。

8.3.3 基于零知识的身份认证协议

基于零知识的身份认证的基本思想是：证明者可以在无须泄露自己身份的情况下向验证者证明自己的身份。使用零知识证明来做身份认证最先是由 Uriel Feige、Amos Fiat 和 Adi Shamir 提出的。某人的私人密钥成为他身份的函数。通过使用零知识证明,他能够证明他知道自己的私人密钥,并由此证明自己的身份。目前已有的基于零知识的身份认证协议有 Fiat-Shamir 协议、Feige-Fiat-Shamir 协议、Guillo-Quisquater 协议、Schnorr 协议等。

下面以 Fiat-Shamir 协议和 Feige-Fiat-Shamir 协议为代表进行介绍,其他的协议可查阅相关资料了解。

1. Fiat-Shamir 协议

在 Fiat-Shamir 协议中,可信的第三方选择两个大的素数 p 和 q 来计算 $n = p * q$ 的值。n 的值是公开的;p、q 的值要保密。证明者 Peggy 选择 $1 \sim n-1$ 之间的一个秘密数 s。她计算出 $v = s^2 (\bmod n)$,保存 s 作为其私钥,并把 v 注册为她与第三方之间的公钥。Victor 对 Peggy 的验证会在 6 步中完成,如图 8-3 所示。

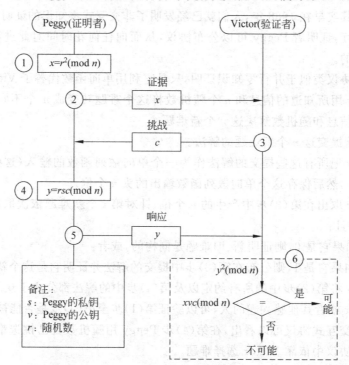

图 8-3　Fiat-Shamir 协议

(1) 证明者 Peggy 选择一个 $0 \sim n-1$ 之间的随机数 r,然后计算出 $x = r^2 \bmod n$,x 称为证据。

(2) Peggy 把 x 作为证据发送给 Victor。

（3）验证者 Victor 把挑战 c 发送给 Peggy。c 的值是 0 或 1。

（4）Peggy 计算出 $y = rsc$。注意，r 是 Peggy 在第一步中选出的随机数，s 是她的私钥，且 c 是挑战（0 或 1）。

（5）Peggy 把响应发送给 Victor，表明她知道其私钥 s 的值。她表示自己是 Peggy。

（6）Victor 算出 y^2 和 xvc。如果这两个值同余，那么 Peggy 或者可以计算出 s 的值（她是诚实的），或者可以通过某种方法计算出 y 的值（不诚实的），因为我们可以很容易地证明，在模 n 算法中 y^2 和 xvc 是相同的（证明过程为：$y^2 = (rsc)^2 = r^2 s^2 c = r^2 (s^2) c = xvc$）。

上述 6 步构成一轮，由于 c 的值等于 0 或 1（随机选择），验证要重复几次。证明者在每一轮验证中，必须通过测试。只要她在某一轮中失败了，整个过程就会终止。

协议中，Peggy 可以是诚实的（她知道 s 的值）也可以是不诚实的（她不知道 s 的值）。如果她是诚实的，显然她可以通过每一轮测试；如果她是不诚实的，通过猜测 c 的值，她仍然有机会通过一轮测试。下面具体分析第二种情形：

（1）Peggy 猜测 c 的值为 1。她算出 $x = r^2 / v$ 并将 x 作为证据发送给 Victor。

（a）如果她的猜测是正确的（在第（3）步 Peggy 收到 c 的值是 1），在第（5）步她就将 $y = r$ 作为响应发送给 Victor。不出所料第（6）步 $y^2 \equiv xvc \pmod{n}$，Peggy 通过了测试。

（b）如果她的猜测是错误的（在第（3）步 Peggy 收到 c 的值是 0），她就不能求出可以通过测试的 y 的值。她也就无法通过测试。

（2）Peggy 猜测 c 的值为 0。她算出 $x = r^2$ 并将 x 作为证据发送给 Victor。

（a）如果她的猜测是正确的（在第（3）步 Peggy 收到 c 的值是 0），在第（5）步她就将 $y = r$ 作为响应发送给 Victor。不出所料第（6）步 $y^2 \equiv xvc \pmod{n}$，Peggy 通过了测试。

（b）如果她的猜测是错误的（在第（3）步 Peggy 收到 c 的值是 1），她就不能求出可以通过测试的 y 的值。她也就无法通过测试。

可以看出，如果证明者是不诚实的，在一轮测试中她仍有 50% 的机会欺骗验证者并通过测试。如果测试进行 n 轮，则证明者欺骗验证者的概率是 $1/2^n$。当 n 很大时，证明者欺骗成功的概率将会很小，从而证明者的身份得到验证。

2. Feige-Fiat-Shamir 协议

Feige-Fiat-Shamir 协议与前面的 Fiat-Shamir 协议很相似，不同之处在于它采用了并行认证的方式，使用私钥向量 $[s_1, s_2, \cdots, s_k]$，公钥向量 $[v_1, v_2, \cdots, v_k]$ 和挑战向量 $[c_1, c_2, \cdots, c_k]$，提高了验证效率。其中私钥是随机选择的，但是必须是与 n 相关的素数。Peggy 声称她有私钥 $s_1, s_2, \cdots, s_k$，但不公开她的私钥，她计算 $v_i = s_i^2 \pmod{n}$ 并把 v_i 作为公钥公开。Feige-Fiat-Shamir 协议执行过程如图 8-4 所示。

Feige-Fiat-Shamir 协议的第六步是验证 $y^2 v_1^{c_1} v_2^{c_2} v_k^{c_k}$ 和 x 是模 n 同余的。若 Peggy 确实知道私钥向量（她是诚实的），$y^2 v_1^{c_1} v_2^{c_2} v_k^{c_k}$ 和 x 显然是模 n 同余的。

下面详细分析一下这个协议：

假设 $k = 1$，那么 Peggy 被要求给出 r 或 rs_1。该协议就变成了 Fiat-Shamir 协议。

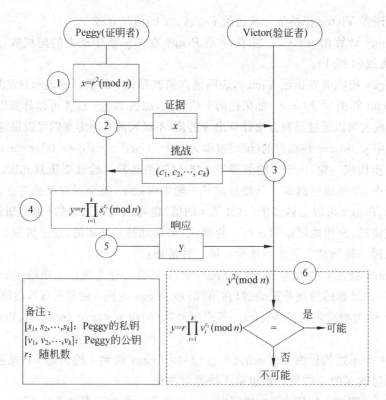

图 8-4　Feige-Fiat-Shamir 协议

假设 k 取较大值,比如假设 Victor 传给 Peggy $c_1=1, c_2=1, c_4=1$,而其他所有 $c_i=0$。那么 Peggy 必须计算出 $y=rs_1s_2s_4$,即 $xv_1v_2v_4$ 的平方根。实际上在每一个回合中,Victor 要求的是形如 $xv_{i1}v_{i2}\cdots v_{ij}$ 的数字的平方根。如果 Peggy 知道 $r, s_{i1}, s_{i2}, \cdots, s_{ij}$(她是诚实的),她就可以给出相应的平方根。反之,如果她不知道(她是不诚实的),那么很难计算出平方根。

如果 Peggy 不知道 $[s_1, s_2, \cdots, s_k]$ 中的任何一个(或者有人伪装成 Peggy 也会出现这种情况),她只能猜测 Victor 可能发出的挑战。假设 Peggy 在发送 x 之前,她猜对了,那么她就可以选随机数 y,令 $x=y^2 v_1^{c_1} v_2^{c_2} v_k^{c_k} (\bmod n)$,将 x 作为证据发送。收到挑战后将所选的随机数 y 作为响应发送。验证结果必然是不出所料的。如果她猜错了,她就不能求出可以通过测试的 y 的值,因此她也不能通过 Victor 的验证。

Victor 发出的挑战有 k 位,传送的可能数字串有 2^k 个,而其中只有一个允许 Peggy 欺骗 Victor(即当 Victor 发来的挑战值为全 0 时,Peggy 只需要提供 x 的平方根 r,r 值本来就是 Peggy 随机选择的,所以她必然能通过测试)。在这个协议的一个回合中,Victor 被骗的可能仅仅为 $1/2^k$。如果这个过程重复 t 次,那么 Victor 被骗的概率则为 $1/2^{kt}$。假设 $k=5, t=4$。即 Feige-Fiat-Shamir 协议重复 4 次,而这与 Fiat-Shamir 协议重复 20 次的概率是相同的,因此相比于 Fiat-Shamir 协议,Feige-Fiat-Shamir 协议验证的效率大大提高了。

> 📖　**姚氏百万富翁问题与安全多方计算**
>
> 　　考虑这样一个问题：两个百万富翁 Alice 和 Bob 想知道他们两个谁更富有,但他们都不想让对方知道自己财富的任何信息。这个问题来源于姚期智教授(见右图)1982 年在计算机基础科学年会(FOCS)上的文章《安全通信协议》(*Protocols for secure computations*)。推广到更一般的情况：如何在保护各方数据隐私的前提下进行合作计算。这就是安全多方计算(Secure Multi-party Computation,SMC)。安全多方计算是电子选举、门限签名以及电子拍卖等诸多应用  得以实施的密码学基础。姚的文章开创了安全多方计算的先河。

8.4　小结

　　本章集中讨论了密码学中的几个问题,其中包括秘密共享、博弈与零知识。

　　秘密共享最初由 Shamir 提出,门限方案是它的核心内容,其中最基础的就是(t,w)门限方案。其实质是将秘密分割给多人,只有当超过一定数量的秘密拥有者一起解密时才能获得秘密。起初的秘密共享存在很多问题,经过多年的发展它延伸出很多内容,如可验证的秘密共享,等等。这些都是秘密共享的研究方向。

　　我们还了解了密码学中典型的掷硬币和扑克游戏,它们归根结底就是在某种规则下的博弈。为此,一攻一防就成了其主要内容。在密码学的学习中,我们不能被固定思维固定住,也不能人云亦云。敢于思考、敢于挑战才是我们需要的。

思 考 题

　　1. 假设你有一个值为 5 的秘密。你想创建一个方案,将秘密拆分给 A、B、C、D、E 这 5 人,从而使他们中的任何 3 个人能够确定秘密,但是任何一个人单独是无法确定的。那么你应怎么去做？请你设计一个方案实现秘密的分享。

　　2. 假设存在一个$(3,5)$-门限方案,方案采用的模数 p 为 19。已分发 5 个值给 5 个参与者,现已知$(2,5)$、$(3,4)$、$(5,6)$,请计算相应的拉格朗日插值多项式,并得出秘密。

　　3. 某个军事机构由 1 个将军、2 个上校和 5 个办事员组成。他们共同享有导弹的控制权。但是只有将军想发射或者 5 个办事员决定发射,或者是 2 个上校决定发射,或者是 1 个上校和 3 个办事员决定发射时才可以发射导弹。请构思一个可以使用在这个场合的秘密共享方案。

　　4. 在 Blakley$(3,w)$方案中,假设分别给 A、B 两人两个平面 $z=2x+3y+13$、$z=5x+3y+1$。证明他们可以在没有第三个平面的情况下重构秘密。

5. 考虑如下情况：A 政府、B 政府、C 政府是互相敌对的，但是又同样受到来自南极洲迫近的危险。它们都派出了由 10 名成员组成的代表团参加国际高级会议，来磋商南极洲企鹅造成的世界性安全威胁问题。他们决定对自己的对手采取一种观察的态度。但是，他们又决定如果这些鸟实在是太吵的话，那么就对南极洲采取行动。使用秘密共享技术，描述一下他们怎么分配运行秘密，使得 A 代表团的 3 个人、B 代表团的 4 个人以及 C 代表团的 2 个人合作就可以重建运行秘密。

6. 在 Asumth-Bloom 门限方案中，设 $k=2$，$n=3$，$m_1=7$，$m_2=9$，$m_3=11$，3 个子秘密分别是 6、3、4，求秘密数据 s。

7. 现在 Steve 想加入 8.2.2 节扑克协议的游戏，那么有什么办法可以让他公平、公正地加入游戏中。请给出在 Steve 存在情况下的游戏方案。

A. 设 p 是一个奇素数，证明：如果 $x\equiv-x(\bmod p)$，那么 $x\equiv0(\bmod p)$。

B. 设 p 是一个奇素数，假设 $x,y\not\equiv0(\bmod p)$，且 $x^2\equiv y^2(\bmod p^2)$。证明 $x\equiv\pm y(\bmod p^2)$。

C. 假设抛硬币的时候 Alice 通过选择 $p=q$ 来作弊。证明 Bob 经常输是因为 Alice 经常返回 $\pm x$。所以在游戏结束时，对 Bob 来说，询问两个素数是很明智的。

8. 经过上面的学习，你一定已经了解了关于掷硬币或者扑克的奥秘，现在请你发挥你的所学思考一下它们还能够应用在什么场合。

9. 假设有同一品牌两种规格的酒，但人们都普遍认为这只是厂家将相同的酒用两种不同的包装方式销售而已，你也是这么认为的。现在厂家代表想通过对这两种酒的测试结果向你证明这两种酒确实是不同规格的，但厂家代表又不愿将测试的详细数据进行公布，厂家代表应该怎么办？

参 考 文 献

[1] Shamir A. How to Share a Secret[J]. Communication of the ACM,1979 ,22(11)：612-613.

[2] Blakley G R. Safeguarding cryptographic keys［C］//Proceedings of the National Computer Conference, 1979, American Federation of the Information Processing Societies, 1979, 48：313-317.

[3] McEliece R J, Sarwate D. On sharing secrets and Reed-Solomon codes[J]. Communications of the ACM,1981,24(9)：583-584.

[4] 张本慧. 秘密共享中几类问题的研究[D]. 扬州：扬州大学，2013.

[5] 史英杰. 防欺骗的(t,n)门限秘密共享研究[D]. 合肥：合肥工业大学,2012.

[6] Ingemarsson L, Simmos G J. A protocol to set up shared secret schemes without the assistance of a mutually trusted party［C］//The Workshop on Advances in Cryptology-EUROCRYPT 1990：266-282.

[7] 何二庆，侯整风，朱晓玲. 一种无可信中心动态秘密共享方案[J]. 计算机应用研究，2013,30(2)：491-493.

[8] 毕越. 无可信中心门限秘密共享的研究[D]. 合肥：合肥工业大学,2010.

[9] Chor B,Goldwasser S,Micali S,Awerbuch B. Verifiable secret sharing and achieving simultaneity in the presence of faults［C］//Proceedings of the 26 IEEE Symposium on Foundations of Computer

Science. IEEE,1985,383-395.

[10] Feldman P. A practical scheme for non-interactive verifiable secret sharing[C]//Proceedings of the 28 IEEE Symposium on Foundations of Computer Sciences，IEEE，1987：427-437.

[11] Benaloh J C. Secret sharing homomorphisms：keeping shares of a secret secret[C]//Advances in Cryptology CRYPTO' 86，Springer-Verlag，Berlin，1986：251-260.

[12] Crepeau C. A secure poker protocol that minimizes the effect of player coalitions[C]//Advances in Cryptology—CRYPTO' 85 Proceedings ，Springer-Verlag . 1986：73-86.

[13] Trappe W,Washington LC. 密码学概论[M].北京：人民邮电出版社. 2004.

第9章
密码学新技术

人类历史自有记录就有密码使用的记载。

随着社会信息化的迅猛发展,人们越来越认识到密码在保障信息安全中发挥着不可替代的作用,世界各国均非常重视和支持密码学研究,并得到了社会力量的积极响应,这些因素推动着密码学产业的迅速发展。目前,密码和密码产品已经被越来越多的人认识,并得到了越来越广泛的应用。

处于发展和鼎盛时期的现代密码学,却受到即将出现的量子计算机的严重挑战。量子计算机能够实现传统数字计算机做不到的并行算法,利用这种算法可以轻易地破解 RSA 和 ECC 等密码,从而让基于这些密码安全体系的 Internet、各种电子商务系统等即刻崩溃。如果现在不做好准备,到那时候人类社会将会出现难以想象的混乱局面。

为了应对量子计算机的挑战,密码学家们正在抓紧研究各种抗量子计算的密码。目前来看,基于量子力学原理的量子密码、基于分子生物技术的 DNA 密码、基于数学困难问题(量子计算机尚无好解法)的密码以及混沌密码等,很有可能成为未来主流密码:它们的发展和应用以及相互之间的结合、取长补短,将会成为未来密码学的主题。

9.1 椭圆曲线

受 RSA 方法的启发,一系列更加高深的数论和代数开始被用于密码学领域。1985年,美国数学家柯布利兹(Neal I. Koblitz,1948)和米勒(Victor Saul Miller,1947)各自独立提出了一个利用有限域上椭圆曲线解的 Abel 群结构性质的公钥密码系统,这就是"椭圆曲线加密算法"(Elliptic curve cryptography,ECC)。

ECC 的主要优势是在某些情况下它比其他的方法使用更小的密钥——比如 RSA——提供相当的或更高等级的安全。ECC 的另一个优势是可以定义群之间的双线性映射,双线性映射已经在密码学中发现了大量的应用,例如基于身份的加密。不过一个缺点是加密和解密操作的实现比其他机制花费的时间长。

在数学上,椭圆曲线为一代数曲线,被式子 $y^2 = x^3 + ax + b$ 所定义,并要求判别式 $\Delta = 4a^3 + 27b^2 \neq 0$,即无奇点的;换句话说,其图形没有尖点或自相交,椭圆曲线的形状并不是椭圆,只是因为它能够被"椭圆函数"参数化;"椭圆函数"则来源于求椭圆的周长,它是三角函数的推广。如图 9-1 所示。

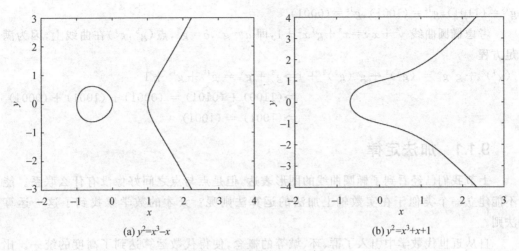

(a) $y^2=x^3-x$ (b) $y^2=x^3+x+1$

图 9-1 椭圆曲线的两个例子

1. 实数域上的椭圆曲线

对于固定的 a 和 b 的值,满足形如方程

$$y^3=x^3+ax+b$$

的所有点 (x,y) 的集合,外加一个无穷远点 O,其中 a、b 是实数,x 和 y 在实数域上取值。

2. 有限域上 GF(p)的椭圆曲线

对于固定的 a 和 b 的值,满足形如方程

$$y^3=x^3+ax+b(\bmod\ p)$$

的所有点 (x,y) 的集合,外加一个零点或无穷远点 O,其中 a、b、x 和 y 均在有限域 GF(p) 上取值,即在 $\{0,1,2,\cdots,p-1\}$ 上取值。p 是素数。

例 9.1 设定义在 GF(23)上的椭圆曲线为 $y^3=x^3+x+4(\bmod\ 23)$,此时 $a=1,b=4$,则 $\Delta=4a^3+27b^2=436=22(23)\neq0$,则该椭圆曲线由无穷远点和以下点构成:$(0,2)$,$(0,21)$,$(1,11)$,$(1,12)$,$(4,7)$,$(4,16)$,$(7,3)$,$(7,20)$,$(8,8)$,$(8,15)$,$(9,11)$,$(9,12)$,$(10,5)$,$(10,18)$,$(11,9)$,$(11,14)$,$(13,11)$,$(13,12)$,$(14,5)$,$(14,18)$,$(15,6)$,$(15,17)$,$(17,9)$,$(17,14)$,$(18,9)$,$(18,14)$,$(22,5)$,$(22,19)$。

3. 有限域 GF(2^m)上的椭圆曲线

有限域 GF(2^m)上的椭圆曲线是对于固定的 a 和 b 的值,满足如下方程

$$y^3=x^3+ax+b(\bmod\ p)$$

的所有点 (x,y) 的集合,外加一个零点或无穷远点 O。其中 $a,b,x,y\in$ GF(2^m),GF(2^m) 上的点是 m 位的比特串。

例 9.2 域 GF(2^4)上的椭圆曲线,考虑由多项式 $f(x)=x^4+x+1$ 定义的域 GF(2^4)。基元为 $g=(0010)$,g 的幂分别是

$g^0=(0001)$,$g^1=(0010)$,$g^2=(0100)$,$g^3=(1000)$,$g^4=(0011)$,$g^5=(0110)$,$g^6=(1100)$,$g^7=(1011)$,$g^8=(0101)$,$g^9=(1010)$,$g^{10}=(0111)$,$g^{11}=(1110)$,$g^{12}=(1111)$,

$g^{13}=(1101),g^{14}=(1001),g^{15}=(0001)$

考虑椭圆曲线 $y^2+xy=x^3+g^4x^2+1$，即 $a=g^4$，$b=g^0$，点 (g^5,g^3) 在曲线上，因为满足方程

$(g^3)^2+g^5g^3=(g^5)^3+g^4(g^5)^2+1 \Rightarrow g^6+g^8=g^{15}+g^{14}+1$

$$\Rightarrow (1100)+(0101)=(0001)+(1001)+(0001)$$

$$\Rightarrow (1001)=(1001)$$

9.1.1 加法定律

上节我们已经看到了椭圆曲线的图形表达，但是点与点之间好像没有什么联系。能不能建立一个类似于在实数轴上加法的运算法则呢？天才的数学家找到了这一运算法则。

自从近世代数学中引入了群、环、域等的概念，使得代数运算达到了高度的统一。比如数学家总结了普通加法的主要特征，提出了加法群（也叫交换群或阿贝尔群），两个加法群的计算，即实数的加法和椭圆曲线上的加法可以看成是没有什么区别的。关于群以及加法群的具体概念请参考近世代数方面的资料。

1. 加法定义

任意取椭圆上两点 P、Q（若 P、Q 两点重合，则作 P 点的切线）作直线 l 交于椭圆曲线上另一点 R'，过 R' 作 y 轴的平行线交于 R。则规定 $P+Q=R$，如图 9-2 所示。

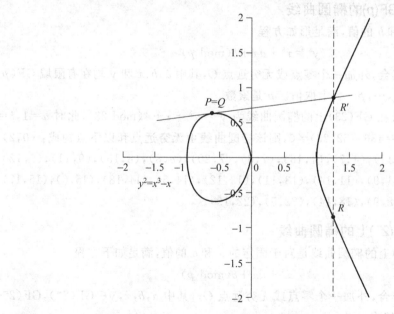

图 9-2　椭圆曲线的加法

如果 P、Q 对称（或重合于 x 轴），此时 $Q=-P$，PQ 连线 l 于 y 轴平行，显然 l 与曲线没有第三个交点，规定 $P+(-P)=O$，为它们的和，称为零点，表示此时连线 l 在无穷远处与曲线相交，也称为无穷远点。

为了便于理解零点(或无穷远点)的含义,我们在射影平面坐标系中对椭圆曲线 $y^3 = x^3 + ax + b$ 进行变换 $x = X/Z, y = Y/Z$ 得 $Y^2 Z = X^3 + aXZ^2 + bZ^3$,此时,$Z \neq 0$,点 (x, y) 与 (X, Y, Z) 相对应,对于任意常数 $\lambda \neq 0$,(X, Y, Z) 与 $(\lambda X, \lambda Y, \lambda Z)$ 表示同一个点。但是,当 $Z = 0$ 时,以点 $(0, 1, 0)$ 为例,该点等效于 $(0, 1, \varepsilon)$ 当 $\varepsilon \to 0$ 时的极限,此时 $y = \lim 1/\varepsilon = \infty$,我们认为 y 坐标趋于无穷大,此时,定义无穷远点为零点。

> 📖 **射影平面坐标系**
>
> 　　射影平面坐标系是对普通平面直角坐标系的扩展。我们知道,普通平面直角坐标系没有为无穷远点设计坐标,不能表示无穷远点。为了表示无穷远点,产生了射影平面坐标,当然射影平面坐标系同样能很好地表示普通平面坐标系中的平常点。

2. 加法法则

在椭圆曲线上定义的加法实际上是点的一种运算,椭圆曲线上的点再加上零点,构成一个加法群。关于运算"+"有如下加法法则。

(1) 与零点相加:对任意 $P \in E$,有 $P + O = O + P = P$。

(2) 逆元:对任意 $P \in E$,存在 E 上一点,记为 $-P$,使得 $P + (-P) = O$。称 $-P$ 为 P 的逆元,它是椭圆曲线上点 P 关于 x 轴的对称点。

(3) 加法交换律:对任意 $P, Q \in E$,有 $P + Q = Q + P$。

(4) 加法结合律:设 $P, Q, R \in E$,则 $(P + Q) + R = P + (Q + R)$。

(5) 两相异点相加:对任意 $P, Q \in E$,且 $P \neq \pm Q$,令 $P = (x_1, y_1)$,$Q = (x_2, y_2)$,此时 $x_1 \neq x_2$,$S = (x_3, y_3)$,$S = P + Q$,则有 $x_3 = \lambda^2 - x_1 - x_2$,$y_3 = \lambda(x_1 - x_3) - y_1$,其中 $\lambda = (y_2 - y_1)/(x_2 - x_1)$。

(6) 两相同点相加(倍乘运算):对任意 $P \in E$,且 $P \neq -P$,令 $P + P = 2P = (x_3, y_3)$,此时,$x_3 = \lambda^2 - 2x_1$,$y^3 = \lambda(x_1 - x_3) - y_1$,其中 $\lambda = (3x_1^2 + a)/2y$。

例 9.3　在有理数域上的椭圆曲线 $E: y^2 = x^3 - 36x$,令 E 上的两个点分别为 $P_1 = (-3, -9)$,$P_2 = (12, 36)$,求 $P_1 + P_2$ 和 $2P_1$。

解:此时 $a = -36, b = 0$。

(1)
$$\lambda = (y_2 - y_1)/(x_2 - x_1)$$
$$= (36 + 9)/(12 + 3)$$
$$= 3$$
$$x_3 = \lambda^2 - x_1 - x_2$$
$$= 0$$
$$y_3 = \lambda(x_1 - x_3) - y_1$$
$$= 0$$

所以 $P_1 + P_2 = (0, 0)$,显然该点在椭圆曲线上。

(2)
$$\lambda = (3x_1^2 + a)/2y_1$$
$$= 1/2$$
$$x_3 = \lambda^2 - 2x_1$$

$$=25/4$$

$$y_3 = \lambda(x_1 - x_3) - y_1$$

$$=35/8$$

所以 $2P_1 = (25/4, 35/8)$，经验证该点在椭圆曲线上。

例 9.4 考虑域 GF(23) 上的椭圆曲线：$y^2 = x^3 + x + 4 \pmod{23}$，令 $P_1 = (0,2)$，$P_2 = (4,7)$，求 $P_1 + P_2$ 和 $2P_1$。

解：易知该椭圆曲线上的点集为：

$\{(0,2),(0,21),(1,11),(1,12),(4,7),(4,16),(7,3),(7,20),(8,8),(8,15),(9,11),(9,12),(10,5),(10,18),(11,9),(11,14),(13,11),(13,12),(14,5),(14,18),(15,6),(15,17),(17,9),(17,14),(18,9),(18,14),(22,5),(22,19),O\}$

在本例中，$a = 1, b = 4$。

(1) $\lambda = (y_2 - y_1)/(x_2 - x_1)$

$$= (7-2)/(4-0)$$

$$= 5 \times 4^{-1} \pmod{23}$$

$$= 5 \times 6 \pmod{23}$$

$$= 7$$

$$x_3 = \lambda^2 - x_1 - x_2$$

$$= 45$$

$$= 22 \pmod{23}$$

$$y_3 = \lambda(x_1 - x_3) - y_1$$

$$= -156 \pmod{23}$$

$$= 5$$

所以 $P_1 + P_2 = (22,5)$，经验证该点在椭圆曲线的点集中。

(2) $\lambda = (3x_1^2 + a)/2y_1$

$$= 1/4$$

$$= 6 \pmod{23}$$

$$x_3 = \lambda^2 - 2x_1$$

$$= 36$$

$$= 13 \pmod{23}$$

$$y_3 = \lambda(x_1 - x_3) - y_1$$

$$= -80$$

$$= 12 \pmod{23}$$

所以 $2P_1 = (13,12)$，经验证该点在椭圆曲线的点集中。

9.1.2 椭圆曲线的应用

自公钥密码体制被发现以来，任何一个公钥密码体制都是以某一含有"陷门"的数学难题作为其安全基础的。就椭圆曲线公钥密码体制而言，各种椭圆曲线公钥密码体制的安全性都与相应的椭圆曲线离散对数问题的求解困难性等价，将椭圆曲线公钥密码体制的安全性归结为对单纯的椭圆曲线离散对数问题(Elliptic Curve Discrete Logarithm Problem,ECDLP)的求解。

前面讨论了椭圆曲线上点的加法运算问题,其逆过程就是离散对数问题。假设在椭圆曲线 E 上有两点 P、Q,满足 $Q=kP$。此时 ECDLP 可以描述为:已知 E 上的两点 P、Q,求 k 使得 $kP=Q$。这个问题是与有限域上的离散问题类似的一个问题,当点 P 有大的素数阶时,普遍认为是 NP 难问题,被称为椭圆曲线离散对数问题。

1. 椭圆曲线上的离散对数问题

例 9.5 GF(23)上的曲线 E:$y^2=x^3+9x+17\pmod p$;E 上两点 $P=(16,5)$,$Q=(4,5)$。求 k 使得 $kP=Q$。

解:因为 $P=(16,5)$ 得 $2P=(20,20)$,$3P=(14,14)$,$4P=(19,20)$,$5P=(13,10)$,$6P=(7,3)$,$\cdots$,$9P=(4,5)=Q$,所以 $k=9$。

在实际的密码系统中的 GF(p),模 p 非常大,可以达到 160 位,要计算 k 是非常困难的。椭圆曲线的离散对数问题比大整数因子分解问题和一般有限域上的离散对数问题更难理解,其根本原因是离散对数(DLP)的代数对象由两个基本的运算构成:域元素的加法和乘法。而椭圆曲线上的离散对数(ECDLP)的代数对象仅由一个基本运算构成:椭圆曲线上点的加法。

下面给出基于有限域 GF(p)上的椭圆曲线的离散对数问题的严格定义。

定义:用 $E(\mathrm{GF}(p))$ 表示定义在有限域 GF(p)上椭圆曲线 E 的有理子群,设任意两点 $P,Q\in E(\mathrm{GF}(p))$。若已知某整数 k,使得 $kP=Q$ 成立,则称 k 为点 Q 的椭圆曲线离散对数,简记为 ECDL(Elliptic Curve Discrete Logarithm);而如何由 P、Q 求出 k 的问题则被称为 E 上的椭圆曲线离散对数问题,简记为 ECDLP;相对于点 Q,点 P 被称为基点(base point)。

下面是针对椭圆曲线离散对数问题困难性的定义。

定义:对定义在有限域 GF(p)上的椭圆曲线 E,设 A 是求解 G 上任何一个 ECDLP 问题的一种算法。当算法 A 的时间复杂度为 $O(\ln|E|)$ 时,称算法 A 是求解 E 上 ECDLP 问题的一个多项式算法,并称 E 上的 ECDLP 问题是可解的。相应地,若对于 E 上 ECDLP,当不存在求解它们的多项式算法时,则称求解 E 上 ECDLP 是困难的,在计算上是不可解的。

目前针对 ECDLP 的求解算法主要有以下三类:

(1) 针对一般 DLP 问题的大步小步法和 Pollard-p 等算法;

(2) 针对超奇异型(super singular)椭圆曲线和 MOV 类演化算法;

(3) 针对畸型(anomolus)椭圆曲线的 SSAS 多项式时间算法。

椭圆曲线密码体制的安全性是由 ECDLP 问题求解的困难性决定的,因而通过分析现有的各种 ECDLP 求解算法,准确把握 ECDLP 问题求解进展情况,对于设计、评价快速安全的椭圆曲线密码体制具有非常重要的意义。

2. 椭圆曲线密码体质

前面讨论了基于域上的椭圆曲线的离散对数问题,利用定义在椭圆曲线点群上的离散对数问题的困难性可以构造椭圆曲线密码体制（ECC），由于 ECC 本身的优点，因此备受密码学家的关注并取得了许多研究成果。

在椭圆曲线上构造密码系统首先需要将明文通过编码嵌入到 E 上的点，然后在 E 上进行加密或签名，从明文到椭圆曲线 E 上的点的编码结果不是密码。

1) 明文表示

把待加密或签名的明文信息嵌入到椭圆曲线 E 上的点，涉及多种数据类型的转换，方法很多，比较完整的介绍参考文献[1]的有关部分。下面介绍 Koblitz 提出的方法。

设椭圆曲线 E：$y^2 = x^3 + ax + b \pmod{p}$，明文消息为 m（假设已转化为一个数字），将 m 嵌入到 E 中的一个点 x 坐标。然而，m 正好使得 $m^3 + am + b$ 为模 p 平方数的概率仅仅为 $1/2$，因此，通过调整 m 末位数字直到找到一个数字 x 使得 $x^3 + ax + b$ 模 p 平方数。具体方法如下：

令 K 为一个大整数，满足 $(m+1)K < p$，消息 m 用 x 表示，$x = mK + j$，其中 $0 \leqslant j \leqslant K$。对 $j = 0, 1, 2, \cdots, K-1$，计算 $x^3 + ax + b$，并计算 $x^3 + ax + b \pmod{p}$ 的平方根。如果有一个平方根 y，则坐标点为 $P_m = (x, y)$；否则，把 j 加 1，用新的 x 再进行试算，重复上面的步骤直到找到一个平方根或 $j = k$。反过来，也可以从 $P_m = (x, y)$ 中恢复消息 m。显然 $m = [x/K]$，$[x/K]$ 表示小于或等于 x/K 的最大整数。

如果要进行试算 k 次，那么失败的概率为 $1/2^k$，成功的概率为 $(1 - 1/2^k)$，因此，当试算次数 k 较大时，成功的概率非常大。

例 9.6 设 E：$y^2 = x^3 + 2x + 7 \pmod{179}$，不妨令 $K = 10$，因为 $(m+1)K < 179$，所以 $0 \leqslant m \leqslant 16$。$m = 5$，考虑 $x = mK + j$，$0 \leqslant j < 10$。x 可能的取值为 $50, 51, \cdots, 59$。对于 51，$x^3 + 2x + 7 = 121 \pmod{179}$，121 是 11 的平方数。因此，用 $(51, 11)$ 表示消息 $m = 5$，消息能从 $m = [51/10] = 5$ 来恢复。

2) 椭圆曲线加密算法

ECC 加密方法的可行性是基于有限域上椭圆曲线解群加法运算这样的性质：

设 $P \in E$ 是一个（足够大）子群的生成元，则对于正整数 $n > 1$，加法 nP 的运算速度可以很快，属于多项式算法（运算速度是 n 的多项式函数）；而已知 nP，反求 n 的运算则很困难，属于 NP 算法（即当 n 很大时，通常无法用计算机实现计算）。

椭圆曲线的这种性质其实是著名的有限域上"离散对数问题"的一个特例。而"离散对数问题"与 RSA 方法中的"大整数分解问题"有着对应关系：它们或者都有解，或者都无解。

（1）系统初始化过程。

选取一个基域 GF(p) 和定义在该域上的椭圆曲线 $E(a, b)$，基点 $G = (x_G, y_G)$ 的阶为素数 n。其中 GF(p)，参数 a、b，基点 P 和 n 都是公开的。

用户 A 在 $[1, n-1]$ 上随机选取一个整数 k_A，作为私钥；计算 $P_A = k_A G$，P_A 作为用户的公钥。

（2）加密过程。

设 B 发送的消息为 M，B 执行如下操作：

① 查找 A 的公钥；

② 将消息 M 表示成一个域元素 $m \in GF(p)$；

③ 在 $[1, n-1]$ 上任意选取一个随机整数 k，计算 $R = kG = (x_1, y_1)$；

④ 计算 $kP_A = (x_2, y_2)$，如果 $x_2 = 0$，则返回③；

⑤ 计算 $s = mx_2 (\bmod n)$；密文为 (R, s)。

（3）解密过程。

当 A 收到密文 (R, s) 后，执行以下操作：

① 计算 $U = k_A R = (x_2, y_2)$；

② 计算 $m = x_2^{-1} s (\bmod n)$，恢复出消息 m。

实际上，$k_A R = k_A (kG) = k(k_A R) = kP_A = (x_2, y_2)$，所以有 $m = x_2^{-1} s (\bmod n)$。

注：在本节中，我们把基于离散对数的加密算法平移到基于椭圆曲线的密码体制。主要的处理方法是：数乘对应点加，幂对应倍乘。因此，上述加密过程还可以采用另一种描述方式：

① B 将明文 m 嵌入到椭圆曲线上得到点 P_m；

② B 任意选取整数 k，计算 $R = kG$；

③ 计算 $S = P_m + kP_A$。

因此，以 (R, S) 作为密文。

解密过程：

A 收到密文 (R, S) 后，计算 $S - k_A = P_m$，从而恢复明文 m。

实际上，$S - k_A R = P_m + kP_A - k_A (kG) = P_m + k(k_A G) - k(k_A G) = P_m$。

例 9.7 设椭圆曲线为 $E: y^2 = x^3 - x + 188 (\bmod 751)$，基点 $G = (0, 376)$，A 的公钥为 $P_A = (201, 5)$；B 选取随机整数 $k = 386$，计算 $kG = 386(0, 376) = (676, 558)$；$P_m + kP_A = (562, 201) + 386(201, 5)$，得 $P_m + kP_A = (385, 328)$。故密文为 $\{(676, 558), (385, 328)\}$。

下面介绍 RSA 加密算法的 ECC 版本：

设基于有限域 $GF(p)$ 的椭圆曲线为 E，阶为 N，明文 m 嵌入到椭圆内曲线上的点 P_m；用户 A 的私钥为 d_A，公钥 e_A，满足 $e_A d_A = 1 (\bmod N)$，$1 < e_A, d_A < N$；用户 B 使用 A 的公钥加密为：$C = e_A P_m$。用户 A 收到密文 C 后，解密为 $d_A C = d_A e_A P_m = P_m$。

例 9.8 设椭圆曲线为 $E: y^2 = x^3 + 13x + 22 (\bmod 23)$，消息 m 编码后的点 $P_m = (11, 1)$，E 的阶 $N = 22$。用户 A 选取私钥 $d_A = 17$，公钥 $e_A = 13$，满足 $17 \times 13 = 1 \bmod 23$。

用户 B 加密：$C = 13P_m = 13(11, 1) = (14, 21)$。

用户 A 解密：$P_m = 17C = 17(14, 21) = (11, 1)$。

3）椭圆曲线密钥协商方案

密钥协商方案（key agreement scheme）就是通过一种能够让通信的双方或多个参与者在一个公开的、不安全的信道上通过建立协商建立会话密钥的密码协议。在一个密钥协商方案中，若双方能够正确地执行完协议，则最后协商出来的会话密钥是由参与各方提供的输入共同作用得到的一个结构。

设通信双方分别为 A、B，基于离散对数的密钥协商方案如下：

① A 任意选取一个随机数 k_A，计算 $y_A = g^{k_A} \bmod p$，将 y_A 发送给 B。

② B 和 A 一样选取一个随机数 k_B，计算 $y_B = g^{k_B} \bmod p$，并将 y_B 发送给 A。

③ A 收到 y_B 后，计算 $y_{AB} = g^{k_A} \bmod p$，同样 B 收到 y_A 后，计算 $y_{AB} = g^{k_B} \bmod p$。k_{AB} 就是双方协议的密钥。显然 $y_{AB} = g^{k_A k_B} \bmod p$，因此协商的密钥是一致的。

在椭圆曲线密码体制中，选取一个基域 $GF(p)$ 和定义在该域上的椭圆曲线 E，基点 $G = (x_G, y_G)$ 的阶数为素数 n。密钥协商方案如下：

① A 任意选取一个小于 n 的整数 k_A，计算 $P_A = k_A G$，并发送给 B。

② B 任意选取一个小于 n 的整数 k_B，计算 $P_B = k_B G$，并发送给 A。

③ A 收到 P_B 后，计算 $k_{AB} = k_A P_B$；同样 B 收到 P_A 后，计算 $k_{AB} = k_B P_A$。k_{AB} 就是双方协商的会话密钥。事实上 $k_{AB} = k_A k_B G$。

攻击者虽然可以获得基点 G 和 P_A 或 P_B，但无法得到 k_B 或 k_A，因此这将面临求解椭圆曲线离散对数难题，所以不可能获取密钥 k_{AB}。

例 9.9 设椭圆曲线 E：$y^2 = x^3 - 4 \pmod{121}$，基点 $G = (2,2)$ 是阶为 241 的生成元，即 $241G = O$。A、B 分别选取随机整数 $k_A = 121$、$k_B = 203$，计算 $P_A = 121G = (115, 48)$，$P_B = 203G = (130, 203)$。则会话密钥为 $121(130, 203) = 203(115, 48) = (161, 169)$。

4）椭圆曲线密码算法的优点

椭圆曲线公钥系统是代替 RSA 的强有力的竞争者。椭圆曲线加密方法与 RSA 方法相比，有以下的优点：

（1）安全性能更高，如 160 位 ECC 与 1024 位 RSA、DSA 有相同的安全强度。

（2）计算量小，处理速度快。在私钥的处理速度上（解密和签名），ECC 远比 RSA、DSA 快得多。

（3）存储空间占用小。ECC 的密钥尺寸和系统参数与 RSA、DSA 相比要小得多，所以占用的存储空间小得多。

（4）带宽要求低，使得 ECC 具有广泛的应用前景。

ECC 的这些特点使它必将取代 RSA，成为通用的公钥加密算法。比如 SET 协议的制定者已把它作为下一代 SET 协议中默认的公钥密码算法。

9.2　双线性对

在椭圆曲线中，有一类被称为超奇异曲线的椭圆曲线，该类曲线被认为是"弱"椭圆曲线。Menezes、Okamota 和 Vanstones 的工作[2]指出了这些椭圆曲线上利用椭圆曲线离散对数问题构建密码体制较标准的离散对数问题可使用较小的有限域的优势将消失。把超椭圆曲线排除在密码应用之外已经成为一个普遍接受的约定。

Joux 首先利用椭圆曲线中的 Weil 配对构造了一个一轮三方密钥交换协议[3]，Boneh 和 Franklin 用 Weil 配对构造了一个基于身份的加密体制[4]。从此以 Weil 配对技术为基础的各种密码学算法层出不穷，成为近年来的一个研究热点。

9.2.1　双线性映射

在数学中，一个双线性映射是由两个矢量空间上的元素生成第三个矢量空间上一个元素的函数,并且该函数对每个参数都是线性的。

定义:设 G_1 是由 P 生成的循环加法群,其阶数为素数 q,G_2 是一个阶为 q 的循环乘法群。双线性映射是指具有下列性质的映射 $e: G_1 \times G_1 \rightarrow G_2$;

(1) 双线性。对所有的 $P, Q \in G_1$ 和 $a, b \in Z_q^*$,

$$e(aP, bQ) = e(abP, Q) = e(P, abQ) = e(P, Q)^{ab}$$

(2) 非退化。存在一个 $P \in G_1$,满足 $e(P, P) \neq 1$。

(3) 可计算。对 $P, Q \in G_1$,存在一个有效的算法计算 $e(P, Q)$。

注:双线性映射可以从超奇异椭圆曲线中的 Weil 和 Tate 配对中得到。

📖 **Weil 和 Tate 配对**

Weil/Tate 配对是一个非退化的双线性映射,这是一个从椭圆曲线上的特殊点到有限域上的某个乘法子群的映射。1993 年,Menezes et al. 等发现 Weil 配对可以把超奇异椭圆曲线上的离散对数问题嵌入到有限域乘法子群上的离散对数问题。其研究结果表明超奇异椭圆曲线易受到 MOV 攻击和 FR 攻击。

📖 **多线性映射的探索**

Diffie-Hellman 密钥交换实现了无须交互就可以在公开信道上共享密钥,但仅限于两方。如何将这一机制扩展至三方乃至多方,一直是现代密码学遗留下来没有解决的公开问题。直到 2000 年,密码学家 Antoine Joux 利用双线性对,设计了第一个非交互的三方密钥交换协议,在该问题上取得了阶段性突破,但仍无法将这种思想推广到四方以上参与者的密钥交换中。2003 年,密码学家 Dan Boneh 和 Alice Silverberg 提出多线性映射这一概念,并指出多线性映射不但可以解决多方秘密交换这一公开问题,而且还可以用于构造其他更高级的密码应用方案,但他们却无法给出具体的代数实现。

2013 年的欧密会上,时为加州大学洛杉矶分校的博士生 Sanjam Garg,以及 IBM 研究员 Craig Gentry 和 Shai Halevi 在理想格上实现了第一个多线性映射方案(GGH 映射,取名于三位作者姓名),进而解决了现代密码学遗留的那个公开问题,这篇论文也因此获得当年欧密会的最佳论文奖。GGH 多线性映射方案,对密码学界产生了深远影响,迅速在国际密码学界引发了多线性研究的热潮。然而在 2016 年欧洲密码年会上,胡予濮教授与他的博士生贾惠文(见右图)攻破了 GGH 密码方案,对  GGH 映射本身以及基于 GGH 映射的各类高级密码应用进行了颠覆性的否定。因此,如何实现多线性映射来进行四方以上参与者的密钥交换仍是一个公开问题。

9.2.2 双线性对在密码学中的应用

在数字化的信息社会里,数字签名代替了传统的手写签名和印签,是手写签名的电子模拟。在使用数字签名的过程中,仍然会遇到需要将签名权委托给其他人的情况。比如,某公司的经理由于业务需要到外地出差。在他出差期间,很可能有人给他发来电子邮件,其中有些邮件需要及时回复。然而,他出差的地方很偏僻,没有覆盖互联网,因此,该经理不得不委托他的秘书代表他处理这些电子邮件,包括代表他在回复这些电子邮件时在回信上生成数字签名。

如何以安全、可行、有效的方法实现数字签名权利的委托,是需要人们进行认真研究和解决的一个重要问题。

1996 年,Mambo、Usuda 和 Okamoto 首先提出代理签名的概念[5,6]。所谓代理签名,是指在一个代理签名方案中,代理签名人代表原始签名人生成的有效的签名。他们的主要贡献在于为密码学和数字签名的研究和应用开辟了一个新的领域。

1982 年,Chaum 首次提出了盲签名的概念[7]。所谓盲签名,就是先将要隐蔽的文件放进信封里,当文件在一个信封中时,任何人都不能读它。对文件签名就是通过在信封中放一张复写纸,当签名者在信封上签名时,他的签名便会透过复写纸签到文件上。盲签名是一种特殊的数字签名,它与通常的数字签名的不同之处在于,签名者并不知道他所要签发文件的具体内容。正是这一点,使得盲签名这种技术可广泛应用于许多领域,如电子投票系统和电子现金系统等。

下面介绍双线性对在代理签名方案和代理盲签名方案中的应用。

1. 基于双线性对的代理签名方案

在基于双线性对的代理签名方案中,用户的私钥是自己选定,而不是系统颁发的,因此不同于基于身份的签名方案。

(1) 系统参数的建立。

① 生成两个阶为素数 q 的群 G_1,G_2,e 是一个双线性映射,任意选取一个生成元 $P \in G_1$。

② 系统选取 $s \in_R Z_q^*$,并计算出 $P_{pub} = sP$,作为系统主密钥,P_{pub} 作为系统的公钥。

③ 选取 Hash 函数 $h: \{0,1\}^n \rightarrow G_1$,该 Hash 函数把用户的身份 ID 映射到 G_1 中的一个元素。另外一个 Hash 函数为 $h_1: \{0,1\}^n \rightarrow Z_q$,该 Hash 函数决定明文空间是 $\{0,1\}^n$。

公开的系统参数为 $\{G_1,G_2,e,n,q,P',P_{pub},h,h_1\}$。

(2) 用户公私钥对的生成。

设用户 A 任意选取一个随机数 $s_A \in Z_q^*$,计算 $P_A = s_A P$ 作为自己的公钥,那么 A 的公私钥对就是 (s_A,P_A);同理,用户 B 的公私钥对为 (s_B,P_B)。

(3) 委托过程。

① 设原始签名 A 写给 B 的代理签名授权委托书为 m_w,计算 $V = s_A h(m_w)$,将 (V,m_w) 发送给 B;

② B 接收到 (V,m_w),验证 $e(V,P) = e(h(m_w),P_A)$ 是否成立。若不成立,则拒绝接

受 A 的委托；否则，接受委托，并计算代理签名私钥 $V_w = V + s_B h(m_w)$。

（4）代理签名的生成。

B 利用代理签名私钥 V_m 可以选用任何一种类型的签名，这里我们选用一种较简单的签名。

设 B 任意选取 $k \in Z_q^*$，计算 $\widetilde{U} = kP, \widetilde{V} = k^{-1}(h_1(m)P + V_w)$，则代理签名为 $(\widetilde{U}, \widetilde{V}, m_w, P_A, P_B)$。

（5）代理签名的验证。

接收者或验证者检查等式 $e(\widetilde{U}, \widetilde{V}) = e(P, P)^{h_1(m)} e(h(m_w), P_A + P_B)$ 是否成立。

事实上，

$$e(\widetilde{U}, \widetilde{V}) = e(kP, k^{-1}(h_1(m)P + V_w))$$
$$= e(P, h_1(m)P + V_w)$$
$$= e(P, P)^{h_1(m)} e(V_w, P)$$
$$e(V_w, P) = e(V + s_B h(m_w), P)$$
$$= e(s_A h(m_w) + s_B h(m_w), P)$$
$$= e(h(m_w), (s_A, s_B)P)$$
$$= e(h(m_w), P_A + P_B)$$

所以等式 $e(\widetilde{U}, \widetilde{V}) = e(P, P)^{h_1(m)} e(V_w, P) = e(P, P)^{h_1(m)} e(h(m_w), P_A + P_B)$。

故，该方案是正确的。

2. 基于双线性对的代理盲签名方案

设 G_1 是一个 GDH 群，其阶数为素数 q，双线性映射 $e: G_1 \times G_1 \rightarrow G_2$，其中 G_2 是阶为 q 的循环乘法群。

（1）系统参数的建立。

任意选取一个 G_1 生成元 P，两个公开的加密用的 Hash 函数 $h: \{0,1\}^* \rightarrow Z_q$ 和 $h_1: \{0,1\}^* \rightarrow G_1$ 公开加密，公开的系统参数为 $\{G_1, G_2, e, q, h, h_1\}$。

（2）用户公私钥对的生成。

原始签名人 A 任意选取一个随机数 $k_A \in Z_q^*$，作为私钥，计算 $P_A = k_A P$ 作为公钥；代理签名人 B 任意选取随机数 $k_B \in Z_q^*$，作为私钥，计算 $P_B = k_B P$ 作为公钥；系统用户 A、B 的公钥在系统内公开。

（3）委托过程。

① 设原始签名 A 写给 B 的代理签名授权委托书为 m_w，包括授权范围、期限和委托人 ID 等信息。

② A 计算 $\tilde{\sigma} = k_A h_1(m_w)$，将 $(m_w, \tilde{\sigma})$ 发送给 B；

③ B 接收到 $(m_w, \tilde{\sigma})$，验证 $e(\tilde{\sigma}, P) = e(h_1(m_w), P_A)$ 是否成立。若不成立，则拒绝接受 A 的委托；否则，接受委托，并计算代理签名私钥 $\sigma = \tilde{\sigma} + k_B h_1(m_w)$。

（4）签名过程。

① B 随机选取 $r \in Z_q^*$，计算 $U' = r h_1(m_w)$，将 (U', w) 传送给信息拥有者 C；

② 用户随机地选取两个随机数 $\alpha, \beta \in Z_q^*$ 作为盲化因子，计算 $U = \alpha U' + \alpha \beta h_1(m_w)$，

$\tilde{m} = \alpha^{-1}h(m \| U) + \beta$,将 $\tilde{m}$ 发送给 B;

③ B 计算 $V' = (r + \tilde{m})\sigma$,将 V 传回给 C;

④ 计算 $V = \alpha V'$,C 输出 $\{m, U, V\}$。

则消息 m 的代理盲签名为 (U, V, m_w)。

(5) 验证过程。

验证者接受签名当且仅当下式成立:

$$e(V, P) = e(U + h(m \| U)h_1(m_w), P_A + P_B)$$

因为

$$
\begin{aligned}
e(V, P) &= e(\alpha V', P) \\
&= e(\alpha(r + \tilde{m})\sigma, P) \\
&= e(\sigma, P)^{\alpha(r + \tilde{m})}
\end{aligned}
$$

$$e(\sigma, P) = e(h_1(m_w), P_A + P_B)$$

所以

$$
\begin{aligned}
e(V, P) &= e(h_1(m_w), P_A + P_B)^{\alpha(r + \tilde{m})} \\
&= e(\alpha(r + \tilde{m})h_1(m_w), P_A + P_B) \\
&= e((\alpha r h_1(m_w) + h(m \| U) + \alpha\beta)h_1(m_w), P_A + P_B) \\
&= e(\alpha r h_1(m_w) + \alpha\beta h_1(m_w) + h(m \| U)h_1(m_w), P_A + P_B) \\
&= e(\alpha U' + \alpha\beta h_1(m_w) + h(m \| U)h_1(m_w), P_A + P_B) \\
&= e(U + h(m \| U)h_1(m_w), P_A + P_B)
\end{aligned}
$$

故,该方案是正确的。

9.3 群签名方案

1991 年,Chaum 和 Heyst 首次提出群签名(group signature)的概念[8]。在群签名中,群成员可以用群体的定义进行匿名签名,验证时能够验证签名者为群成员所签,而不能确定具体的成员信息,称这个性质为群签名的匿名性。与其他数字签名一样,群签名是可以公开验证的,而且可以只用单个群公钥进行验证。其次,群签名的匿名性是相对的,当出现争议时,可以由群管理员打开签名,揭示签名人身份,使得签名人不得不承认其签名,称这种性质为群签名的可追踪性。群签名的匿名性可为合法成员提供匿名保护,其追踪性又使得群管理员可以追踪到成员的越权甚至违法行为。一般来说,群签名方案由群、群成员、群管理员(Group Authority,GA)和签名接收者(或验证者)组成,具有以下特点:

(1) 只有群成员才能为消息签名,并产生群签名。

(2) 签名接收者可以验证签名的有效性,但是不能识别签名者的身份。

(3) 一旦发生争议,群管理员(或群中成员合谋)可以识别签名者的身份。

定义:如果一个数字签名方案由以下过程组成:

(1) 初始化过程(创建过程)。系统参数选取,包括产生群公钥和群私钥的算法。

(2) 成员加入过程。制定用户加入到群中成为正式成员,用户与群管理员之间的交互式协议,执行该协议,产生群成员的私钥和成员证书,并使群管理员掌握群成员的秘密的成员管理密钥。

(3) 签名过程。输入待签名的消息和成员私钥,产生群签名的签名算法。

(4) 验证过程。验证群签名是否有效的验证算法。

(5) 打开过程。输入群签名和群私钥,产生识别签名者身份的打开算法。

则称这个签名方案为群签名方案。

流程图如图 9-3 所示。

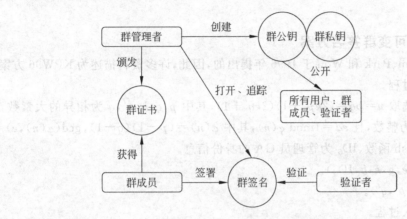

图 9-3　群签名方案

群签名方案的安全性要求:

(1) 匿名性。给定一个群签名后,对除了唯一的群管理员之外的任何人来说,确定签名人的身份在计算上都是不可行的。

(2) 不可伪造性。只有群成员才能产生有效的群签名,其他任何人都不可能伪造有效的群签名。

(3) 可跟踪性。群管理员在必要时可以打开群签名以确定签名人的身份,而且群成员不能阻止一个合法群签名的打开。

(4) 抗合谋攻击。即使群成员串通在一起也不能产生一个合法的不能被跟踪的群签名。

(5) 不关联性。在不打开群签名的情况下,确定两个不同的群签名是否为同一个群成员所签在计算上是困难的。

一个群签名的计算效率依赖于群公钥的大小、签名的长度、签名算法效率、签名验证算法效率、初始化过程、成员加入过程和打开过程的效率。

下面具体介绍基于离散对数的群签名方案、基于双线性对的群签名方案和环签名方案。

9.3.1　基于离散对数的群签名方案

1996 年,Kim、Park 和 Won[9]利用离散对数、RSA 算法、Hash 函数提出一种群签名方案(K-P-W 方案)。此方案利用离散对数的困难性把各个参数巧妙地结合起来,单从验证等式上看,用广义伪造攻击方法很难攻击它。但是此方案有一个缺点,不易抵抗合谋攻击——几个成员可以构造出新的不被跟踪的成员证书。Lee 和 Chang[10]利用可恢复的 Nyberg-Rueppel 数字签名方案来发行成员证书,提出一个有效的群签名方案(L-C 方案)。随后,Tseng 和 Jan[11]指出 L-C 方案具有联结性并给出了一种改进方案来解决联结性问题。不幸的是,Tseng-Jan 的改进方案仍然存在联结性,后来第二次给出了一种改进的方案来解决这个问题[12]。然而,张建红指出 Tseng-Jan 的第二次改进方案虽然避免了联结性问题,但是出现了一个致命问题:广义伪造性,即任何人可以对任意消息进行签名[13]。

1. K-P-W 可变群签名方案

该方案是 Kim、Park 和 Won 于 1996 年提出的,因此,许多资料描述为 KPW96 方案。

(1) 初始化过程。

系统参数:选取 $n=pq=(2kp'+1)(2kq'+1)$,其中 p,q,k,p',q' 为相异的大素数,g 的阶为 k,e 和 d 为整数,且 $ed=1\mathrm{mod}\,\varphi(n)$,其中 $\varphi(n)=(p-1)(q-1)$,$\gcd(\varphi(n),e)=1$,h 为安全的 Hash 函数,ID_G 为管理员 GA 的身份信息。

群公钥:$(n,e,g,k,h,\mathrm{ID}_G)$。

群私钥:(d,p',q')。

(2) 成员加入过程。

设 ID_A 为成员 A 的身份信息,A 随机地选取 $k_A\in(0,k)$,计算 $y_A=g^{k_A}(\mathrm{mod}\,n)$,$y_A$ 将作为 A 的公钥,将 (ID_A,y_A) 发送给 GA。GA 计算 $x_A=(\mathrm{ID}_G y_A)^{-d}\mathrm{mod}\,n$,并将 x_A 秘密地传送给 A,则 A 的私有密钥为 (k_A,x_A),同时,GA 保存 (ID_A,x_A,y_A)。

(3) 签名过程。

对于消息 m,A 随机地选取整数 $(k_1,k_2)\in[0,k)$,计算 $V=g^{k_1}k_2^e\mathrm{mod}\,n$,$r=h(V,m)$,

$$s_1=k_1+k_A r(\mathrm{mod}\,k)$$
$$s_2=k_2 x_A^r(\mathrm{mod}\,n)$$

则群签名为 (r,s_1,s_2)。

(4) 验证过程。

接收者收到信息和签名后,计算 $\widetilde{V}=(\mathrm{ID}_G)^r g^{s_1}s_2^e\mathrm{mod}\,n$,检查 $e=h(\widetilde{V},m)$ 是否成立。若成立,则签名正确;否则,拒绝接受签名。

(5) 打开过程。

在 GA 处,保存全体成员的信息 (ID_j,x_j,y_j),其中 $j=\{A,B,\cdots\}$,$y_j=g^{k_j}\mathrm{mod}\,n$。以此进行验证,对某一组数据而言,先计算 $\tilde{k}_2=s_2 x_j^{-r}\mathrm{mod}\,n$,$V=(\mathrm{ID}_G)^r g^{s_1}s_2^e\mathrm{mod}\,n$,检查 $g^{s_1}=V\tilde{k}_2^{-e}y_j^r\mathrm{mod}\,n$ 是否成立,若不成立,换一对进行试算,若成立,则 ID_j 就是签名人。

1) 方案的正确性分析

在验证过程中,

$$\widetilde{V}=(\mathrm{ID}_G)^r g^{s_1}s_2^e\mathrm{mod}\,n$$
$$=(\mathrm{ID}_G)^r g^{k_1+k_A r}(k_2 x_A^r)^e\mathrm{mod}\,n$$
$$=(\mathrm{ID}_G)^r y_A^r x_A^{er}g^{k_1}k_2^e\mathrm{mod}\,n$$

$$= g^{k_1} k_2^e \bmod n$$
$$= V$$

在打开过程中，

$$\tilde{k}_2 = s_2 x_j^{-r} \bmod n$$

$$g^{s_1} = g^{k_1} y_j^r \bmod n$$

$$V \tilde{k}_2^{-e} y_j^r \bmod n = g^{k_1} k_2^e (s_2 x_j^{-r})^{-e} y_j^r \bmod n$$
$$= g^{k_1} k_2^e (k_2)^{-e} y_j^r \bmod n$$
$$= g^{k_1} y_j^r \bmod n$$

所以，等式 $g^{s_1} = V \tilde{k}_2^{-e} y_j^r \bmod n$ 成立。故，该方案是正确的。

2) 方案的安全性分析

(1) 在群中成员诚实时，虽然可以识别签名者，但当成员伪造或合谋伪造时，仍能生成有效的签名，因此不符合不可伪造性和抗合谋攻击性。

(2) GA 可以将群成员的有效群签名转化为群中其他成员的有效群签名，因此，不符合不可伪造性。

(3) GA 在签名过程中可以冒充群成员 A 伪造任意消息的有效群签名。

(4) GA 在打开过程中伪造，无法验证群成员 A 进行了群签名，不满足可追踪性。

2. L-C 群签名方案

该方案是 Lee 和 Chang 于 1998 年提出的，因此，有些资料记为 LC98 方案。

(1) 初始化过程。

设 p 是一个大素数，$q \mid p-1$，q 也是一个大素数因子，g 是 GF(p) 中阶为 q 的生成元。GA 随机选择 $x_T \in [1, q-1]$，计算 $y_T = g^{x_T} \bmod p$，GA 的私钥为 x_T，公钥为 y_T。$h(\cdot)$ 为公开的无碰撞的 Hash 函数。

(2) 成员加入过程。

第一步，群中每个成员 U_i 随机选取 $x_i \in [1, q-1]$，$i = 1, 2, \cdots, t$，并计算 $y_i = g^{x_i} \bmod p$，U_i 的密钥为 (x_i, y_i)，并把 (ID_i, y_i) 发送给 GA。第二步，对于 U_i，GA 随机选取 $k_i \in [1, q-1]$，且 $\gcd(k_i, q) = 1$，计算 $H_i = y_i^{k_i} \bmod p$，$r_i = g^{-k_i} H_i \bmod p$，$s_i = k_i - r_i x_T \bmod q$。GA 秘密地将 (r_i, s_i) 发送到成员 U_i。U_i 收到后，验证方程 $g^{s_i} y_T^{r_i} r_i = (g^{s_i} y_T^{r_i})^{x_i} \bmod p$ 是否成立。如果成立，(r_i, s_i) 是 GA 对成员身份的有效签名。对群中每一个成员 U_i，GA 存储 $(ID_i, y_i, r_i, s_i, \alpha_i)$，其中 $\alpha_i = g^{s_i} y_T^{r_i} \bmod p = g^{k_i} \bmod p$。

(3) 签名过程。

对于消息 m，U_i 随机选取 $k \in [1, q-1]$，计算 $r = \alpha_i^k \bmod p$，$s = k^{-1}(h(m) - x_i r) \bmod q$，则 $(h(m), r, s, (r_i, s_i))$ 就是群签名。

(4) 验证过程。

签名验收者收到签名 $(h(m), r, s, (r_i, s_i))$ 后，先计算 $\alpha_i = g^{s_i} y_T^{r_i} \bmod p$。验证等式 $\alpha_i^{h(m)} = r^s H_i^r \bmod p$ 是否成立。如果成立，则签名有效；反之，签名无效。

(5) 打开过程。

在 GA 处，保存有全体成员的信息 $(ID_i, y_i, r_i, s_i, \alpha_i)$。对于签名 $(h(m), r, s, (r_i, s_i))$，

利用成员的公钥 y_i 逐一进行试算,若 $\alpha_i^{h(m)}=r^s H_i^r \bmod p$ 成立,则签名人就是 ID_i。

1)方案的正确性分析

在验证过程中,等式 $\alpha_i=g^{s_i}y_T^{r_i}\bmod p$,因为

$$\alpha_i^{h(m)}=\alpha_i^{ks+x_ir}=r^s\,(g^{s_i}y_T^{r_i})^{x_ir}\bmod p$$

$$H_i=y_i^{k_i}=g^{k_ix_i}=(g^{s_i+r_ix_T})^{x_i}=(g^{s_i}y_T^{r_i})^{x_i}\bmod p,$$

则

$$\alpha_i^{h(m)}=r^s H_i^r\bmod p。$$

在打开过程中,因为 $H_i=y_i^{k_i}\bmod p$,则 $\alpha_i^{h(m)}=r^s H_i^r=r^s\,(y_i^{k_i})^r=r^s\,(y_i^{s_i+r_ix_T})^r\bmod p$。故该方案是正确的。

2)方案的安全性分析

该方案存在伪造攻击,攻击者可以对任何信息产生有效的签名。

定理:在 L-C 群签名方案中,对任意消息 m,攻击者随机选择 $u,v,a,b\in[1,q-1]$,使得 $\gcd(v,q)=1,\gcd(h(m)-r,q)=1$,其中 $r=g^u y_T^v(\bmod p)$,令

$$r_i=g^a y_T^b(\bmod p)$$

$$s=v^{-1}(h(m)r_i-rr_i+br)(\bmod q)$$

$$s_i=(h(m)-r)^{-1}(us+ar)(\bmod q)$$

则 $(h(m),r,s,(r_i,s_i))$ 是消息 m 的有效签名。

证明:由 $s=v^{-1}(h(m)r_i-rr_i+br)(\bmod q)$,得 $h(m)r_i=(sv+rr_i+br)\,(\bmod q)$,又因为

$$s_i=(h(m)-r)^{-1}(us+ar)\bmod q$$

得

$$h(m)s_i=(us+rs_i+ar)\,(\bmod q)$$

进一步得

$$y_T^{h(m)r_i}=y_T^{sv}y_T^{rr_i}y_T^{br}(\bmod p)$$

$$g^{h(m)s_i}=g^{su}g^{rs_i}g^{ar}(\bmod p)$$

两式相乘得

$$(y_T^{r_i}g^{s_i})^{h(m)}=(y_T^v g^u)^s\,(y_T^{r_i}g^{s_i})^r\,(y_T^b g^a)^r(\bmod p)$$

令 $\alpha_i=y_T^{r_i}g^{s_i}(\bmod p)$,由 $r=y_T^v g^u(\bmod p)$,$r_i=y_T^b g^a(\bmod p)$,得 $H_i=\alpha_i r_i(\bmod p)$,因此

$$\alpha_i^{h(m)}=r^s H_i^r(\bmod p)$$

故伪造的签名 $(h(m),r,s,(r_i,s_i))$ 是消息 m 的有效群签名。

存在伪造攻击的原因是方程 $r_i=g^{-k_i}H_i(\bmod p)$ 具有类似于同态的特性,如果将其用下面的方程来代替就可以避免上述攻击:

$$r_i=g^{-k_i}+H_i(\bmod p),r_i=(g+g^{k_i})^{-1}H_i(\bmod p)$$

3. T-J 群签名方案

1991 年,Tseng 和 Jan 基于离散对数设计了一种群签名方案,在许多文献中记为 Tseng-Jan99 方案。

(1) 初始化过程。

设 p 是一个大素数，$q|p-1$，q 也是一个大素数因子，g 是 $GF(p)$ 中阶为 q 的生成元。GA 随机选择 $x_T \in [1,q-1]$，计算 $y_T = g^{x_T} \bmod p$，GA 的私钥为 x_T，公钥为 y_T。群中每个成员 U_i 随机选取 $x_i \in [1,q-1]$，$i=1,2,\cdots,t$，并计算 $y_i = g^{x_i} \bmod p$，U_i 的密钥为 (x_i, y_i)。$h(\cdot)$ 为公开的无碰撞的 Hash 函数。

(2) 成员加入过程。

第一步，群成员 U_i 把 (ID_i, y_i) 发送给 GA，请求获得成员签名的资格证书。第二步，GA 对成员 U_i 的公钥 y_i 签名，GA 随机选取 $k_i \in [1,q-1]$，且 $\gcd(k_i,q)=1$，计算 $r_i = g^{-k_i} y_i^{k_i} \bmod p$，$s_i = k_i - r_i x_T \bmod q$。GA 秘密地将 (r_i, s_i) 发送到成员 U_i，并同时存储 (ID_i, y_i, r_i, s_i)。U_i 收到后，验证方程 $g^{s_i} y_T^{r_i} r_i = (g^{s_i} y_T^{r_i})^{x_i} \bmod p$ 是否成立。如果成立，(r_i, s_i) 是 GA 对成员身份的有效签名。也是成员获得群签名的资格证书。对群中每一个成员 U_i，GA 存储 (ID_i, y_i, r_i, s_i)。

(3) 签名过程。

对于消息 m，U_i 随机选取 $a,b,t \in [1,q-1]$，计算

$$A = r_i^a \bmod p$$
$$B = s_i - b \bmod q$$
$$C = r_i a \bmod q$$
$$D = g^a \bmod p$$
$$E = g^{ab} \bmod p$$
$$\alpha_i = D^B y_T^C E \bmod p$$
$$R = \alpha_i^t \bmod p$$
$$S = t^{-1}(h(m) - Rx_i) \bmod q$$

其中 h 是 Hash 函数，则 $(R,S,h(m),A,B,C,D,E)$ 就是群签名。

(4) 验证过程。

签名验收者收到签名 $(R,S,h(m),A,B,C,D,E)$ 后，验证等式 $\alpha_i^{h(m)} = R^S H_i^R \bmod p$ 是否成立，其中 $H_i = \alpha_i A \bmod p$。如果成立，则签名有效，反之，签名无效。

(5) 打开过程。

在 GA 处，保存有全体成员的信息 (ID_i, y_i, r_i, s_i)。对于签名 $(R,S,h(m),A,B,C,D,E)$，利用 GA 对某成员的签名 (r_i, s_i) 逐一进行试算，若 $D^B y_T^C E = D^{s_i + r_i x_T} \bmod p$ 成立，则签名人就是 ID_i。

方案的正确性分析

验证过程中，式 $\alpha_i^{h(m)} = R^S H_i^R \bmod p$ 中，因为

$$R^S H_i^R \bmod p = \alpha_i^{tS} (\alpha_i r_i^a)^R \bmod p$$
$$= \alpha_i^{h(m)-Rx_i} (\alpha_i r_i^a)^R \bmod p$$

要验证等式成立，只需证明 $\alpha_i^{R-Rx_i} r_i^{aR} = 1 \bmod p$。

事实上，$\alpha_i = D^B y_T^C E \bmod p = g^{aB+Cx_T+ab} \bmod p$，$r_i = g^{-k_i} y_i^{k_i} \bmod p = g^{k_i x_i - k_i} \bmod p$，则有

$$\alpha_i^{R-Rx_i} r_i^{aR} = g^{(R-Rx_i)(aB+Cx_T+ab)} g^{aR(x_i-1)(B+b+r_i x_T)} = 1 \bmod p$$

打开过程中,式 $D^B y_T^C E = D^{s_i + r_i x_T} \bmod p$ 中, $D^{s_i + r_i x_T} = D^{B+b+r_i x_T} = D^B g^{Cx_T} g^{ab} = D^B y_T^C E \bmod p$,故该方案是正确的。

4. T-J 改进方案 I

T-J 方案中存在很多的安全缺陷,在许多相关文献中都有阐述,接下来介绍 T-J 给出的改进方案。

(1) 初始化过程。

设 p 是一个大素数, $q | p-1$, q 也是一个大素数因子, g 是 GF(p) 中阶为 q 的生成元。GA 随机选择 $x_T \in [1, q-1]$,计算 $y_T = g^{x_T} \bmod p$,GA 的私钥为 x_T,公钥为 y_T。群中每个成员 U_i 随机选取 $x_i \in [1, q-1]$, $i = 1, 2, \cdots, t$,并计算 $y_i = g^{x_i} \bmod p$, U_i 的密钥为 (x_i, y_i)。 $h(\cdot)$ 为公开的无碰撞的 Hash 函数。

(2) 成员加入过程。

第一步,群成员 U_i 把 (ID_i, y_i) 发送给 GA,请求获得成员签名的资格证书。第二步,GA 对成员 U_i 的公钥 y_i 签名,GA 随机选取 $k_i \in [1, q-1]$,且 $\gcd(k_i, q) = 1$,计算 $r_i = g^{-k_i} y_i^{k_i} \bmod p$, $s_i = k_i - r_i x_T \bmod q$。GA 秘密地将 (r_i, s_i) 发送到成员 U_i,并同时存储 (ID_i, y_i, r_i, s_i)。 U_i 收到后,验证方程 $g^{s_i} y_T^{r_i} r_i = (g^{s_i} y_i^{r_i})^{x_i} \bmod p$ 是否成立。如果成立, (r_i, s_i) 是 GA 对成员身份的有效签名。也是成员获得群签名的资格证书。对群中每一个成员 U_i,GA 存储 (ID_i, y_i, r_i, s_i)。

(3) 签名过程。

对于消息 m, U_i 随机选取 $a, b, d, t \in [1, q-1]$,计算

$$A = r_i^a \bmod p$$
$$B = s_i a - b h(A, C, D, E) \bmod q$$
$$C = (r_i a - d) \bmod q$$
$$D = g^b \bmod p$$
$$E = y_T^d \bmod p$$
$$\alpha_i = g^B y_T^C D^{h(A,B,C,D)} E \bmod p$$
$$R = \alpha_i^t \bmod p$$
$$S = t^{-1}(h(m, R) - R x_i) \bmod q$$

其中 h 是 Hash 函数,则 (R, S, A, B, C, D, E) 就是群签名。

(4) 验证过程。

签名验收者收到签名 (R, S, A, B, C, D, E) 后,验证等式 $\alpha_i^{h(m,R)} = R^S F^R \bmod p$ 是否成立,其中 $\alpha_i = g^B y_T^C D^{h(A,B,C,D)} E \bmod p$, $F = \alpha_i A \bmod p$。如果成立,则签名有效;反之,签名无效。

(5) 打开过程。

在 GA 处,保存有全体成员的信息 (ID_i, r_i, s_i, k_i)。若存在某一组值满足

$$g^B y_T^C D^{h(A,C,D,E)} = (E^{x_T^{-1}} g^C)^{k_j r_j^{-1}} \bmod p$$

则可识别签名人就是 ID_i。

T-J 改进方案 I 虽然安全性方面有所改进,但仍然存在可伪造性。感兴趣的读者可

以进一步思考讨论。

5. T-J 改进方案 II

T-J 改进方案 II 是王晓明和符方伟基于 Tseng-Jan 方案提出的,相对于改进方案 I 初始化过程和成员加入过程都是一样的,只是改动了签名过程、验证过程以及打开过程。接下来详细介绍:

(1) 初始化过程。

同改进方案 I。

(2) 成员加入过程。

同改进方案 I。

(3) 签名过程。

对于消息 m,成员 U_i 随机选取 $a,b,d,t \in [1,q-1]$,计算

$$A = y_i^b \bmod p$$
$$B = s_i a - bh(A,C,D,E,F) + bh(E,D,F) \bmod q$$
$$C = (r_i a - d) \bmod q$$
$$D = g^b \bmod p$$
$$E = r_i^a (1 + g^{-s_i a} y_T^{-r_i a})^{x_i} \bmod p$$
$$F = y_T^d \bmod p$$
$$\alpha_i = (D^{h(E,D,F)} + g^B y_T^C F D^{h(A,C,D,E,F)}) \bmod p$$
$$R = \alpha_i^t \bmod p$$
$$S = t^{-1}(h(m,R) - Rx_i) \bmod q$$

其中 h 是 Hash 函数,则 (R,S,A,B,C,D,E,F) 就是群签名。

(1) 验证过程。

签名验收者收到签名 (R,S,A,B,C,D,E,F) 后,验证等式 $\alpha_i^{h(m,R)} = R^S \delta_i^R \bmod p$ 是否成立,其中 $\alpha_i = (D^{h(E,D,F)} + g^B y_T^C F D^{h(A,C,D,E,F)}) \bmod p, \delta_i = A^{h(E,D,F)} (\alpha_i D^{-h(E,D,F)} - 1) E \bmod p$。如果成立,则签名有效;反之,签名无效。

(2) 打开过程。

在 GA 处,保存有全体成员的信息 (ID_i, r_i, s_i, k_i),先预计算 $v_i = s_i^{-1} k_i \bmod q, \omega_i = g^{v_i} \bmod p$,并将 (ω_i, v_i) 和 (ID_i, r_i, s_i, k_i) 一起保存。如果需要打开某一个群签名,GA 可以查询已存的成员信息并判断哪个成员的 (ω_i, v_i) 满足等式

$$g^B y_T^C F D^{h(A,C,D,E,F)} = \omega_i^B D^{v_i h(A,C,D,E,F) - v_i h(E,D,F) + h(E,D,F)} \bmod p$$

则 GA 可识别签名人就是 ID_i。

T-J 改进方案 II 在形式上更复杂,但该方案仍然不具有追踪性。感兴趣的读者可以进一步思考讨论。

9.3.2　基于双线性对的群签名方案

群签名概念自提出以来,产生了许多不同的分支并取得了丰硕的成果[14]。在 2002 年,Hess 利用双线性对构建了一个群签名,从此,群签名的研究进入了一个比较活跃的时

期。在 2002 年之前,群签名的构造主要是基于离散对数问题,在 2002 年之后,主要是以双线性对作为主要工具来构造。在有些情况下,门限签名体制需要动态的门限,比如当对一个比较重要的文件签名时,需要较多的签名人,而对于不那么重要的文件,只需要相对比较少的人签名就可以了。

马春波等人[15]以双线性映射为工具,通过引入矢量空间秘密共享技术和阈下通道技术,提出一种群签名方案,该方案可以加入或删除成员,签名的公钥长度是独立的,打开过程通过阈下通道实现。

1. 矢量空间秘密共享

秘密共享是实现信息安全和数据保密的重要手段,是电子拍卖得以实现的必不可少的技术之一。秘密共享对信息的保护不是建立在计算假设上,即便是具有无限计算能力的对手,在理论上也不可能得到系统要保护的秘密。

秘密共享方案是一种将秘密 k 分成 n 个子秘密,并交给 n 个人分别保管的体制。它使得在授权子集内的成员通过协作可重构秘密,而任何非授权子集内的成员则不可能得到关于 k 的任何信息。

设 $P=\{p_1,p_2,\cdots,p_n\}$ 是 n 个参与者的集合,S 是 U 的子集的集合,如果 S 中的子集是能够计算出秘密 k 的参与者的子集,则 S 称为访问结构,S 中的子集称为授权子集。

矢量空间构造是一种针对访问结构构造某些理想方案的方法。设 $P=\{p_1,p_2,\cdots,p_n\}$ 是 n 个参与者的集合,S 是访问结构,$D\notin P$ 是可信赖的中心机构。$K=\mathrm{GF}(q)$,q 是大素数,K^r 表示 K 上所有 r 元组构成的矢量空间。访问结构 S 是一个矢量空间访问结构,如果存在函数 $\varphi: P\bigcup\{D\}\to K^r$ 满足

$$\varphi(D) = (1,0,\cdots,0) \in <\varphi(p_i)=(a_{1,i},a_{2,i},\cdots,a_{n,i}): p_i \in A> \Leftrightarrow A \in S$$

换句话说,矢量 $\varphi(D)$ 能表示集合 $\{\varphi(p_i): p_i \in A\}$ 中的向量的线性组合当且仅当 A 是一个授权子集。

如果 S 是这样一个矢量空间访问结构,当对所有 $p\in P$ 有 $s_p\in K(s_p$ 表示参与者 P 可能接收到的所有可能子秘密的集合)时,则能够建立一个理想的秘密共享方案。给定秘密 $k\in K$,分发者随机选择 $v_2,v_3,\cdots,v_r\in K$,令 $V=(v_1,v_2,\cdots,v_r)$,其中 $v_1=k$,显然有$(V,\varphi(D))=k$,则分配给第 i 个参与者的子秘密 $\omega_i=(V,\varphi(p_i))$,即 $\omega_i=\sum_j v_j a_{ji}$。函数 φ 是公开的。授权子集中的参与者利用他们所拥有的子秘密的线性组合计算出秘密 k。实际上,假设 $A=\{p_1,p_2,\cdots,p_n\}$ 是一个授权子集,则有 $\varphi(D)=\sum_{i=1}^{b}c_i\varphi(p_i)$,这里 $c_i\in K$,A 中的参与者能够计算秘密 $\varphi(D)k=\sum_{i=1}^{b}c_i\omega_i$。这样构造的方案称为矢量空间秘密共享方案。

2. 方案描述

群签名的参与者有分发者 Dealer (D)、签名者 Signer (S)、合成者 Designated Combiner(DC)、接收者 Receiver(R)和仲裁者 Authority(P)。Dealer 的作用是密钥的生成并且帮助签名者生成群签名;签名者用他的私人密钥生成对消息 m 的签名,在签名的生成过程中,还要用到 Dealer 发送给他的数值;合成者的功能是利用 Signer 提供的个体

签名生成群签名;接收者的功能是对签名进行验证,但是即便是能生成有效的验证签名,他也不能区分签名的生成群体,也就是合成者是生成的哪个群体的签名;仲裁者有能力区分哪个和哪些签名者生成的群签名,作为有争议发生时的仲裁。

设 $P=\{p_1,p_2,\cdots,p_n\}$ 是所有签名者的集合,并有访问结构 $\Omega=\{A_1,A_2,\cdots,A_n\}$,其中 $A_j\in\Omega$ 是授权子集,$1\leqslant j\leqslant\lambda$。

(1) 初始化。

设信息 m 是将要被签名的消息,G_1 是阶为 q 的 GDH 群,这里 q 是一个大素数,P 为 G_1 的生成元。双线性映射 e 可表示为 $e: G_1\times G_1\to G_2$。假设有单向函数 $H_0: \{0,1\}^*\to G_1$,Dealer 在初始化阶段需要完成以下步骤:

① 随机选择 $s\in Z_q$ 作为在它与仲裁者 P 之间共享的密钥,并公布 sP 的值作为他的公钥。在 D 和仲裁者 P 之间还共享一个秘密值 $x\in Z_q$。

② D 随机选择秘密 k 和 x,并随机选择 $v_2,v_3,\cdots,v_b\in K$,令 $V=(v_1,v_2,\cdots,v_b)$,其中 $v_1=k$。

③ 由以上对矢量空间秘密共享方案的描述,可知:$A_j=\{p_1,p_2,\cdots,p_b\}$ 是一个授权子集,则秘密 $k=\sum_{i=1}^{b}c_i\omega_i$,这里 $c_i\in K$ 可被任何参与者计算。对 D 来说,k 和向量 V 都应当保密。D 公布 kP 的值,并将子秘密 ω_i 通过安全信道来分配到相应的参与者 p_i 手中。

(2) 个体签名的生成。

每个参与者 $p_i\in A_j$,首先随机选择 $b_i\in Z_q^*$,并公布 $y_i=b_iP$ 的值,通过秘密方式向秘密发布者 D 提交自己的身份信息 ID_i。D 随机选择 a_i,并公布 $r_i=a_iP$ 的值,然后计算

$$U_i=s(b_iP+r_i)+sxH_0(ID_i)$$

其中 $H_0(ID_i)\in G_1$ 是与 ID_i 有关的信息。D 将 r_i 和 U_i 通过安全信道发送给 A,并公布 $h_i=xH_0(ID_i)$。

p_i 做如下计算

$$d_i=(\omega_i+b_i)H_0(m)$$
$$T_i=d_i+U_i$$

则由 p_i 生成的个体签名就是 $(U_i,d_i,r_i,h_i,y_i,T_i,m)$,并将此签名发送给 DC,同时公布 ω_iP 的值。

(3) 个体签名的验证。

DC 可以通过如下等式来验证个体签名 $(U_i,d_i,r_i,h_i,y_i,T_i,m)$ 的有效性及正确性。如果等式

$$e(T_i,P)=e(H_0(m),\omega_iP)e(y_i+r_i+h_i,Sp)e(H_0(m),y_i)$$

成立,则签名是有效且正确的,因为

$$\begin{aligned}e(T_i,P)&=e(d_i+U_i,P)\\&=e(\omega_iH_0(m)+sb_iP+sr_i+sh_i+b_iH_0(m),P)\\&=e(H_0(m),\omega_iP)e(y_i+r_i+h_i,sP)e(H_0(m),b_iP)\end{aligned}$$

(4) 群体签名的产生。

当所有参与者 $p_i\in A_j$ 提交的签名通过验证后,由 DC 计算

$$Y = \sum_{i=1}^{b} b_i P$$

$$R = \sum_{i=1}^{b} a_i P$$

$$g = \sum_{i=1}^{b} c_i b_i P$$

$$h = x \sum_{i=1}^{b} H_0(IDb_i)$$

$$U = \sum_{i=1}^{b} U_i = s \sum_{i=1}^{b} (y_i + s_i) + s \sum_{i=1}^{b} h_i$$

$$d = \sum_{i=1}^{b} d_i c_i = \sum_{i=1}^{b} (c_i \omega_i + c_i b_i) H_0(m)$$

$$T = d + U$$

由授权子集 A_j 生成的群签名 $((U_1, \cdots, U_b), (y_1, \cdots, y_b)(r_1, \cdots, r_b), d, Y, R, g, h, T, m)$ 是 Ω 的签名,而不能判断是 Ω 中哪个授权子集产生的。

(5) 群签名的验证。

接收者通过正式对群签名进行验证等式

$$e(T, P) = e(H_0(m), kP + g)e(Y + R + h, sP)$$

如果成立,则群签名有效且是正确的。这是因为

$$e(T, P) = e(d + U, P)$$
$$= e\left(\sum_{i=1}^{b} c_i(\omega_i + b_i) H_0(m) + s \sum_{i=1}^{b} (y_i + r_i) + s \sum_{i=1}^{b} h_i, P\right)$$
$$= e\left(\sum_{i=1}^{b} c_i(\omega_i + b_i) H_0(m), P\right) e(Y + R + h, sP)$$
$$= e\left((k + \sum_{i=1}^{b} c_i b_i) H_0(m), P\right) e(Y + R + h, sP)$$
$$= e(H_0(m), kP + g) e(Y + R + h, sP)$$

授权子集 $A_j \in \Omega$ 都可以产生有效的群签名,但是接收者只能检查群签名的有效性,而不是判断签名来自哪一个授权子集。

(6) 身份鉴别。

在发生争议时,鉴别者 P 可以通过拥有的密钥 s 及秘密值 x "打开"签名进行身份鉴别,从而判断群签名来自于哪一个授权子集。对于每一个 U_i,P 的身份鉴别过程如下:

$$H_0(\text{ID}_i) = (U_i - s(y_i + r_i))(sx)^{-1}$$

在身份鉴别中,我们使用阈下通道技术。

在本方案中,消息接收者只能对签名进行鉴别,而 P 因为拥有密钥 s 及秘密值 x,可以从阈下通道中得到附加的信息 $H_0(\text{ID}_i)$。

📖 **阈下通道技术**

阈下通道技术就是在签名中嵌入额外的一些信息,使得非授权消息接收者只能对签名的正确性进行鉴别,而授权的接收者不但可以对签名进行辨别,还能通过阈下通道技术得到额外附加的信息。

---

3. 安全性分析

(1) 该群签名方案的安全性基于椭圆曲线上离散对数问题,攻击者不能从 $\omega_i P$ 和 kP

中计算出 ω_i 和 k 的值。

（2）只有授权子集内的成员可以生成有效的群签名。

（3）消息接收者可以验证群签名的有效性，但是不能辨别签名者。

（4）一旦发生争执，从 P 处可以对签名进行身份鉴别。

（5）授权子集内的参与者任意多个合谋都不能重构秘密向量 $V=(v_1,v_2,\cdots,v_b)$。

（6）伪造者不能伪造参与者的签名。

（7）授权子集内的参与者任意多个合谋，都不能通过 $U_i=s(b_iP+r_i)+sxH_0(\text{ID}_i)$ 得到秘密 s,x 和秘密 $H_0(\text{ID}_i)$。对任何人数的参与者的合谋，方程中的未知数始终比参与者的人数多。

（8）引入随机数 b_i 的目的是为了防止重放攻击。由于 b_i 的引入，即便是对消息 m 签名两次，由于 $d_i=(\omega_i+b_i)H_0(m)$ 的不同，也不会产生不同的签名。

9.4　量子密码

正当现代密码学的发展和应用如火如荼之时，密码学家却开始担忧：它会不会像曾经辉煌的机器密码那样，被突然终结了？因为一种基于全新的计算原理、能力远胜于现代电子计算机的设备将要闪亮登场：那就是量子计算机。

量子计算机能够实现电子计算机所不能做到的并行计算。专家已经证明，利用这种算法可以轻易地破解 RSA 和 ECC 等密码，从而让基于这些密码安全体系的 Internet、各种电子商务系统等立即崩溃。

所以，密码学家们正在抓紧研究各种抗量子计算密码，以应对量子计算机的严重挑战。目前来看，基于量子力学原理的量子密码、基于分子生物现象的 DNA 密码、基于量子计算机所不擅长计算的数学问题等密码以及混沌密码等，很有希望成为抗量子计算的未来主流密码；它们的发展与应用以及相互之间的结合、取长补短，将成为未来密码学的研究主题。

9.4.1　量子计算机对现代密码学的挑战

随着社会信息化的迅猛发展，信息安全问题越来越受到世界各国的广泛关注，密码作为信息安全的重要支撑备受重视，各国都在努力寻找和建立绝对安全的密码体系。由于近年量子信息尤其是量子计算研究的迅速发展，例如图 9-4，现代密码学的安全性受到了越来越多的挑战。

量子计算与传统电子数字计算的关键区别在于数字的表示和存储方式。传统计算利用电子器件的开关特性，以 0-1 的二进制形式来表示数字；于是，一个 N 位的寄存器可以用来存储任意一个小于 2^N 的非负整数：在不同时刻可以使不同的整数，但在每一时刻只能是一个数。量子计算则是基于量子力学原理，用"量子位"来存储数字：一个二阶量子系统正交的本征态及其线性叠加形成的集合被称为"量子位"，它可以用叠加形式同时表示二进制数 0 和 1。于是，一个带有 N 量子位的量子寄存器能同时表示 2^N 个整数；在这个寄存器上施行运算操作,就相当于同时对 2^N 个整数进行操作。这就是量子计算的"并行"特性。

利用这种特性,一些传统计算机上需要进行 2^N 步才能解决的问题,量子计算机只需 N 步运算就能完成。因此传统的 RSA 和 ECC 密码体制很容易被攻破。

图 9-4 中国科学院-阿里巴巴量子计算实验室用囚禁原子的方法自由操纵单个原子

9.4.2 量子密码

"量子力学中的不可克隆定理、不确定性原理,构成了量子密码的安全性理论基础。"在第九次中国科协论坛上,有关专家介绍,现代密码学的安全性建立在数学复杂度的基础之上,即使密码已经被窃听者成功破译,合法用户也不会发现。量子密码学是根据物理基本定律而非传统的数学演算法则或者计算技巧所提供的一种密钥分发方式。量子密码的核心任务是分发安全的密钥,建立安全的密码通信体制,然后再使用一次性密码方案进行安全通信。其安全性是由物理原理所保证的,不再依赖于数学的复杂度。因此,即使是量子计算机也无法对它造成多大的威胁。2015 年,郭光灿院士领导的中国科学院量子信息重点实验室近日在实用化量子密码技术领域取得重要突破。该实验室韩正甫、陈巍等完成了当时距离最长的环回差分相位协议量子密钥分配验证实验,成果发表于国际权威期刊《自然·光子学》上。2016 年 7

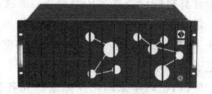

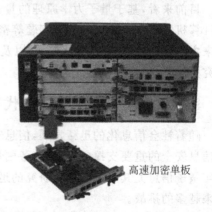

高速加密单板

图 9-5 国内商用密码领域首款量子密码机

月,谷歌正在试验在 Chrome 中使用 Ring-LWE(差错学习,Learning-With-Errors)密钥交换协议来代替 ECC 与 OpenSSL 协同工作。在商用领域,科大国盾量子技术股份有限公司研发的量子密码机于 2014 年通过国家密码管理局型号认定(见图 9-5)。

附录 有限域

在有限集合 F 上定义两个二元运算：加法"$+$"和乘法"$\cdot$"。如果 $(F,+)$ 是交换群，F 的非零元素对乘法构成交换群，而且乘法对加法满足分配律，则称 $(F,+,\cdot)$ 是有限域。

有限域有以下性质：

(1) 在有限域中所有非零元素之和的阶都相同且都是素数，称该素数为有限域的特征。

(2) p 是素数，阶数 $q=pm$ 的有限域 F_q 的特征为 p。

(3) F_q 的非零元素对乘法构成循环群。循环群的生成元成为该有限域的生成元。

(4) 利用 F_2 上的 m 阶不可约多项式 $f(x)$ 定义有限域 F_2^m：$F_2^m=\{a_{m-1}x^{m-1}+\cdots+a_1x+a_0\,|\,a_i\in\{0,1\}\}$。

为了方便，表示成向量集合 $F_2^m=\{a_{m-1}\cdots a_1a_0\,|\,a_i\in\{0,1\}\}$。$F_2^m$ 中的加法是简单地向量按位加，乘法是向量对应的多项式相乘模 $f(x)$ 的结果。

参 考 文 献

[1] 胡向东，魏琴芳. 应用密码学教程[M].北京：电子工业出版社,2005.

[2] Menezes A J，T Okamoto，S A Vanstone. Reducing elliptic curve logarithms to logarithms in a finite field[J]. Information Theory，IEEE Transactions on，1993，39(5)：1639-1646.

[3] Joux A. A one round protocol for tripartite Diffie-Hellman[C]//in Algorithmic number theory. Springer Berlin Heidelberg. 2000：385-393.

[4] Boneh D，Franklin M. Identity-based encryption from the Weil pairing[C]//in Advances in Cryptology—CRYPTO 2001. Springer Berlin Herdelberg，2001：213-229.

[5] Mambo M，Usuda K，Okamoto E. Proxy signatures：delegation of the power to sign messages[J]. IEICE transactions on fundamentals of electronics，communications and computer sciences，1996，79(9)：1338-1354.

[6] Chaum D. Blind signatures for untraceable payments[C]. in Advances in Cryptology. Springer 1983：199-203.

[7] Chaum D，Van Heyst E. Group signatures[C]. in Advances in Cryptology—EUROCRYPT'91. Spinger Berlin Heidelberg，1991：257-265.

[8] Kim S J，Park S J，Won D H. Convertible group signatures[C]. in Advances in Cryptology—ASIACRYPT'96. Springer Berlin Heidelberg,1996：311-321.

[9] Lee W，Chang C. Efficient group signature scheme based on the discrete logarithm[J]. Computers and Digital Techniques，IEEE Proceedings. 1998,145(1).

[10] Tseng，Y M，Jan J. Improved group signature scheme based on discrete logarithm problem[J]. Electronics Letters，1999,35(1)：37-38.

[11] 张键红. 面向群体数字签名的理论与技术研究[D]. 西安：西安电子科技大学,2004.

[12] 张福泰，张方国，王育民. 群签名及其应用[J]. 通信学报，2001. 22(1)：77-85.

第 10 章

密码技术新应用

密码技术是信息网络安全的关键技术。前面几章已经讲述了一些基础的密码技术以及它们在信息网络安全中所起到的作用。随着计算机网络的不断发展,密码技术的应用范围也在不断扩大,近年来电子商务和物联网越来越受到各行各业的重视,而它们的安全问题也必然成为研究的重点内容。电子商务和物联网安全到底涉及哪些密码技术? 这些密码技术是如何保证安全的? 本章首先介绍密码学在电子商务中的应用,接着介绍与电子商务紧密相关的数字现金实例——比特币,最后介绍物联网相关的一些安全问题。通过本章的学习,可将密码理论与实际相结合,并能巩固密码学理论知识,同时对灵活应用密码学理论知识解决实际应用问题具有重要的指导作用。

10.1 电子商务

电子商务(Electronic Commerce, EC)是指在因特网(Internet)、企业内部网(Intranet)和增值网(Value Added Network, VAN)上以电子交易方式进行交易活动和相关服务活动,是传统商业活动各环节的电子化、网络化。一般来说,电子商务是在全球各地广泛的商业贸易活动中,在因特网开放的网络环境下,基于浏览器/服务器应用方式,买卖双方不谋面地进行各种商贸活动,实现消费者的网上购物、商户之间的网上交易和在线电子支付以及各种商务活动、交易活动、金融活动和相关的综合服务活动的一种新型的商业运营模式。然而,由于互联网的全球性、开放性、动态性和共享性,使得互联网的安全非常脆弱,因此,如何保障电子商务交易的安全和顺利进行,即如何实现电子商务的保密性、完整性、可鉴别性、不可伪造性和不可抵赖性,成为目前研究的热点。

10.1.1 电子商务安全概述

电子商务是以因特网为媒介、以商品交易双方为主体、以银行电子支付与结算为手段的新型商务模式。随着通信技术的发展,这种可以触及更多顾客的潜在方式给偷窃和欺诈也带来了极大的可能性,在没有保护的通道中传送信用卡和信息交易可能会引起非法顾客的进入以及盗窃至关重要的信用信息,因此保护电子商务中必要信息的安全变得非常重要。电子商务交易的安全主要是通过密码技术、安全机制和安全协议来保证的。

1. 电子商务的表现形式

电子商务从产生到当下,主要表现形式有 B2C、B2B、B2G、C2G 和 C2C,表 10-1 对这些表现形式给出了简单的定义。

表 10-1　电子商务的主要表现形式

表现形式	定　义
B2C	B to C(Business to Consumer),企业对消费者模式,商家对个人或商业机构对消费者模式
B2B	B to B(Business to Business),商家对商家或商业机构对商业机构模式
B2G	B to G(Business to Government),企业或商业机构对政府部门模式
C2G	C to G(Consumer to Government),消费者对政府部门模式
C2C	C to C(Consumer to Consumer),消费者对消费者模式。例如淘宝、京东、当当等

2. 电子商务系统面临的安全威胁

在电子商务交易的过程中,交易的双方通过网络来进行通信,通信的过程中大量的信息流就会在网上传输,比如订单信息、账户信息等各种敏感信息。这个过程中使得电子商务的参与者面临着来自不同方面的各种未知的安全威胁。

电子商务的系统在运行的过程中面临的安全威胁主要表现为:

1) 信息泄露

攻击者在网络的传输链路上,通过物理或逻辑的手段,对数据进行非法截获与监听,从而得到通信中的敏感信息。

2) 信息篡改

这涉及交易信息的真实性与完整性问题。交易信息在网络传输过程中可能被攻击者非法篡改,如电子票据的伪造、重用等问题,从而使得信息失去真实性和完整性。

3) 身份假冒

攻击者盗用合法用户的身份信息,以假冒的身份与他人进行交易,从而破坏被假冒一方的声誉或盗窃被仿冒一方的交易成果等。

4) 信息抵赖

某些用户可能对自己发出的信息进行恶意的抵赖,不为自己的行为负责。

3. 电子商务系统的安全需求

为了应对电子商务系统面临的安全威胁,实现系统的安全目标,真正实现一个安全电子商务系统,应当做到的各个方面包括可靠性、机密性、完整性、不可抵赖性、匿名性、原子性和有效性等。

1) 可靠性

电子商务系统应该提供通信双方进行身份认证的机制,确保交易双方身份信息的可靠和合法,系统应该事先对用户身份做出有效确认和对私有密钥与口令进行有效保护,对非法攻击能够进行有效防范,防止假冒身份在网上交易、诈骗。

2) 机密性

在传统的交易中,一般是通过面对面的信息交换,或者通过邮寄或可靠的通信渠道发送商业报文,以达到商业保密的目的。而电子商务是建立在开放的网络环境上的,维护商业机密是电子商务系统的最根本的安全需求。因此,交易必须保持不可侵犯性,通过网络送出以及接收的信息不能被任何攻击者读取、修改或拦截。密码技术是保证消息机密性的有效方法,他使得一个入侵者虽然能观测信息的表示,但是无法推断出所表示的信息内容或提炼出有用的信息。典型的加密方法包括已在前面章节中介绍过的 DES、AES、RSA 等。

3) 完整性

电子商务简化了贸易过程,减少了人为的干预,同时也带来了维护贸易各方商业信息的完整、统一的问题。由于数据输入时的意外差错或欺诈行为,可能导致贸易各方信息的差异。此外,数据传输过程中信息的丢失、信息重复或信息传送的次序差异也会导致贸易各方信息的不同。贸易各方信息的完整性将影响到贸易各方的交易和经营策略,保持贸易各方信息的完整性是电子商务应用的基础。因此,要预防对信息的随意生成、修改和删除,同时要防止数据传送过程中信息的丢失和重复并保证信息传送次序的统一。

4) 不可抵赖性

在传统交易中,交易双方通过在交易合同、契约或贸易单据等书面文件上手写签名或印章,确定合同、契约、单据的可靠性并预防抵赖行为的发生,也就是常说的"白纸黑字"。电子商务系统应有效防止商业欺诈行为的发生,保证商业信用和行为的不可抵赖性,保证交易各方对已做交易无法抵赖。

5) 匿名性

电子商务应确保交易的匿名性,防止交易过程被跟踪,保证交易过程中不把用户的个人信息泄露给未知的或不可信的个体,确保合法用户的隐私不被侵犯。

6) 有效性

电子商务以电子形式取代了纸张,保证这种电子形式的贸易信息的有效性是开展电子商务的前提。电子商务作为贸易的一种形式,其信息的有效性将直接关系到个人、企业获国家的经济利益和声誉。因此,电子商务系统应有效防止系统延迟或拒绝服务情况的发生,要对网络故障、硬件故障、操作错误、应用程序错误、系统软件错误及计算机病毒所产生的潜在威胁加以控制和预防,保证交易数据在确定的时刻、确定的地点是有效的。

7) 原子性

原子性是指将电子商务中采用的整个支付协议(一般包括初始化阶段、订购阶段、支付阶段、清算阶段等)看做一个事务,保证要么全部执行,要么全部取消。在电子商务系统引入原子性是为了规范电子商务系统中的资金流、信息流和物流。

10.1.2 安全的电子商务系统

要解决电子商务的安全问题,电子商务系统就必须具备:防止交易信息被非法截获或读取的保密性;防止交易信息丢失并保证信息传递次序统一的完整性;防止假冒身份在网上交易和诈骗的可靠性;防止交易各方对已做交易进行抵赖的抗否认性;防止交易过程被跟踪的匿名性;保证交易一致性的原子性等安全要求。

根据电子商务系统的安全需求,可将电子商务系统安全从整体上分为两大部分:计算机网络安全和商务交易安全。计算机网络安全的内容包括计算机网络设备安全、计算机网络系统安全、数据库安全等,其主要特征是针对计算机网络本身可能存在的安全问题,实施网络安全增强方案,以保证计算机网络自身的安全性为目标。商务交易安全则是紧紧围绕传统商务在互联网上应用时产生的各种安全问题,在计算机网络安全的基础上,保障电子商务过程的顺利进行,即实现电子商务的各种安全需求。

1. 电子商务的安全体系结构

电子商务的安全体系结构是保证电子商务中数据安全的一个完整的逻辑结构,同时它也为交易过程的安全提供了基本保障。电子商务的安全体系结构由网络服务层、加密技术层、安全认证层、安全交易协议层、应用系统层 5 个层次组成,如图 10-1 所示。其中,下层为上层提供技术支持,是上层的基础,上层是下层的扩展和递进,各层通过控制技术的递进形成一个统一的整体。各层通过不同的安全控制技术,实现各自的安全策略,保证整个电子商务系统的安全。接下来主要讨论密码学技术在安全认证层以及安全交易协议层的应用。

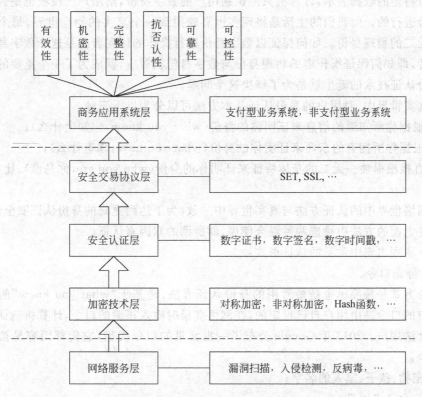

图 10-1　电子商务的安全体系结构

2. 电子商务系统的安全认证层

在电子商务系统中,由于参与交易的各方往往是素未谋面的,身份认证成了必须解决的问题,即在电子商务中,必须解决不可抵赖性问题。交易抵赖包括多个方面,如发言者事后否认曾经发送过某条信息或内容,收信者事后否认曾经收到过某条消息或内容,购买者下了订单却不承认等等。电子商务关系到贸易双方的商业交易,如何确定要进行交易的贸易方正是所期望的贸易伙伴这一问题则是保证电子商务顺利进行的关键。

电子商务系统的安全认证技术是保证电子商务安全的一个不可缺少的重要技术手段,它保证了参与各方身份的真实性,也保证了电子商务活动的正常进行,是电子商务成功启动的必要条件。认证是对付假冒攻击的有效方法,电子商务系统的交易模式使得交易双方互不见面,这就决定了电子商务系统中的认证必然要采取与传统商务截然不同的处理方式。现在主要的安全认证技术包括身份认证和数字签名。数字签名用于保证交易信息的完整性和交易的不可抵赖性,而身份认证则主要用于电子商务系统的访问控制。

1) 身份认证

身份认证是在计算机网络中确认操作者身份的过程,身份认证可分为用户与主机间的认证和主机与主机之间的认证。在计算机网络世界中,一切信息包括用户的身份信息都由一组特定的数据表示,计算机只能识别用户的数字身份,给用户的授权也是针对用户数字身份进行的。而我们的生活是将现实世界映射到一个真实的物理世界,每个人都拥有独一无二的物理身份。如何保证以数字身份进行操作的访问者就是这个数字身份的合法拥有者,即如何保证操作者的物理身份与数字身份相对应,就成为了一个重要的安全问题。身份认证技术的诞生就是为了解决这个问题。

在真实世界中,对用户的身份认证基本方法可以分为以下三种:

- 根据你所知道的信息来证明你的身份(what you know,你知道什么);
- 根据你所拥有的东西来证明你的身份(what you have,你有什么);
- 直接根据独一无二的身体特征来证明你的身份(who you are,你是谁),比如指纹、面貌等。

在网络世界中的认证方法与真实世界中一致,为了达到更高的身份认证安全性,某些场景会在上面的方法中挑选两种混合使用,即所谓的双因素认证。

以下罗列出集中常见的认证形式:

(1) 静态口令。

口令方式是最简单也是最常用的身份认证方法,是基于"what you know"的认证手段。用户的口令是由用户自己设定的,在网络登录时输入正确的口令,计算机就认为操作者就是合法用户。2013年Google公布了一批常见的口令类型,它们都因容易被猜测出而不安全:

- 宠物、孩子、家人的名字;
- 纪念日或生日;
- 出生地;
- 喜欢的节日;
- 喜欢的球队;
- Password。

把口令抄在纸上放在一个自认为安全的地方,这样很容易造成口令泄露。而且由于口令是静态的数据,在验证过程中需要在计算机内存和网络中传输,而每次验证使用的验证信息都是相同的,很容易被驻留在计算机内存中的木马程序或网络中的监听设备截获。因此,静态口令的方式是安全性不高。

使用静态口令的方式容易操作,但因为静态口令方式的安全性不高,所以在使用的过程中必须勤换口令,以保证安全性。

📖　**口令与密钥的区别**

口令(Password、Passphrase、Passcode)是一串字符,作为用户证明身份或得到权限的凭证。而密钥是用于特定密码算法的一串字符,将明文变成密文。QQ 登录密码、网站邮箱密码、Windows 系统登录密码、银行卡密码、支付宝密码都是口令。一个直接证据就是:没有 Window 登录密码的用户可以使用 PE(Preinstall Environment)来获得硬盘的数据,而没有密钥是无法正确恢复加密压缩包的。在 ATM 机上一般使用纯数字的口令,叫做 PIN(Personal Identification Number)。

📖　**口令该如何设置**

Adi Shamir 建议,首先要对密码进行分类,一般可按照重要程度分为两类或三类。如网银登录密码、支付宝密码可列为非常重要的一类,这些密码设置尽量越长越好,而且注意不要与自己的姓名、生日等信息有联系,最好不要重复;社区论坛的密码可以相对简单一些。

针对一些人喜欢把密码全部记到一个本子上的情况,Shamir 表示,如果非要采取这种比较原始的方法记录密码,不妨加一道密,即用自己能看得懂的图像或字符来"替换"密码。

Shamir 还建议公司管理人员,员工离开公司后应立即注销他的账号。

值得注意的是,Chrome 浏览器是以明文方式保存你的登录口令的。

---

(2) 动态口令。

基于动态口令的身份认证是目前最为安全的身份认证方式,是基于"what you have"的认证手段。

动态口令技术是一种让用户口令按照时间或使用次数不断变化、每个条目只能使用一次的技术。用户使用时只需要将动态令牌上显示的当前口令(如图 10-2 所示)输入客户端计算机,即可实现身份认证。由于每次使用的口令必须由动态令牌来产生,只有合法用户才持有该硬件,所以只要通过口令验证就可以认为该用户的身份是可靠的。而用户每次使用的口令都不同,即使黑客截获了一次口令,也无法

图 10-2　中银 e 令

利用这个口令来仿冒合法用户身份。动态口令技术采用一次一密的方法,有效保证了用户身份的安全性。

现在动态口令主流的是基于时间同步方式的,每 60 秒变换一次动态口令,口令一次有效,它产生 6 位动态数字进行一次一密的方式认证。但是由于基于时间同步方式的动

态口令牌存在 60 秒的时间窗口,导致该口令在这 60 秒内存在风险。现在已有基于事件同步的、双向认证的动态口令牌。基于事件同步的动态口令,是以用户动作触发的同步原则,真正做到了一次一密,并且由于是双向认证,即:服务器验证客户端,并且客户端也需要验证服务器,从而达到了彻底杜绝木马网站的目的。由于它使用起来非常便捷,85% 以上的世界 500 强企业运用它保护登录安全,广泛应用在 VPN、网上银行、电子政务、电子商务等领域。

动态口令是应用最广的一种身份识别方式,一般是长度为 5~8 的字符串,由数字、字母、特殊字符、控制字符等组成。用户名和口令的方法几十年来一直用于提供所属权和准安全的认证来对服务器提供一定程度的保护。当用户访问自己的电子邮件服务器时,服务器要根据用户名与动态口令对用户进行认证,此外还要提供动态口令更改工具。系统(尤其是互联网上新兴的系统)通常还提供用户提醒工具以防忘记口令。

(3)生物特征。

📖 **指纹识别、虹膜扫描比传统密码更安全吗**

生物识别安全系统的设计思路就是让用户使用明显的身体特征——例如指纹、虹膜——来证明自己的身份。右图为美国 ATM 机制造商 Diebold 推出的一款新型虹膜扫描 ATM 机。生物识别安全功能的好处就是这些身体特征很难复制,而且用户也不用费神记住它们。可惜的是,生物数据也是可以被黑客窃取的。2015 年 9 月,黑客窃取了美国国防部和其他政府部门员工的安检数据,包括大约 560 万份指纹记录。生物识别的缺点是:
在生物数据失窃后,它会造成永久性的危害——在数据失窃后,你可以更改你的密码,但是你无法更改你的指纹。不过,生物识别安全系统的这些风险也不是不可以防范的:生物数据只保存在用户本人的设备上,而不是集中保存到某个公司的服务器上。

基于生物特征的身份识别是基于"who you are"的认证手段,是通过可测量的身体或行为等生物特征进行身份认证的一种技术。生物特征是指唯一的可以测量或可自动识别和验证的生理特征或行为方式。生物特征分为身体特征和行为特征两类。身体特征包括指纹、掌型、视网膜、虹膜、人体气味、脸型、手的血管和 DNA 等;行为特征包括签名、语音、行走步态等。从理论上说,生物特征认证是最可靠的身份认证方式,因为他直接使用人的物理特征来表示每个人的数字身份,每个人都具有独一无二的生物特征,因此不可能被仿冒。

(4)认证中心。

认证中心(Certificate Authority,CA)是承担网上安全电子交易认证服务,签发数字证书,并能确认用户身份的权威服务机构,是为电子商务提供安全保障的基础设施。数字证书实际上是存放在计算机上的一个记录,是由 CA 签发的一个声明,证明证书主体与证书中所包含的公钥的唯一对应关系。证书包括证书申请者的名称及相关信息、申请者的公钥、签发证书的 CA 的数字签名以及证书的有效期限等内容。数字证书的作用是使网上交易的双方互相验证身份,保证电子商务的正常进行。现在大多数的电子商务安全解决方案都趋向于使用第三方信任服务,在这种安全机制中,认证中心是保证电子商务安全的基础。例如,中国邮政的电子商务安全认证系统(CPCA)的体系结构如图 10-3 所示。

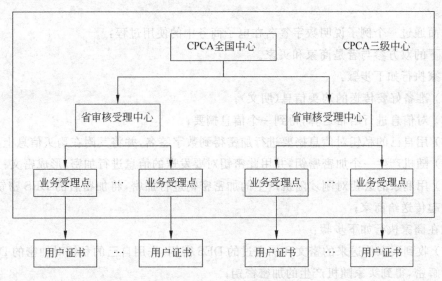

图 10-3 CPCA 认证体系结构

CPCA 全国中心负责为整个体系的各类证书用户发放和撤销证书,接受各审核受理中心发来的证书请求,并对高级证书申请进行审核,维护并发布全国黑名单库。

省审核受理中心即 RA 中心,负责汇总中心所辖的各业务受理点接受的各类用户的证书申请,并负责对某些证书申请进行二级审核,维护并发布本中心所管理的用户的黑名单库。

业务受理点是为用户提供证书申请服务的受理窗口,负责接收用户的证书申请请求,对用户提交的资料进行初级审核,并将资料提交相应的审核受理中心。

在该模型中,根 CA 位于层次的顶部。根 CA 的证书是自签发的,其正常性通常依赖于政府机构的信誉和相关法律法规。直接隶属于根 CA 的 CA 的证书是由根 CA 签发的,而这些 CA 再为其下属的 CA 签发证书。于是构成一个层次结构:高层的 CA 为低层的 CA 签发证书,底层的 CA 为终端用户签发证书。

2) 数字签名

在传统的交易中,我们是用书面签名来确定身份以及交易信息的。在书面文件上签名的作用有两点:一是确定为自己所签署的文件,自己难以否认;二是因为签名不容易被伪造,从而判断文件是否为伪造的文件。随着电子商务的应用,人们通过网络传递交易信息,这就出现了消息真实性的认证问题,数字签名在电子商务中的应用就此应运而生。

数字签名是附加在数据单元上的一些数据，或是对数据单元所做的密码变换，这种数据和变换允许数据单元的接收者用于确认数据单元来源和数据单元的完整性，并保护数据，防止被人（例如接收者）进行伪造。数字签名用来保证信息传输过程中信息的完整和提供信息发送者的身份认证。在电子商务中安全、方便地实现在线支付。同时，对于数据传输的安全性、完整性、身份验证机制以及交易的不可抵赖性问题通过安全性认证手段加以解决。

下面通过一个例子说明数字签名在电子商务中的使用过程：

以下的双方参与者是商家和买家。

买家执行如下步骤：

（1）准备好要传送的购买信息（明文）；

（2）对信息进行哈希运算，得到一个信息摘要；

（3）用自己的私钥对信息摘要进行加密得到数字签名，并将其附在购买信息上；

（4）随机产生一个加密密钥，并用此密钥对要发送的信息进行加密，形成密文；

（5）用商家的公钥对刚才随机产生的加密密钥进行加密，将加密后的 DES 密钥连同密文一起传送给商家；

现在商家执行如下步骤：

（1）收到买家传来的密文和加密过的 DES 密钥，先用自己的私钥对加密的 DES 密钥进行解密，得到买家随机产生的加密密钥；

（2）然后用随机密钥对收到的密文进行解密，得到明文的数字信息，然后将随机密钥抛弃；

（3）用买家的公钥对买家的数字签名进行解密，得到信息摘要；

（4）用相同的哈希算法对收到的明文再进行一次哈希运算，得到一个新的信息摘要；

（5）将收到的信息摘要和新产生的信息摘要进行比较，如果一致，则说明收到的信息没有被修改过。

从上面的过程中可以看出，签名是建立在私有密钥与签名者唯一对应的基础上，在验证过程中，是用与该私有密钥对应的公开密钥来验证的。所以，数字签名可以通过身份认证中提到的认证中心来颁发签名的数字证书、私钥，从而确保签名的有效性。

3. 电子商务系统中的交易协议层

在电子商务的安全体系中，各参与方之间的数据交换是基于安全交易协议进行的。目前国际上有两类流行的电子商务安全交易协议：安全套接字层协议 SSL（Secure Socket Layer）和安全电子交易协议 SET（Secure Electronic Transaction）。两者相比较而言，SSL 协议实现简单，使用方便，系统开销小，多应用于简单加密的支付系统。但 SSL 应用用于电子商务有自身的缺陷，它只能提供交易中客户与服务器之间的双方认证，在实际中包含客户、商家、银行甚至认证中心等的多方电子交易认证，SSL 协议并不能协调各方间的安全传输和信任关系。相比之下，SET 协议是一个更加完善也更加复杂的电子交易协议。SSL 和 SET 的比较如表 10-2 所示。

表 10-2　SSL 与 SET 的比较

比较项目		SSL	SET
相同点		信息被加密传输,有信息完整性检测	
不同点	信息保密性	用户信息对商家不保密	用户购买信息对银行保密,用户账户信息对商家保密
	证书签发	发放服务器端、客户端证书	用户、商家、银行均有证书
	验证	只有商家验证用户	用户、商家、银行三方验证
	应用范围	一对一通信系统	网上银行
	其他	安全性相对较差,投资小,管理不严格	安全性好、投资大,管理严格

目前,许多电子商务网站采用的安全交易方式是:在客户和商家服务器间用 SSL 方式加密传送,如图 10-4 所示;在商家服务器与支付网关间采用软件加密传送,并设置防火墙;在支付网关与收单行间采用专线连接方式并用硬件加密。由表 10-2 可知,SSL 只提供安全通信通道,对于网上交易所需要的多方认证难以实现,而 SET 实在开放网络中的银行卡支付协议,采用公钥密码体制和 X.509 电子证书标准,SET 非常详细而且准确地反映了卡交易各方之间存在的各种关系。SET 还定义了加密信息的格式和完成一笔卡交易过程中各方传输信息的规划。它还说明了每一方所持有的数字证书的合法含义,希望得到数字证书及响应信息的各方应有的动作,以及与一笔交易紧密相关的责任分担。因此能够在电子交易环节上提供更大的信任度、更完整的交易信息、更高的安全性,以及更少受欺诈的可能性。

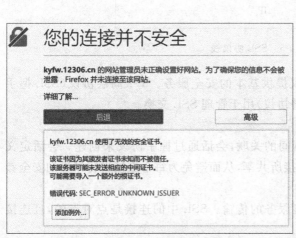

(a) 证书安装前的网页

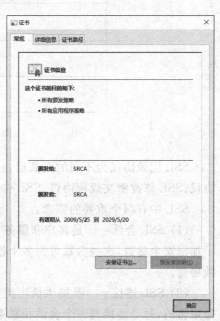

(b) 中铁数字证书认证中心的根证书

图 10-4　SSL 协议在铁路客运服务系统的应用

1. 安全套接层协议 SSL

安全套阶层协议 SSL 是由 Netscape 公司于 1996 年设计开发的位于传输层和应用层之间的一个安全协议。SSL 被设计成使用 TCP 来提供一种可靠的端到端的安全服务,是一种用于基于会话的加密和认证的 Internet 协议,它在两实体——客户和服务器之间提供了一个安全管道。为了防止客户/服务器应用中的监听、篡改、消息伪造等,SSL 提供了服务器认证和可选的客户端认证。通过在两个实体之间建立一个共享的密钥,SSL 提供保密性。我们常使用的 Google 搜索、支付宝、微信就是使用它来保障安全的。

> 📖 **心脏出血(Heartbleed)漏洞**
>
> 这项严重缺陷(CVE-2014-0160)的产生是由于未能在 memcpy()调用受害用户输入内容作为长度参数之前正确进行边界检查。攻击者可以追踪 OpenSSL(SSL 协议的开源实现)所分配的 64KB 缓存、将超出必要范围的字节信息复制到缓存当中再返回缓存内容,这样一来,受害者的内存内容就会以每次 64KB 的速度泄露。心脏出血漏洞曾波及大量互联网公司及服务器,其中包括 Amazon Web Services、Github、Tumblr、Wunderlist 等网站。

SSL 协议分为两层:记录层和握手层,每层使用下层服务,并为上层提供服务,其协议栈如图 10-5 所示。

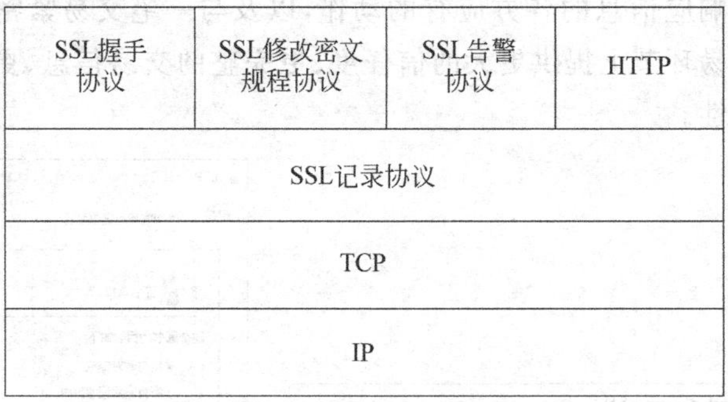

SSL握手协议	SSL修改密文规程协议	SSL告警协议	HTTP
SSL记录协议			
TCP			
IP			

图 10-5　SSL 协议栈

SSL 记录协议为不同的更高层协议提供基本的安全服务。3 个高层协议(SSL 握手协议、SSL 修改密文规程协议、SSL 告警协议)用于管理 SSL 交换。

SSL 中有两个重要的概念:

(1) SSL 会话——是客户和服务器间的关联,会话通过握手协议来创建。会话定义了加密安全参数,这些参数可为多个连接所共享,从而避免为每个连接进行昂贵的安全参数协商。

(2) SSL 连接——是提供恰当类型服务的传输。SSL 中的连接是点对点的,且连接是短暂的,每个连接与一个会话相联系。

实际上每个会话都存在一组状态。一旦建立了会话,就有当前状态。在握手协议期间,会话处于未决状态,一旦握手协议成功,建立了会话,就由未决状态变成当前状态。

SSL 记录协议为 SSL 连接提供两种服务:

- 机密性服务——握手协议定义了用于对 SSL 有效载荷进行常规加密的共享密钥。
- 报文完整性服务——握手协议定义了用来生成报文鉴别码(MAC)的共享密钥。

SSL 记录协议的整个操作过程如图 10-6 所示。首先,SSL 记录协议接收待传输的应用报文,将数据分片成可管理的块;然后,有选择地压缩数据,加上 MAC;接着,进行加密处理;最后,添加 SSL 记录首部,将得到的最终数据单元作为一个 TCP 报文段的载荷部分进行传输。在接收端,被接收的数据被解密、验证、解压和重新装配,然后交给更高级的用户。

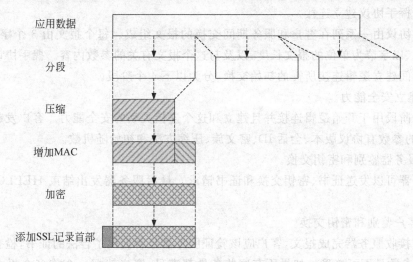

图 10-6　SSL 记录协议的操作

所添加的 SSL 记录首部由以下字段组成:

- 内容类型(8 位)——用来说明封装数据段的更高层的协议。已定义的内容类型有修改密文规程协议、告警协议、握手协议和应用数据。
- 主要版本(8 位)——指示使用 SSL 的主要版本号。
- 次要版本(8 位)——指示使用的次要版本号。
- 压缩长度(16 位)——明文数据段以字节为单位的长度。

SSL 记录协议的有效载荷包括如下:

(1) 修改密文规程协议。

它是使用 SSL 记录协议的 3 个 SSL 协议之一,是最简单的一个。该协议由单个报文组成,该报文由值为 1 的字节组成。这个报文的唯一目的就是将未决状态复制到当前状态。在完成握手协议之前,客户端和服务端都要发送这一消息,以便通知对方其后的记录将用刚刚协商的密码及相关联的密钥来保护。

(2) 告警协议。

告警协议是用来将 SSL 有关的告警消息及其严重程度传送给 SSL 会话的主体。和其他使用 SSL 的应用一样,告警消息按照当前状态所指定的方式来压缩和加密。这个协议的每个报文由两个字节组成:第一个字节的值是"警告(Warning)"或"致命的

(Fatal)"，用来传送报文的严重级别；第二个字节包括了指出特定告警的代码。

当任何一方检测到一个错误时，检测的一方就向另一方发送一个消息。如果告警消息是"致命的"，则通信的双方应立即关闭连接。双方都需要忘记任何与该失败的连接相关联的会话标示符、密钥和秘密。对于所有的非致命错误，双方可以缓存信息以恢复该连接。

（3）握手协议。

这是 SSL 中最复杂的部分。SSL 握手协议负责建立当前会话状态的参数，它使得服务器和客户能够协商一个协议版本、选择密码算法、互相认证，并且使用公钥加密技术通过一系列交换信息在客户和服务器间生成共享的密钥。在使用会话传输任何数据之前，必须先用握手协议建立连接。

握手协议由一系列在客户和服务期间交换的报文组成。每个报文由 3 个字段组成：报文类型、以字节为单位的报文长度，以及与这个报文有关的参数内容。握手协议在客户和服务器间建立逻辑连接所需的初始交换，分为以下 4 个阶段。

- 建立安全能力。

这个阶段用于开始逻辑连接并且建立和这个连接关联的安全能力。客户发起这个交换，传递的参数有协议版本、会话 ID、密文族、压缩方法和初始随机数。

- 服务器鉴别和密钥交换。

服务器可以发送证书、密钥交换和证书请求。最后服务器发出结束 HELLO 报文阶段的信号。

- 客户鉴别和密钥交换。

一旦接收服务器完成报文，客户应该验证服务器是否提供了合法的证书，检查服务器 HELLO 参数是否可接受。如果所有这些条件都满足，客户就把一个或多个报文发送给服务器。

如果服务器请求了证书，则客户发送证书，发送密钥交换，客户可以发送证书验证报文。

- 结束。

这个阶段完成安全连接的建立。

最终形成的 SSL 记录格式如图 10-7 所示。

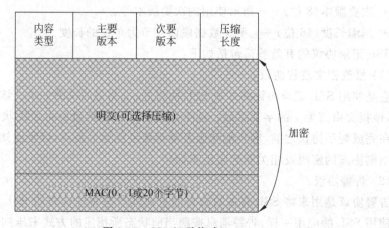

图 10-7　SSL 记录格式

2. 安全电子交易协议 SET

安全电子交易协议 SET 是由国际信用卡巨头 VISA 公司和 Master Card 公司联合于 1997 年开发设计的,得到了 IBM、HP 等很多大公司的支持,是一个为在 Internet 上进行在线交易而设立的开放的电子交易规范,用于划分与界定电子商务活动中的消费者、商家、银行、信用卡组织之间的权利义务关系,它可以对交易各方进行认证,可以防止商家欺诈。为了进一步加强安全性,SET 使用两组密钥对分别用于加密和签名,通过双签名机制将订购信息与账户信息链接在一起签名。SET 协议开销较大,客户、商家、银行都要安装相应软件。

SET 协议结合了对称加密算法的快速、低成本和公钥密码算法的可靠性,有效地保证了在开放网络上传输的个人信息、交易信息的安全,而且还解决了 SSL 协议所不能解决的交易双方的身份认证问题。

1) SET 协议的主要目标

* 防止数据被非法用户窃取,保证信息在互联网上安全传输。
* SET 中使用了一种双签名技术保证电子商务参与者信息的相互隔离。客户的资料加密后通过商家到达银行,但是商家不能看到客户的账户和密码信息。
* 解决多方认证问题。不仅要对客户的信用卡认证,而且要对在线商家进行认证,实现客户、商家和银行间的相互认证。
* 保证网上交易的实时性,使所有的支付过程都是在线的。
* 提供一个开放式的标准,规范协议和消息格式,促使不同厂家开发的软件具有兼容性和互操作功能。可在不同的软硬件平台上执行并被全球广泛接受。

2) SET 协议提供的服务

SET 协议为电子交易提供了许多保证安全的措施。它能保证电子交易的机密性、数据完整性、交易行为的不可否认性和身份的合法性。SET 协议设计的证书中包括银行证书及发卡机构证书、支付网关证书和商家证书。

(1) 保证客户交易信息的保密性和完整性。

SET 协议采用了双重签名技术对 SET 交易过程中消费者的支付信息和订单信息分别签名,使得商家看不到支付信息,只能接收用户的订单信息;而金融机构看不到交易内容,只能接收到用户支付信息和账户信息,从而充分保证了消费者账户和订购信息的安全性。

(2) 确保商家和客户交易行为的不可否认性。

SET 协议的重点就是确保商家和客户的身份认证和交易行为的不可否认性。其理论基础就是不可否认机制,采用的核心技术包括 X.509 电子证书标准、数字签名、报文摘要、双重签名等技术。

(3) 确保商家和客户的合法性。

SET 协议使用数字证书对交易各方的合法性进行验证。通过数字证书的验证,可以确保交易中的商家和客户都是合法的、可信赖的。

3）SET 协议的交易流程

（1）持卡人浏览商品明细清单，可从商家的在线 Web 主页上浏览，也可从商家提供的打印目录上获取商品消息。

（2）持卡人选择要购买的商品。

（3）持卡人填写订单，包括项目列表、价格、运费等信息。订单可通过电子化方式从商家传过来，或有持卡人的电子购物软件建立。有些在线商家可以让持卡人与商家协商物品的价格。

（4）持卡人选择付款方式。此时 SET 开始介入。

（5）持卡人发送给商家一个完整的订单及要求付款的指令。在 SET 中，订单和付款指令出持卡人进行数字签名，同时利用双重签名技术保证商家看不到持卡人的账号消息以及银行看不到持卡人的订单消息。

（6）商家接受订单后，向持卡人的金融机构请求支付认可。通过网关到银行，再到发卡机构确认，批准交易。然后返回确认消息给商家。

（7）商家发送订单确认消息给持卡人。持卡人端软件可记录交易日志，以备将来查询。

（8）商家给持卡人装运货物，或完成订购的服务。到此为止，一个购买过程已经结束。商家可以立即请求银行将钱从购物者的账号转移到商家账号，也可以等到某一时间，请求成批的划账处理。

（9）商家向持卡人的金融机构请求支付。

交易过程的前三步不涉及 SET 协议，之后 SET 协议开始起作用。在处理的过程中，通信协议、请求消息的格式、数据类型的定义等，SET 协议都有明确的规定。在操作的每一步，持卡人、商家、网关都通过 CA 来验证通信主体的身份，以确保通信的对方不是冒名顶替。

3. SET 协议与 SSL 协议的区别

事实上，SET 和 SSL 除了都采用 RSA 公钥算法以外，二者在其他技术方面没有任何相似之处。SET 是一种基于信息流的协议，它非常复杂，但详尽而准确地反映了卡交易各方之间存在的各种关系。SET 允许各方之间的报文交换不是实时的，报文能够在银行内部网络或者其他网络上传输。SSL 只是简单地在两方之间建立一条安全的面向连接的通道。

SET 与 SSL 的具体区别如下：

（1）认证机制方面。SET 的安全需求较高，所有成员都必须申请数字证书来表示身份，而在 SSL 中只有商家端的服务器需要认证，客户端的认证则是可选的。

（2）安全性。一般公认 SET 的安全性较 SSL 高，主要原因是在整个交易过程中，包括持卡人到商家，商家到网关再到银行网络，都受到严格的保护，而 SSL 的安全范围只限于持卡人到商家的信息交流。

（3）用户方便性。SET 需要安装专门的软件，SSL 一般与浏览器集成在一起。

10.2　比特币

2013 年最火的词莫过于"比特币"，比特币从一文不值到单枚价格达 7588 元人民币只用了四年的时间，不少早期持币的普通青年，短短几个月已经成为可以在北京买好几套房的钻石王老五，比特币于大多数人来说是神秘，是奇迹，是憧憬，是货币的明日之星。最新数据显示，截止到 2016 年 7 月，一枚比特币在各大交易平台的价格为 4526 元人民币或 675 美元，虽然较之其价值最高点价格降低了近一半，但仍旧是价值不菲。那么，到底什么是比特币？又如何去获得比特币？比特币为什么会有这么高的价值？其价值又是如何被保证的？本节会为你一一揭晓。

10.2.1　比特币发展史

2008 年 11 月 1 日，一位自称中本聪(Satoshi Nakamoto)的神秘人在一个隐蔽的密码学讨论组上发布了一篇名为《比特币：一种点对点的电子现金系统》的研究论文，这篇论文描述了一种被他称为"比特币"的电子货币及其算法。虽然中本聪本身是一个谜，但是他的设计解决了几十年来密码破译界的大难题。这种数字货币流通方便而且难以追踪，脱离了政府和银行的掌控，这样的理念一直是互联网有史以来的热门话题。

2009 年 1 月，中本聪开发了第一套比特币挖矿系统，中本聪通过挖矿的方式获得了首批 50 个比特币及比特币系统的第一个数据区块。随着首个比特币开源客户端和首批比特币发布，比特币网络正式上线。

2010 年 5 月，一位佛罗里达的程序员 Laszlo Hanyecz 用 10 000 比特币买了两个棒约翰(世界三大披萨品牌之一)的比萨饼——他把比特币转给了一位在英国的用户，那人横跨大西洋用信用卡帮他付款完成交易。这是比特币历史上的首个真实交易。这也表明了比特币交易的一个重要特点——自发性的价格设定。

2010 年 8 月，比特币的一个缺陷暴露，即比特币在采用区块链技术之前，其交易不需认证，那么用户可以绕过比特币的经济限制，创造无限量的比特币。8 月 15 日，缺陷扩大化，一次交易竟然产生 1840 亿个比特币，但在随后的几个小时内这一问题被发现并从比特币日志中擦除。这在比特币历史上是唯一被发现的重大缺陷。

2011 年 2 月，比特币价格首次达 1 美元。

2013 年 8 月，德国成全球首个认可比特币的国家。

2013 年 10 月，世界首个比特币 ATM 机在加拿大温哥华问世。

2014 年 2 月，全球最大交易平台 Mt.Gox 确认倒闭，85 万个比特币被盗一空。

未来……

虽然比特币的未来扑朔迷离，但可以肯定它将继续挑战人们和政府思考金钱与货币的方式。

> 📖 **中本聪**
>
> 比特币的开发者兼创始者,其身份至今仍旧是个谜,而被大部分人所公认的中本聪的资料是:中本聪是一位 1949 年出生的日裔美国人。他爱好收集火车模型,曾为大型企业还有美工军方执行保密的工作。2008 年中本聪在互联网上一个讨论信息加密的邮件组中发表了一篇文章,勾画了比特币系统的基本框架。2009 年他为该系统建立了一个开放源代码项目(open source project),正式宣告了比特币的诞生。2010 年 12 月 12 日当比特币渐成气候时,他却悄然离去,从互联网上销声匿迹。

10.2.2 深入比特币

比特币与传统货币不同,是一种用户自治、全球通用的加密电子货币。比特币运行机制不依赖于中央银行、政府、企业的支持或者信用担保,而是依赖对等网络中种子文件达成的网络协议,去中心化、自我完善的货币体制,从理论上确保了任何人、机构、或政府都不可能操控比特币的货币总量,或者制造通货膨胀。它的货币总量按照设计预定的速率逐步增加,增加速度逐步放缓,并最终在 2140 年达到 2100 万个的极限。

> 📖 **对等网络**
>
> 对等计算(Peer to Peer,P2P)可以简单地定义成通过直接交换来共享计算机资源和服务,而对等计算模型应用层形成的网络通常称为对等网络。在 P2P 网络环境中,成千上万台彼此连接的计算机都处于对等的地位,整个网络一般来说不依赖专用的集中服务器。网络中的每一台计算机既能充当网络服务的请求者,又对其他计算机的请求作出响应,提供资源和服务。通常这些资源和服务包括信息的共享和交换、计算资源(如 CPU 的共享)、存储共享(如缓存和磁盘空间的使用)等。

1. 比特币的获得

对于最初接触比特币的人来说,最迫切想知道的就是如何获得比特币,怎样利用比特币来给自己产生丰厚的利益。一般来说,有两种获得比特币的方式:通过挖矿获得和通过交易获得。

1) 挖矿

首先,从字面上理解"挖矿",挖矿就是矿工通过付出劳动力获取金银等有价值的物质回报的过程。比特币系统中挖矿是指系统用户通过付出算力来获取比特币的过程。新的比特币是通过用户运行软件制造出来的,从表象上看,比特币的产生机制与金银等贵金属货币的产生机制有一定的相似之处,因此被形象地称为"挖矿",而挖矿的人则被称为"矿工"。挖矿是产生比特币的唯一途径,但不是获取比特币的唯一途径。

(1) 比特币的本质。

在接触比特币之前,提到虚拟货币,人们首先想到的就是诸如 Q 币、游戏币之类的网络货币。这类货币一般由第三方软件公司发行,可以通过人民币兑换、使用软件在软件体系中进行交易等一系列行为去获取。它们的价值由第三方软件公司制定,且一般只能流通在第三方软件公司制造的软件体系世界中,即对于这些网络货币来说,第三方软件公司是中心,是运行网络货币的核心。因此,这些网络货币的价值及流通性就非常依赖于第三方软件公司,然而因为第三方软件公司不可能会有强如政府的信用担保,也就注定了这些网络货币只能流通在第三方软件公司架构的虚拟世界中。比特币与这些货币的最大区别就是,比特币不依靠特定机构发行,基于密码学原理而不基于信用,使得任何达成一致的双方,都能够直接进行交易而不需要第三方中介的参与。

比特币基于一套复杂的算法产生,这一规则不受任何个人或组织干扰,是完全去中心化的货币系统;任何人都可以下载并运行比特币客户端来参与制造比特币,比特币经济使用整个 P2P 网络中众多节点构成的分布式数据库来确认并记录所有的交易行为,并使用密码学的设计来确保货币流通各个环节安全性。P2P 的去中心化特性与算法本身可以确保无法通过大量制造比特币来人为操控币值。基于密码学的设计可以使比特币只能被真实的拥有者转移或支付,这同样确保了货币所有权与流通交易的匿名性。

比特币系统本质是一个互相验证的公开的记账系统,比特币这个记账系统平均每十分钟会产生一页账页(又称“数据区块”),而且整个系统在 10 分钟内产生的所有交易信息都会全部记录在这页账页中,比特币系统中的每个用户的每个账号的每一笔资金流动都被记录在账本里。而且,系统中每个用户手上都有一份完整的账本,每个人都可以根据账本独立地统计出比特币系统有史以来任意一个账号的所有资金的明细账目,也可以根据收支情况计算出任意账户的余额。每个人手上都有完整的账本,这个系统里没有任何人有唯一决定权。这意味着没有任何人可以决定向这个系统增加货币或者改变规则,因为个体的修改会被整个网络否决掉。由于比特币是去中心化的系统,所以比特币系统中的账页是由比特币系统的用户产生,每当产生账页的同时比特币系统会自动产生一定数量的比特币给初始化这页账页的人,产生账页的过程称为“挖矿”,这也是比特币的产生途径。比特币系统中的用户时刻不停地去产生账页来维持整个比特币系统的运行。

(2) 挖矿。

如果把比特币系统看作为一个记账系统,那么挖矿对于比特币系统中的用户来说就是去争当账页的制造者。在比特币系统中,大约每 10 分钟会在全网公开的账本上记录一个数据区块即产生一页账页,这个数据区块里包含了这 10 分钟内比特币系统中被验证的所有交易。挖矿的主要工作就是将过去 10 分钟发生的、尚未经过网络公认的交易信息收集、检验、确认,最后打包加密成为一个无法被篡改的交易记录块,从而成为比特币系统中公认的已经完成的交易记录并永久保存。然而对当前数据块的确认的权利是需要抢的,每成功抢到一个数据区块的确认权,比特币系统就允许获胜者向自己的账户增加一笔金额作为奖励,而失败者则重新进入下一轮争当账页制造者的过程。

每个运行比特币客户端软件的人都可以去制造区块,即参与挖矿。每一个新产生的区块必须包含一个符合一定要求的随机数,随机数是由 SHA-256 散列算法随机碰撞得到,这个过程被称为“工作量证明”,过程中需要很大的计算量,产生符合要求的随机数最快的那个新区块会被承认,同时其制造者会得到相应数量的比特币奖励。

我们可以把随机数产生过程看作是赛车比赛,最快跑完全程的赛车会赢得比特币奖励,但是比赛规则与常规比赛规则不同的是：每个人要跑的路程是由抽签所决定的,有 10 千米、15 千米、20 千米等。也就是每辆车要跑的距离是随机的,这样一来,跑得最快的车不一定每次都能最快跑完抽签的里程,但是长期来讲,跑得更快的人能拿到更多次数的冠军。同样在比特币系统中,SHA-256 散列算法的随机碰撞使得算力最大的人不能每次都能最快完成随机数的计算,但是根据概率,长期来说算力更大的用户能拿到更多次数的区块制造权。

挖矿用的电脑叫做挖矿机,这类电脑一般有专业的挖矿芯片,多采用烧显卡的方式工作,耗电量较大。挖矿实际是性能的竞争、装备的竞争,由非常多张显卡组成的挖矿机,"组团"之后的运算能力还是能够超越大部分用户的单张显卡的。有些挖矿机是数十乃至上百个显卡阵列组成的,算上硬件、电费等各种成本,挖矿存在相当大的支出。图 10-8 为建在内蒙古的全球最大的比特币矿场之一。

图 10-8　内蒙古的比特币矿场

（3）矿池。

随着比特币系统中整体算力的提升,依照单个矿工的算力来说很难凭一己之力抢得比特币账页的记账权。因为在形式上,比特币账页的记账权每次只能被一个矿工所获得,而同时其他参与竞争的矿工则一无所获,独立的挖矿者失败风险比较高。为了改变这种局面,有人构建了比特币矿池,集中大量的矿工和设备共同挖矿。矿池的实质是把每次抢夺记账权的运算量依照算力分配至池中的各个计算机,这些计算机合并起来作为一个很强大的"虚拟矿工"并与池外的其他矿工或矿池争夺记账权,因此成功的概率大大提升。如果成功挖到比特币,矿池将依据事先约定的规则向各个矿工分配收益。矿池的创建者和维护者大多依靠手续费（每次成功挖掘后的抽成）获利,也有个别免费的矿池把挖到的比特币完全分配给矿工。

（4）比特币发行量。

比特币系统中比特币的发行总量是固定的,它的发行总量是按照设计预定的速率逐步增加,增加速度逐步放缓,并最终在 2140 年达到 2100 万个比特币的极限。在比特币系统的设计中,系统每过大概 10 分钟产生一页账页,最初产生每页账页的比特币发行数目是 50 个比特币,然后每过 4 年,每页账页产生的比特币数目减半,最终在 2140 年达到极限即生成账页将不会再产生比特币,比特币矿工的收益将由转账手续费支付。

比特币发行量的两种控制方法：

- 数据区块产生的周期控制。

在比特币系统的设计中,系统每过大概 10 分钟产生一个数据区块,然而随着系统中算力的提升,系统中数据区块的产生周期也将逐渐变短,比特币系统为了防止这种情况发生,设定系统中每当产生 2016 个数据区块即每过大约两周的时间就根据比特币系统中的全网算力将数据区块的产生难度调整一次,以维持 10 分钟产生一个数据区块的速度,达到数据区块产生的周期控制的目的。

- 数据区块产生的奖励控制。

为了达到控制比特币发行总量的目的,比特币系统中设定比特币系统最初的产生数据区块的奖励为 50 个比特币,之后是每过 4 年奖励减半,分别是 25 个、12.5 个,以此类推,最终在 2140 年比特币产生总量达到 2100 万时,产生数据区块将不会再有奖励。至此之后比特币将不再增加,比特币矿工的收益将由转账手续费支付。比特币发行总量与年份关系如图 10-9 所示。

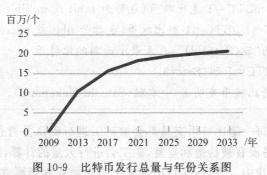

图 10-9　比特币发行总量与年份关系图

2) 比特币系统中的交易

比特币系统中除了可以通过挖矿获取比特币之外,还可以通过交易来获取比特币,这里通过交易来获取比特币还可以分为两种形式:一种是通过用现实货币等实物购买换取或者以提供服务换取,一种是为别人确认交易来获取报酬。

(1) 交换。

2010 年 5 月比特币系统的第一笔真实交易,标志着比特币已经有其价值同现实货币或服务进行交换。与现实货币或服务进行交换是比特币价值的体现,同时也是比特币系统用户获得比特币的一种方式。

- 购买。

直接用现实货币去购买比特币是获得比特币最简单、最直接的方式。购买比特币可以通过网上的比特币交易平台,交易平台通过收取交易手续费来获利,需要注意的是,通过交易平台获得的比特币大都存储在交易平台的账户里,要真正获得这些比特币的所有权,用户需要通过交易平台的提现功能把比特币转移到自己的比特币地址上保存。购买比特币还可以直接跟售卖者进行联系,双方可以自行商定价格和付款方式直接进行交易。

- 服务。

通过现实服务来获取比特币的方式类似于购买获得,比特币拥有者可以通过向他人支付比特币来获取现实中的服务,提供服务方通过向服务购买者提供服务来获取比特币。

（2）转账手续费。

比特币系统中的交易离不开转账这一环节，比特币不像现实货币那样可以直接当面进行交付，处于交易的双方需要通过系统的转账机制来实现比特币的转移从而完成交付。比特币官方客户端自带有转账功能，但是由于比特币机制的设计，每次转账需要确认6次才能确保安全，而每次确认需要等待10分钟即一个数据区块的完成，所以等待6次确认就要花费近1个小时，虽然这种方式极大地确保了比特币的安全性，但是由于时间周期过长，这也成为了比特币的一大劣势。

> 📖 **比特币面额**
>
> 一个比特币可以分割成为 100 000 000 即 10 的 8 次方份。
>
> 1 BTC＝1 比特币
>
> 0.01 BTC＝1 cBTC＝1 分比特币（也称为 Bitcent）
>
> 0.001 BTC＝1 mBTC＝1 毫比特币（也称为 mbit 或 millibit 或 bitmill）
>
> 0.000 001 BTC＝1 μBTC＝1 微比特币（也称为 ubit 或 microbit）
>
> 其中一个例外为"聪（Satoshi）"，代表最小面额的比特币
>
> 0.000 000 01 BTC＝1 聪（Satoshi）
>
> 该名称用来纪念比特币发明者 中本聪（Satoshi Nakamoto）。

比特币系统中的每一笔比特币交易都会被矿工进行确认并打包到数据区块中，在这一过程中，为保证交易没有被伪造和重复，矿工会进行大量的计算，当确认完毕后，交易记录便会被嵌入数据区块中。所以，比特币系统中的交易双方便要支付一笔交易费用给矿工，以激励矿工继续挖矿来为比特币提供足够的算力从而确保比特币网络的安全。

比特币的交易费用一般为：0.0001～0.000 05BTC 之间。当然，每个矿工所接受的额度是不一样的，有时候，大额的比特币交易是不需要手续费的，例如当交易额超过1000BTC 时。小额的交易如低于 0.01BTC 则要收取一定量的手续费。有的比特币客户端可以设置比特币交易费，如果你把交易费用设置的非常低，那么交易确认的时间会非常漫长。

2. 安全的比特币

比特币作为一种用户自治的加密电子货币，其系统运行不依赖于任何中央银行、政府、企业等第三方的支持或者信用担保。作为没有可信第三方支持的货币，不禁让用户担心货币系统的安全性、稳定性以及与自己切身相关的账户余额的安全性。那么比特币系统是通过哪些有效措施来维护系统运行的稳定性以及安全性？又是如何来保障用户账户安全以及如何维护用户权益的？下面一一解析。

1）比特币账户

在现实中，货币可以以实物的形式呈现或者以银行卡余额等数字形式呈现，人们对钱有个具体的认识，而比特币系统只是所有交易的记录，比特币系统中的账户对象是一个个比特币地址，账户中的余额是由账户创建起始至今所有交易记录结算而来，比特币本身对于人们来说是抽象的。比特币系统中用户在获得比特币之前，都需要先生成一个比特币

地址,创建比特币系统中属于自己的账户。

在比特币系统中拥有自己的账户,即想要拥有和保存比特币,需要通过客户端,通常把该软件称为钱包。目前,整个比特币项目由 Bitcoin Foundation 来开发与维护,通常把他们称为官方团队。官方推出的客户端是 Bitcoin Qt,由 C++ 编写核心功能,GUI 界面由 Python Qt 完成。不含有 GUI 界面的被称为 bitcoind,许多服务与核心功能均由其实现。运行 bitcoind 的通常称为节点(Bitcoin Node),一个节点通常拥有完整的数据区块链数据,并实时与外界网络同步更新。比特币钱包主要由密钥和地址组成,对于比特币账户来说,拥有密钥便拥有一切,钱包中其他的相关信息均可由其而来。

(1) 密钥。

比特币是建立在密码学基础之上的,比特币的创始人中本聪用了椭圆曲线数字签名算法(ECDSA)来产生比特币的私钥和公钥,椭圆曲线数字签名算法是使用椭圆曲线对数字签名算法的模拟,该算法是构成比特币系统的基石。

比特币系统采用基于椭圆曲线数字签名算法的非对称加密技术来保障用户账户的安全。在比特币系统的设计中,私钥是非公开的,由账户所有者保管。公钥与私钥相互对应,一把私钥可以推导出唯一的公钥,但是公钥却无法推导出私钥。使用私钥对数据进行签署(Sign)会得到签名(Signature)。通常会将数据先生成 Hash 值,然后对此 Hash 值进行签名。由签名(signature)与 Hash 值,便可以推出一个公钥,验证此公钥,便可知道此签名是否由公钥对应的私钥签名。

通常,每个签名会有三个长度:73、72、71,符合校验的概率为 25%、50%、25%。所以每次签署后,需要找出符合校验的签名长度,再提供给验证方。

(2) 地址

比特币系统中用户账户的地址是由相应的公钥的值经过一系列数字签名运算得到的,所以比特币地址其实是另一种格式的公钥。

钱包中相对应的公钥、私钥和地址之间的推导关系为:私钥可以推导出公钥,公钥可以推导出比特币地址,其中过程是不可逆的,所以对于比特币用户账户来说,拥有私钥便拥有了一切。因此包含有私钥信息的钱包文件一定要妥善保管,一旦丢失,钱包就不安全了,而且由于整套体系的去中心化和匿名性,没有任何人有权力或能力找回丢失的比特币。

由于比特币系统实质上是一个记账系统,所以可以通过账户名称即比特币地址查看到该账户的明细记录,例如,如果你公开自己的比特币账号,那么整个网络都可以随时追踪到该账号的所有流水信息。每一笔的到账时间、数额和支出都可以清晰地看到。

(3) 纸钱包和脑钱包。

比特币钱包里面存放的是用户的私钥,主要用来证明该用户对账本里的某个数字拥有所有权。每当用户要动用自己的比特币财产时,便动用钱包里某个地址的私钥进行签名,以向全网广播,证明地址里的比特币归他所有。只要拥有对应的私钥,就意味着拥有特定比特币地址中比特币的所有权。事实上,密钥经过编码也只是一个字符串,只是比地址略长一些,我们完全可以把它抄下来或者制成二维码打印到一张纸上,然后放到相对安全的保险柜里。那个字符串就承载了你这个账户中所有的比特币,这就是纸钱包。纸钱包与脑钱包,其实不算是钱包的分类,只是生成、存储密钥的方式而已。

相比纸钱包,脑钱包更具有个人特点。脑钱包是通过一句话就可以生成一对公钥和私钥。只要能记住这句话,你就可以根据它再次生成私钥,在任何有网络连接的地方提取比特币。这意味着可以把自己所有的财富储存在大脑里,而不依赖任何外在的东西。但是,生成脑钱包一定要尽量选一句全球唯一的话,不然"撞车"的机会就会大大增加。

(4) 钱包实例。

以官方钱包客户端 Bitcoin-QT 为例。该客户端存放比特币私钥的文件是 Wallet. dat,Wallet. dat 的本质是一个私钥池,存放的是这个钱包的所有地址的私钥。有了这个文件,用户才能证明自己对钱包地址里的比特币的所有权。

在初始状态下,Wallet. dat 的私钥池里存有 100 个私钥。当"生成"一个新地址时,客户端其实并没有真的产生一个新地址和对应的私钥,而只是从私钥池里取出一个使用,同时再生成一个(真正意义上的)新的私钥和地址并放进私钥池里,使未使用的私钥数量保持在 100 个。而使问题变得更复杂的是客户端本身的找零机制设置。依照比特币本身的规则,一个地址上的比特币在支付的时候必须全部支出,除向另一个地址支付比特币外,剩余金额再重新支付给原地址。而客户端出于保护用户匿名性的考虑,并不会将余额打回原地址,而是从私钥池里取出一个新地址并将余额打进去。在默认设置下,这个地址并不会显示在客户端的界面里。所以,用户每进行一次交易,私钥池里原有的私钥就被取出一个,同时又有新的私钥补充进去。如果用户对 Wallet. dat 进行备份之后完成了 100 次交易,那么私钥池里的原有的全部私钥就都用完了,接下来使用的都是未曾备份的新私钥。使用新私钥完成交易之后,如果用户用原来的备份文件进行恢复,那么所有未备份的新私钥都会丢失,而这些新地址里的比特币也会随之丢失。

2) 交易

比特币系统通过公钥体系来保障用户账户的安全,也通过公钥体系来保障交易的安全进行。下面通过一个例子来说明比特币转账的具体过程:

Alice 想要和 Bob 做一笔跟比特币有关的交易,在 Alice 发送比特币给 Bob 的过程中,Alice 首先将发送请求加上 Bob 的地址,然后 Alice 用自己的私钥加密这个发送请求,并把自己的公钥标记到这个请求上,然后将整个请求广播到 P2P 网络。P2P 网络在得到请求后,先用 Alice 的公钥将整个信息解密,然后读出 Bob 的地址和整个交易请求,最后确认 Alice 的公钥推导出的地址上比特币的拥有权转移到了 Bob 的地址上面。

比特币矿工在得到这个交易请求后,便尝试把这条交易打包到数据区块中。在将交易打包到数据区块之前,矿工会用客户端软件对每一笔交易做交易合法性检查,假冒他人签名付款、用不存在的比特币付款、付款余额不足等非法交易很容易被发现并拒绝,不会加入到新区块中。如果矿工协同作弊,也会被其他矿工与用户检查发现,拒收他做的非法区块。当整个 P2P 网络有超过 6 个区块节点对这笔交易进行确认后,这笔交易便完成了,交易记录被永久地嵌入了数据区块里面。在这个过程中,比特币矿工会得到一定量的手续费作为报答。

一笔交易被包含在一个区块里,接在它后面的区块越多,则被其他有阴谋的分支链替换且交易无效的机会就越小,一般认为经过 6 个区块确认就相当可靠了,简称为 6 个确认。6 个确认的等待时间为一小时左右,也就是比特币汇款到账的时间。

3. 比特币的经典问题

1) 主链分叉

2013 年 3 月 12 日,使用 0.8.0 版本客户端的比特币矿工创建了一个大区块,但该区块与之前的 0.7.0 版本客户端创造的区块不兼容,使用比特币新版本的矿工、商家、用户接受了这个区块,但旧版本的使用者选择了拒绝,并生成了自己独立的区块链,导致了区块链的分叉。这一问题致使比特币价格当即下跌了 30%。

当然,问题解决得也很迅速。比特币基金会经过讨论,决定关闭比特币交易平台,并通知矿池退回旧版本并创建适合所有比特币版本的区块链。之后,旧版本与新版本的区块链产生速度相当,问题得以解决,比特币价格也迅速回弹。由于是在一天之内解决了问题,并没有造成价格的大波动,绝大部分人甚至都没有觉察到危险,但很多真正了解比特币原理的网络工程师都把这次事件看成是真正威胁到比特币安全的大事件,认为这简直就是一次 51% 攻击的预演。

一般来说,比特币数据区块链都是一串直线的连续区块组合,但在一些特殊情形下,区块链会产生"分叉",即在区块链的末端出现了两个互相冲突的区块,如图 10-10 所示为主链分叉情况模拟。遇到分叉时,网络会根据下列原则选举出最佳的分叉链条去承认:

(1) 不同高度的分支,总是接受最高(即最长)的那条分支。

(2) 相同高度的,接受难度最大的。

(3) 高度相同且难度一致的,接受时间最早的。

(4) 若所有均相同,则按照从网络接受的顺序。

(5) 等待任一条数据区块链高度增一,则重新选择最佳分叉链条。

按照这个规则运作的节点,称为诚实节点(Honest Nodes)。节点可以诚实也可以不诚实。

下面分析主链分叉后的分支博弈,我们假设所有的节点:

(1) 都是理性的,追求收益最大化。

(2) 都是不诚实的,且不惜任何手段获取利益。

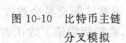

图 10-10　比特币主链
分叉模拟

这样设定的话,所有节点均独自挖矿不理会其他节点,并将所得收益放入自己口袋,现象就是一个节点挖一个分支。由于机器的配置总是有差别的,那么算力最强的节点挖得的分支必然是最长的,如果一个节点的分支不是最长的,则意味着其收益存在不被认可的风险(即零收益)。为了降低、逃避此风险,一些节点肯定会联合起来一起挖某个分支,试图成为最长的分支或保持最长分支优势。一旦出现有少量的节点联合,那么其他节点必然会效仿,否则他们收益为零的风险会更大。于是,分支迅速合并汇集,所有节点都会选择算力更强的分支,只有这样才能保持收益风险最小。最终,只会存在一个这样的分支,就是主干分支(Best/Main Chain)。

2）51％攻击

51％攻击是指某一方掌握了比特币全网的51％算力之后，用这些算力来重新计算已经确认过的区块，使块链产生分叉并且获得利益的行为。

如果一个矿池或者一个机构拥有全网51％的算力，那么他就可以对比特币系统发动51％攻击，其攻击过程如下所述：

（1）把比特币转到交易所或某个机构或个人，卖出所有比特币，并且收到钱、把钱提现到银行账号（提现目的是为确保收益，也可不提现）。这个时间越短越好，能大大节省攻击时间。

（2）用51％算力从还没向交易所转币的区块开始重新生成区块。

比如，向交易所转币的区块为第30万个区块，攻击者就在第29万9999个区块开始重新生成区块。

（3）因为攻击者有51％算力，而且假设他能在攻击过程中保证一直有51％算力，所以他的攻击一定成功，也就是说，他生成的攻击块链一定能追上原块链。

（4）当攻击块链的长度超过原块链2个区块，所有的客户端将丢弃原块链，接受攻击块链。至此，51％攻击成功。

攻击者在攻击块链时可以隐藏地计算，直到比原块链多两个块链后才放出，按照目前的比特币网络协议，可以马上取代原块链，因而整个攻击可以不为人所知，直至最后一时刻。

拥有51％算力使得攻击者对于比特币系统来说占据主动权，但根据比特币系统中的算法协议，它并不能为所欲为。发动51％攻击的攻击者无法做出下列行为：

（1）偷盗他人的币。消费某个地址的币时，需要对应的ECDSA私钥签名，而私钥是无法破解的。

（2）凭空制造比特币。每个区块奖励的币值是统一的规则，篡改奖励币值会导致其他节点拒绝该区块。

发动51％攻击的恶意节点的唯一的益处是可以选择性地收录进入区块的交易，对自己的币进行多重消费（Double Spending）。过程如下：

假设现在数据区块链的高度为1000，攻击者给商户发了一个交易10BTC，记作交易A，通常这笔交易会被收录进高度1001的数据区块中，当商户在1001块中看到这笔交易后，就把货物给了攻击者。此时，攻击者便开始构造另一个高度为1001的区块，但用交易B替换了交易A，交易B中的输入是同一笔，使得发给商户的那笔钱发给他自己。同时，攻击者需要努力生成数据区块，使得他的分支能够赶上主分支，并合并且被大家接受，一旦接受，便成功地完成了一次多重消费。

其实，51％只是对这种攻击的特性的一种描述，根据比特币系统的算法特性来说，无须51％算力就可以发动51％攻击，比如45％算力，就有成功的可能性，但非确定性成功。有这么一个场景：原块链长度30万，攻击者具备45％算力，从29万9999个区块开始计算，运气好的话，攻击块链延长到30万零2个，而原块链还是30万长度，攻击就成功了。这种攻击影响的区块数量少，如果币数量小，则被发现的可能性就很小。虽然同一个机构或矿池连续产出3个区块的可能性不大，但不是没有出现过，ghash.io就出现过连续产出

5～6 个区块的情况,因而这种非 51％攻击的可能性完全存在。

10.3　轻量级密码与物联网

顾名思义,物联网(The Internet of things)就是物物相连的互联网。它被视为继计算机、互联网和移动通信网络之后的第三次信息产业浪潮,它是以终端感知网络为触角,深入物理世界的每一个角落,实现人与人、人与物、物与物全面互联的网络。由于物联网终端设备具有计算能力较弱、存储空间较小等特点,因资源受限,许多传统的安全机制不能直接应用于物联网。因此,物联网加密技术必须是一种易实现、安全系数较大、适合于敏感级信息环境下使用的轻量级加密技术。

10.3.1　物联网的概念及其网络架构

1. 物联网的概念

目前,关于物联网还没有统一的标准定义。笼统来说,物联网就是将各种信息传感设备与互联网结合起来而形成的一个巨大网络。具体来说,物联网就是通过射频识别(RFID)、红外感应器、全球定位系统、激光扫描器等信息传感设备,按约定的协议,把任何物品与互联网连接起来,进行信息交换和通信,以实现智能化识别、定位、跟踪、监控和管理的一种网络。

根据上述定义,我们可以总结出物联网的三个主要特点:

(1) 全面感知,即利用各种感知设备,如 RFID、传感器等从环境中搜集物体信息;

(2) 可靠传输,即融合多种网络,如移动通信网、互联网、广电网等,通过这些网络将感知信息传输到数据处理中心;

(3) 智能处理,即应用智能计算技术分析和处理数据处理中心的海量数据,为基于物联网的各种应用服务提供支持。

2. 物联网的网络架构

物联网系统通常被划分为三个层次,即感知层、网络层和应用层。物联网的网络架构如图 10-11 所示。

感知层的主要功能是全面感知,即利用 RFID、传感器、二维码等随时随地获取物体的信息。RFID 技术、传感和控制技术、短距离无线通信技术是感知层涉及的主要技术,其中包括芯片研发、通信协议研究、RFID 材料、智能节点供电等细分领域。

网络层的主要功能是实现感知数据和控制信息的双向传递,通过各种电信网络与互联网的融合,将物体的信息实时准确地传递出去。物联网通过各种接入设备与移动通信网和互联网相连,如手机付费系统中由刷卡设备将内置于手机的 RFID 信息采集上传到互联网,网络层完成后台鉴权认证并从银行网络划账。网络层还具有信息存储查询、网络管理等功能。

应用层主要是利用经过分析处理的感知数据,为用户提供丰富的特定服务。物联网的应用可分为监控型(物流监控、污染监控)、查询型(智能检索、远程抄表)、控制型(智能

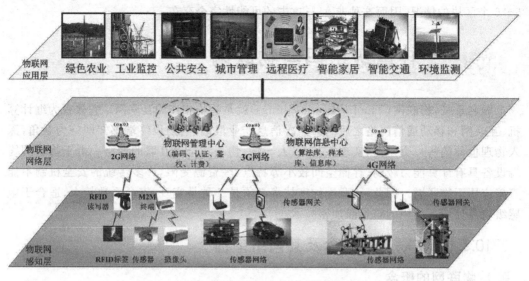

图 10-11　物联网网络架构

交通、智能家居、路灯控制)、扫描型(手机钱包、高速公路不停车收费)等。应用层是物联网发展的目的,软件开发、智能控制技术将会为用户提供丰富多彩的物联网应用。

　　根据物联网的网络架构,物联网存在的安全威胁在每一层都不可避免,除了存在互联网的安全威胁外,还存在物联网自身所特有的安全威胁。

　　1)感知层安全威胁

　　感知层的感知节点分布广泛,是物联网中最容易遭受外来侵袭的部位。感知节点的功能就是监测和控制不同格式的数据来表征网络系统的当前状态,但这些不同格式的数据往往来源于各种不同的存在不确定因素的环境。例如,用于军事目的的传感器网络多数是在敌对环境中;ATM 机容易被不法分子加装多余装置来窃取取款人的信息。

📖 **取款的安全防范事项**

　　(1)不要在夜深人静的时候去取款,也不要到偏僻的地方去取款。如果没有条件,叫上朋友同行。

　　(2)关好卡门,留意取款环境,检查多余装置,遮住密码。

　　(3)不要相信 ATM 旁边张贴的要求客户转账的"银行公告",妥善保管取款凭条。

　　(4)建议取大额现金时尽量使用斜挎包,走出银行时一手护住包身,一手紧握背带,使歹徒无法下手。减少步行路程,选择容易打车的银行网点。

---

　　2)网络层的安全威胁

　　当物联网中感知层节点采集到信息之后,在网络层进行数据传输时,大多是通过无线网络平台实现,而无线网络平台的信息安全性相对脆弱,容易造成信息的泄露或被篡改,产生中间人攻击。另外，由于物联网中感知节点数量庞大，并且以集群的方式存在，因此在网络层进行数据传播时，大量节点的数据传输需求会导致网络拥塞，产生拒绝服务攻击。

　　3）应用层的安全威胁

　　物联网中常用到的射频识别技术，射频标签可以被嵌入任何物品中，从而导致该物品的所有者被定位和追踪，造成个人隐私泄露。另一方面威胁来自恶意代码，它的传播性、隐蔽性、破坏性等相比于 TCP/IP 网络而言更加难以防范。恶意程序在无线网络环境和传感网环境中有无穷多入口，一旦入侵成功，就会肆意传播。图 10-12 为恶意代码所获取的他人家中的摄像头画面。

图 10-12　窃取的他人家中实时画面

📖 **全球银行业最大网络劫案：中美等 30 国银行被盗 10 亿美元**

　　这一案件被发现源于乌克兰 2013 年下半年发生的自动取款机（ATM）无故吐钱事件。卡巴斯基实验室调查发现，这只是一起"网络盗窃"惊天阴谋的"冰山一角"。该犯罪团体由来自亚洲和欧洲多个国家的黑客组成，利用一种名为 Carbanak 的病毒入侵约 30 个国家的超过 100 家金融企业。黑客首先向银行系统员工发送看上去来自于可信赖渠道的病毒邮件，后者点击打开后，病毒入侵内部系统，让黑客得以进入整个银行网络并获得权限，通过内部视频监控镜头观察员工的一举一动。经数月"潜伏"，犯罪分子逐渐熟悉银行业务操作，模仿银行员工的业务手法将资金转移到一些虚假账户，或者通过程序操控指定 ATM 在指定时间吐钱。犯罪分子作案手法相当狡猾，甚至会修改报表，盗走差额部分，让银行方面难以立刻发现。与此同时，他们采取分散作案手法，从每家银行窃取的资金不超过 1000 万美元，以保持案值"低调"。犯罪分子的"网络盗窃"行为眼下还没有停止，可能还会有银行因为系统遭病毒软件入侵而成为他们新的"猎物"。卡巴斯基实验室提醒，银行业应该了解事态的严重性，进一步强化信息安全措施，升级防护软件，加大病毒扫描的频率，尽最大可能防范"网络盗窃"。

10.3.2　物联网感知层信息安全

　　感知层作为物联网的基础，其数据信息的安全保障是整个物联网安全的基础。感知层感知物理世界信息的两大关键技术是射频识别（Radio Frequency Identification，RFID）

技术和无线传感器网络(Wireless Sensor Network, WSN)技术。因此,探讨物联网感知层的数据信息安全,重点在于解决 RFID 系统和 WSN 系统的安全问题。

1. RFID 系统使用的密码技术

RFID 技术是一种非接触式的数据采集与自动识别技术,通过射频信号自动识别目标对象并获取相关数据。基于 RFID 技术的物联网感知层结构如图 10-13 所示。

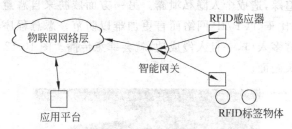

图 10-13 物联网感知层结构——RFID 方式

其中 RFID 感应器和 RFID 标签物体构成了一个 RFID 系统,每个 RFID 系统作为一个网关节点通过智能网关接入到物联网的网络层,因此物联网感知层的信息安全问题依赖于单个 RFID 系统的安全性。

由于 RFID 感应器和 RFID 标签物体之间是通过无线通信的,因此 RFID 系统容易遭受各种攻击。RFID 系统面临的安全问题如下:

(1)信息泄露——在末端设备或 RFID 标签使用者不知情的情况下,信息被读取(信息隐私泄露)。

(2)追踪——利用 RFID 标签上的固定信息,对 RFID 标签携带者进行跟踪(地点隐私泄露)。

(3)重放攻击——攻击者窃听电子标签的响应信息并将此信息重新传给合法的读写器,以实现对系统的攻击。

(4)克隆攻击——克隆末端设备,冒名顶替,对系统造成攻击。

(5)信息篡改——将窃听到的信息进行修改之后再将信息传给原本的接收者。

(6)中间人攻击——指攻击者伪装成合法的读写器获得电子标签的响应信息,并用这一信息伪装成合法的电子标签来响应读写器。这样,在下一轮通信前,攻击者可以获得合法读写器的认证。

为解决这些安全问题,业界提出了一些轻量级的密码技术。

(1)轻量级密码算法。

目前,国外学者已经设计出多种轻量级加密算法。其中,德国 Ruhr 大学 A. Bogdanov 于 2007 年提出的 PRESENT 是较早的一种轻量级密码算法,该算法基于 SP 网络结构,其在 ASIC 平台上的门数为 1507 门,工作在 100kHz 的频率时,功耗为 5μW;随后,德国 Host Gortz 研究所的 M. Sbeiti 和 C. Rolfes 分别在 FPGA 硬件平台和 ASIC 硬件平台上实现了 PRESENT;其中,C. Rolfes 在 ASIC 硬件平台上实现的方案与 A. Bogdanov 实现的方案相比,门数减少了 31.5%,仅为 1075 门,功耗降低了 49.6%,为 2.52μW。随后,PRESENT 算法设计者之一的 L. Knudsen 提出了 PRINTCIPHER,并在 ASIC 硬件平台上分别实现了 PRINTCIPHER-48 和 PRINTCIPHER-96 两个参数版本,其门数分别为 402 门和 726 门,在 100kHz 的频率下,PRINTCIPHER-48 的功耗为 $2.6\mu W$;以上两种算法都属于分组密码(Block Cipher)范畴。2011 年,丹麦 Aalborg 大学的 M. David 提出了一种轻量级流密码(Stream Cipher)A2U2,该算法实现在 ASIC 平台上的门数为 284 门,与已有分组密码相比,具有面积小的优点。

> ### 📖 SP 网络结构
>
> SP,全称为 Service Provider,是指移动互联网服务内容应用服务的直接提供者,负责根据用户的要求开发和提供适合手机用户使用的服务。
>
> SP 网络结构是指通过移动通信网和定位技术获取移动终端(手机)的位置信息(经纬度坐标数据),开展一系列应用服务的新型移动数据业务。

(2) 轻量级密码协议。

基于 RFID 的轻量级密码协议根据标签识别状态的角度可以划分为两类:一类是静态 ID 认证协议,即标签的标识在一次完整的协议运作过程中不发生变化,唯一标识标签的身份信息。这类协议是基于 Hash 锁的一系列协议,包括 Hash-Lock 协议、随机化 Hash-Lock 协议等。另一类是动态 ID 认证协议,该类认证协议的共同点是采用一定的机制,在每一次认证协议工作的过程中都动态地刷新标签的标识(真实 ID 或者假名),如 Hash-chain 协议、基于杂凑的 ID 变化协议等。

2. WSN 系统使用的密码技术

无线传感网作为感知层重要的感知数据来源,其信息安全也是感知层信息安全的一个重要部分。基于传感器技术的物联网感知层结构如图 10-14 所示,传感器节点通过近距离无线通信技术以自组网的方式形成传感网,经由网关节点接入到网络层,形成信息的传输和共享。

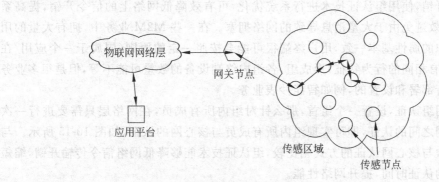

图 10-14 物联网感知层结构——自组网方式

无线传感网相比于传统网络,具备节点资源受限(处理能力、存储能力、通信能力有限,低功耗要求高)、部署量大(低成本)以及网络拓扑结构复杂等特点。其面临的安全风险主要有以下几种:

（1）节点物理俘获——攻击者使用外部手段非法俘获传感器节点（网关节点和普通节点）。节点物理俘获分为两种情况：一种是普通节点捕获，能够控制节点信息的接收和发送，但并未获取节点的认证和传输密钥，无法篡改和伪造有效的节点信息进行系统攻击；另一种是完全控制，即获取了节点的认证和传输密钥，可以对整个系统进行攻击。在这种情况下，如果被俘获的节点为网关节点，那么整个网络的安全性将会全部丢失。

（2）传感信息泄露——攻击者可以轻易对单个或多个通信链路中传输的信息进行监听，获取其中的敏感信息。

（3）耗尽攻击——通过持续通信的方式耗尽节点能量。

（4）拥塞攻击——攻击者获取目标网络通信频率的中心频率后，通过在这个频点附近发射无线电波进行干扰，攻击节点通信半径内所有传感器节点无法正常工作。

（5）非公平攻击——攻击者不断发送高优先级的数据包从而占据信道，导致其他节点在通信过程中处于劣势。

（6）拒绝服务攻击——破坏网络的可用性，降低网络或者系统的某一期望功能的能力。

（7）转发攻击——类似于 RFID 系统中的重放攻击。

（8）节点复制攻击——攻击者在网络中多个位置放置被控制节点副本引起网络的不一致。

针对无线传感网中存在的这些攻击手段，业界提出了很多的防护措施建议，如加强网关节点部署环境的安全防护，加强对传感网机密性的安全控制，增加节点认证机制、入侵检测机制等。在这些防护措施的设计中，我们考虑到无线传感网络中部署安全防护措施时受到节点能力的制约，需要使用轻量级的密码机制。

在这些防护措施中，我们以节点认证为例介绍一下轻量级组认证协议。

物联网节点在初始部署阶段，数量并不多，可以复用现有移动通信网络中的安全机制。然而随着物联网业务的快速发展，不断增加的节点数量将使得传统的安全机制产生巨大的管理开销，使用组认证技术进行系统优化，可有效降低网络上的信令开销，提高系统效率，可有效避免由于大量消息导致的网络拥塞。在一些 M2M 业务中，拥有大量的用户且这些用户的属性基本一致，用户终端很可能会按照一定的原则（同属于一个应用/在同一个区域/有相同的行为特征）形成组，各组内终端设备的数量可能不等，但是很多业务是按照组进行部署和设置的，例如智能抄表业务。

如果采用组认证，设置一个组首，那么针对组内所有成员，在网络层只需要进行一次组首和核心网之间的认证，即可实现组内所有成员与核心网的认证，如图 10-15 所示。与逐个成员依次与核心网认证的方式相比较，组认证技术能够降低网络信令传输开销，缩短组认证成员的认证时间，提升网络性能。

组认证技术可以应用在绿色农业场景。在蔬菜大棚中均匀部署测量温度和湿度的传感节点，这些节点用于收集大棚中各个区域的温度和湿度数据并定时上报给控制系统，如图 10-16 所示，使得控制系统可以根据大棚中的具体农业生产情况向农民发送提示信息或者启动各种控制措施。在这个应用场景下，当温度、湿度探测器都和终端同时接入网络时，若还是采用原来的点对点的认证方式，不仅会增加网络信令，容易导致网络拥塞，且会

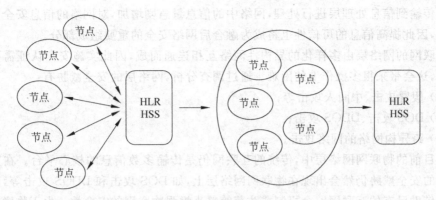

图 10-15　组认证技术

占用大量宝贵的网络资源,比如一个组有 n 个成员,那么原来是要做 n 次认证。所以可以预见,如果一个大棚有 1 万个传感终端,则仅仅针对一个大棚就需要增加 1 万次的 AKA 或者三元组认证。由于每次认证(不管是五元组还是三元组)需要包括很多消息的交互,因此将会对网络负荷造成巨大冲击。若采用组认证,则会减少网络负荷,大大提高认证效率。

图 10-16　绿色农业

10.3.3　物联网网络层安全

随着微电子技术、光通信技术、软件技术和网络技术的飞速发展,网络融合人为制造的壁垒在不断地消融,电信网、广播电视网和计算机通信网加快了相互渗透、互相兼容的步伐,逐步发展成为统一的信息通信网络,实现了网络资源的共享,为下一代统一通信网络的建立奠定了基础。

物联网的发展加快了网络融合的步伐,不只是电信网、广播电视网和计算机通信网络之间的互联互通,一些专用网络也加入进来,如电力网络、卫星导航网络等,这就使得黑客、病毒、木马等安全威胁的范围扩大,传播速度加快,网络终端由传统电脑的接入发展为包括移动终端的各种电子信息终端接入模式,这就需要把大量感知信息通过传输层安全可靠地传输到信息处理层进行处理,网络中的信息量急剧增加,对网络的信息安全带来极大挑战,因此提高信息的可信性也将成为融合后网络安全的重要组成部分。

物联网的网络层由多样化的异构性网络互相连通而成,因此实施安全认证需要跨网络架构,这会带来很多操作上的困难。通过调查分析,网络层的安全威胁有:

(1) 假冒攻击、中间人攻击等;

(2) DOS 攻击、DDOS 攻击;

(3) 跨异构网络的网络攻击。

在目前的物联网网络层中,传统的互联网仍是传输多数信息的核心平台。在互联网上出现的安全威胁仍然会出现在物联网网络层上,如 DOS 攻击和 DDOS 攻击等,因此我们可以借助已有的互联网安全机制或防范策略来增强物联网的安全性。由于物联网上的终端类型种类繁多,小如 RFID 标签,大到用户终端,各种设备的计算性能和安全防范能力差别非常大,因此面向所有的设备设计出统一完整的安全解决方案非常困难,最有效的方法是针对不同的网络安全需求设计出不同的安全措施。

物联网网络层的安全机制主要可以划分为两类,分别为节点到节点机密性和端到端机密性。实施节点到节点机密性需要节点间的认证和密钥协商协议;实施端到端的机密性则要建立多种安全策略,如端到端的密钥协商策略、端到端的密钥管理机制以及选取密码算法等。在异构网络环境下,不同业务有不同的安全要求,实施安全策略要根据需要选择或省略以上安全机制来满足实际需求。在目前的网络环境下,数据的传输方式有三种,分别为单播方式、组播方式和广播方式。在不同的数据传播方式下,所要求的安全策略也不一样,必须针对具体问题和条件来设计有效的安全策略和方法。综合来讲,物联网网络层的安全架构主要包括以下几点:

(1) 保证信息安全传输的密码技术,如密钥管理、密钥协商、密码算法和协议等;

(2) 数据机密性和完整性、节点认证机制、防范 DOS 攻击以及入侵检测技术等;

(3) 组播通信和广播通信中的安全机制。

10.3.4　物联网应用层安全

1. 应用层的安全挑战和安全需求

物联网应用层的安全挑战和安全需求主要来源于下述几个方面:

(1) 如何根据不同访问权限对同一数据库内容进行筛选;

(2) 如何提供用户隐私信息保护,同时又能正确认证;

(3) 如何解决信息泄露追踪问题;

(4) 如何进行计算机取证;

(5) 如何销毁计算机数据;

(6) 如何保护电子产品和软件的知识产权。

由于物联网需要根据不同应用需求对共享数据分配不同的访问权限,而且不同权限访问同一数据可能得到不同的结果。例如,道路交通监控视频数据在用于城市规划时只需要很低的分辨率即可,因为城市规划需要的是交通堵塞的大概情况;当用于交通管制时就需要清晰一些,因为需要知道交通实际情况,以便能及时发现哪里发生了交通事故,以及交通事故的基本情况等;当用于公安侦查时可能需要更清晰的图像,以便能准确识别汽车牌照等信息。因此如何以安全方式处理信息是应用中的一项挑战。

随着个人和商业信息的网络化,越来越多的信息被认为是用户隐私信息。需要隐私保护的应用至少包括如下几种:

(1) 移动用户既需要知道(或被合法知道)其位置信息,又不愿意非法用户获取该信息。

(2) 用户既需要证明自己合法使用某种业务,又不想让他人知道自己在使用某种业务,如在线游戏。

(3) 病人急救时需要及时获得该病人的电子病历信息,但又要保护该病历信息不被非法获取,包括病历数据管理员。事实上,电子病历数据库的管理人员可能有机会获得电子病历的内容,但隐私保护采用某种管理和技术手段使病历内容与病人身份信息在电子病历数据库中无关联。

(4) 许多业务需要匿名性,如网络投票。很多情况下,用户信息是认证过程的必需信息,如何对这些信息提供隐私保护,是一个具有挑战性的问题,但又是必须解决的问题。例如,医疗病历的管理系统需要病人的相关信息来获取正确的病历数据,但又要避免该病历数据跟病人的身份信息相关联。在应用过程中,主治医生知道病人的病历数据,这种情况下对隐私信息的保护具有一定困难性,但可以通过密码技术手段掌握医生泄露病人病历信息的证据。

在使用互联网的商业活动中,特别是在物联网环境的商业活动中,无论采取什么技术措施,都难免恶意行为的发生。如果能根据恶意行为所造成后果的严重程度给予相应的惩罚,那么就可以减少恶意行为的发生。从技术上说,这需要搜集相关证据。因此,计算机取证就显得非常重要,当然这有一定的技术难度,主要是因为计算机平台种类太多,包括多种计算机操作系统、虚拟操作系统、移动设备操作系统等。与计算机取证相对应的是数据销毁。数据销毁的目的是销毁那些在密码算法或密码协议实施过程中所产生的临时中间变量,一旦密码算法或密码协议实施完毕,这些中间变量将不再有用。但这些中间变量如果落入攻击者手里,可能为攻击者提供重要的参数,从而增大成功攻击的可能性。因此,这些临时中间变量需要及时安全地从计算机内存和存储单元中删除。计算机数据销毁技术不可避免地会被计算机犯罪提供证据销毁工具,从而增大计算机取证的难度。因此如何处理好计算机取证和计算机数据销毁这对矛盾是一项具有挑战性的技术难题,也是物联网应用中需要解决的问题。

物联网的主要市场将是商业应用,在商业应用中存在大量需要保护的知识产权产品,包括电子产品和软件等。在物联网的应用中,对电子产品的知识产权保护将会提高到一个新的高度,对应的技术要求也是一项新的挑战。

2. 应用层的安全架构

基于物联网综合应用层的安全挑战和安全需求,需要如下的安全机制:

(1) 有效的数据库访问控制和内容筛选机制;

（2）不同场景的隐私信息保护技术；

（3）叛逆追踪和其他信息泄露追踪机制；

（4）有效的计算机取证技术；

（5）安全的计算机数据销毁技术；

（6）安全的电子产品和软件的知识产权保护技术。

针对这些安全架构，需要发展相关的密码技术，包括访问控制、匿名签名、匿名认证、密文验证（包括同态加密）、门限密码、叛逆追踪、数字水印和指纹技术等。

10.3.5　物联网安全小结

物联网安全性是大规模应用物联网服务的重要技术基础之一。物联网存在的安全威胁主要来源于其自身特点所决定的多源异构性，它轻量级的感知终端决定了物联网感知层的安全机制主要依赖于轻量级的加密技术。物联网网络层的安全问题相较于传统的同质性网络，如移动通信网等也更加复杂。物联网的应用层多样化，其存在的安全问题也各种各样。目前，物联网的安全研究尚处于起步阶段，而且物联网本身复杂度较高，也造成其安全性研究难度比较大，业界还未能提出并制定一个标准的安全解决方案。

物联网是战略性新兴产业的重要组成部分，物联网的发展一方面能够推动和促进社会经济发展；另一方面也会带来许多社会信息安全方面的问题，因此学术界和产业界要通力合作，相互吸取对方的长处，立足产业发展做好基础研究，将我国的物联网建设成为一个安全可靠的服务平台。

思　考　题

1. 电子商务系统有哪些表现形式？

2. 电子商务系统有哪些安全需求？

3. 数字签名技术与身份认证在安全认证层的主要作用是什么？

4. 比较 SET 协议与 SSL 协议。

5. 简述比特币是什么。

6. 如何获得比特币？

7. 试说明比特币产量的两种控制方式以及维持整个系统运行的动力。

8. 简述比特币地址、公钥、私钥三者之间的关系。

9. 简述比特币系统的主链分叉。

10. 简述 51% 攻击。

11. 物联网的网络体系架构包括哪几个层？各个层之间有什么关系？

12. 分析物联网与互联网在安全问题上的不同之处。

13. 列举你身边的物联网安全威胁的例子。

参 考 文 献

[1] 吴洋. 电子商务安全方法研究[D]. 天津：天津大学硕士论文,2006.

[2] 胡向东,魏琴芳,胡蓉. 应用密码学[M]. 北京：电子工业出版社,2011.

[3] 张仕斌,万武南,张金全,孙宣东. 应用密码学[M]. 西安：西安电子科技大学出版社,2009.

[4] 张旭珍,周剑玲,魏景新. 电子商务安全技术的研究[J]. 计算机与数字工程,2008.

[5] 周慧. 基于混沌加密的电子商务安全研究[D]. 大连：大连海事大学硕士论文,2013.

[6] 王茜,杨德礼. 电子商务的安全体系结构及技术研究[J]. 计算机工程,2003.

[7] Nakamoto S. Bitcoin：A Peer-to-Peer Electronic Cash System[J]. 2008.

[8] 李钧,长铗. 比特币(一个虚幻而真实的金融世界)[M]. 北京：中信出版社,2014.

[9] 比特币实验室. http://http://618.io/.

[10] 比巴克网站. http://p2pbucks.com/.

[11] 朱红儒,阎军智. 轻量级安全技术浅析[C]//中国通信学会信息通信网络技术委员会 2013 年年会
论文集. 2013

[12] 武传坤. 物联网安全架构初探[J]. 中国科学院院刊. 2010,25(4)：411-419.

[13] 徐小涛,杨志红. 物联网信息安全[M]. 北京：人民邮电出版社,2012.

[14] 闫涛. 物联网隐私保护及密钥管理机制中若干关键技术研究[D]. 北京：北京邮电大学,2012.